研究设计与
研究计划书写作入门

| 第二版 |

定量、定性、混合方法、艺术本位
和基于社区的参与性研究

〔美〕帕特里夏 · 利维 著

费维宝 译

**Research
Design**

Quantitative, Qualitative, Mixed Methods, Arts-Based, and
Community-Based Participatory Research Approaches

| 2nd Edition |

中国出版集团有限公司

世界图书出版公司
北京　广州　上海　西安

图书在版编目（CIP）数据

研究设计与研究计划书写作入门：第二版 /（美）帕特里夏·利维著；费维宝译.
— 北京：世界图书出版有限公司北京分公司，2024.1
ISBN 978-7-5232-0555-6

I. ①研… II. ①帕… ②费… III. ①学术研究②学术研究 – 计划 – 文书 – 写作 IV.
① G30 ② H052

中国国家版本馆 CIP 数据核字（2023）第 151277 号

书　　名	研究设计与研究计划书写作入门	
	YANJIU SHEJI YU YANJIU JIHUASHU XIEZUO RUMEN	
著　　者	［美］帕特里夏·利维	
译　　者	费维宝	
责任编辑	夏　丹	
特约编辑	吕梦阳	
特约策划	巴别塔文化	
出版发行	世界图书出版有限公司北京分公司	
地　　址	北京市东城区朝内大街 137 号	
邮　　编	100010	
电　　话	010-64038355（发行）　 64033507（总编室）	
网　　址	http://www.wpcbj.com.cn	
邮　　箱	wpcbjst@vip.163.com	
销　　售	各地新华书店	
印　　刷	天津画中画印刷有限公司	
开　　本	880mm×1230mm　1/32	
印　　张	16.25	
字　　数	322 千字	
版　　次	2024 年 1 月第 1 版	
印　　次	2024 年 1 月第 1 次印刷	
版权登记	01-2023-2976	
国际书号	ISBN 978-7-5232-0555-6	
定　　价	79.00 元	

如有质量或印装问题，请拨打售后服务电话 010-82838515

序 言

  我认为研究设计就是给你的研究搭建一个框架或制订一个计划，就像建筑师设计许多不同的一般类型的结构——单户住宅、多户住宅、非住宅建筑等。社会学研究者通常要涉及五种主要"结构"：**定量**（quantitative）、**定性**（qualitative）、**混合方法**（mixed methods）、**艺术本位**（arts-based），以及**基于社区的参与性**（community-based participatory）研究方法。我们将这些方法称为**研究设计方法**，我们究竟为某个特定的研究项目选择哪种研究设计方法，取决于包含主题和目的在内的诸多因素。所选择的研究设计方法仅为研究项目提供了一般用途和结构，就像建筑师受委托设计一幢独栋住宅时，他在建筑的风格、布局和大小方面仍有许多选择。

  这五种主要设计方法中的每一种都可能有无数种研究的方式。我们必须考虑两个问题：我们想要实现的目标是什么？我们将如何实现这个目标？这是建立**方法论**（methodology）的过程，而方法论指的是如何进行研究的计划。我们可以使用很多工具

（方法和理论等）来制订一项研究计划。我们作为个体研究者带来的哲学观点、专业经验、伦理立场和实践技能也会影响我们设计项目的方式。我们会在研究项目上打上自己的烙印，就像一位建筑师通过其独特的设计风格在建筑上打上自己的烙印一样。

除了回顾这五种设计方法，本书的独特之处在于它对伦理实践的关注，强调研究计划书的撰写（以及该研究计划书在不同的设计方法中的不同之处），强调为这五种设计方法中的每一种创建合适的语言模式，而且由于具备广泛的教学特征，本书对学生、教授和研究人员较为友好。此外，附带的配套网站和补充教学资源，有助于教师基于本书开展一整门课程的教学工作（请参阅目录末尾处方框中的提示）。

本书之特色

注重伦理

研究设计类的教材通常会用一章的篇幅讨论研究伦理问题，或者在某些情况下，只用一章中的一节来讨论伦理问题。然而，伦理问题是和研究设计过程的所有阶段都交织在一起的。因此，除了设置一个专门讨论伦理的强有力的章节之外，本书讨论方法的五个章节中都有"实践中的伦理"这一环节，突出了研究过程中伦理对决策产生影响的某些时刻。此外，关于文献综述的全新章节涵盖了引文实践所涉及的伦理问题。

撰写研究计划书

　　大多数学习研究方法的学生和新手研究人员，在学习如何撰写一份扎实的研究计划书方面都需要帮助。因此，在关于设计方法的每一章（第五章至第九章）的开头，我都给出了一个研究计划书的模板。这些章的其余部分将详细说明模板中的要素。因此，在学习每种设计方法的具体细节时，你应当同时学习如何将它们整合到研究计划书中，而不是随意地学习每种设计方法的注意事项。作为一种教学特色，本书在每一章的结尾处都给出了研究计划书模板的摘要。值得注意的是，研究计划书的写作格式与期刊论文的结构很相似。换言之，撰写研究计划书的流程反映了拟发表论文的最终撰写过程。因此，对于那些不打算撰写正式的研究计划书的读者而言，本书各个章节的结构除了提供你工作所需的内容外，还可以帮助你思考如何构建你的研究报告。最后，由于定量研究和（通常而言）混合方法研究遵循"演绎"式的研究模式，而艺术本位的定性研究方法和基于社区的参与性定性研究方法一般遵循"归纳"式研究设计模式，因此我在编写关于方法的五个章节时，遵循了这些模式。在关于定量研究和混合方法研究的章节中，方法说明被编排在已发表的研究实例之前。在介绍艺术本位定性研究方法和基于社区的参与性定性研究方法的章节中，方法说明则被编排在已发表的研究实例之后。通过这些微妙的方式，每个介绍方法的章节在结构安排上都遵循了与之对应的设计方法的原则。

关于语言的说明

语言对于我们如何撰写研究计划书和最终如何表达我们的研究结果至关重要，但在很多文献中却常常被忽视。使用本书介绍的五种不同方法的研究人员，倾向于使用不同的词语来描述他们的研究报告的各个组成部分，这些词语是有意义的，对于我们作为研究人员能够认识什么，以及如何发展这种认识具有一定的影响。以下是你所采用的方法可能会涉及的词语的一些实例（该词汇清单绝非详尽无遗）。

- 受访者、受试者、参与者、共同创作人、合作者：我们重点研究的人群。
- 发现、生成、挖掘、收集：知识是如何获得的。
- 方法、做法：用于收集／生成数据的工具。
- 发现、结果、表演、成果：研究的最终产物。
- 数据、内容：原始信息。
- 研究、调查：我们的过程。

仅以用来描述我们重点研究的人群的词语为例，不同的方法会使我们赋予词语不同的权重。在定量研究中，我们经常看到"受试者"（subject）或"受访者"（respondent）一词［尽管一些定量研究者已经转而使用"参与者"（participant）一词］；在定性研究中，我们可能会看到"参与者"一词；在混合方法研究中，我们可能看到"受访者"、"受试者"或者"参与者"这样的词语；在艺术本位研究中，我们通常会看到"参与者"、"共同创作者"（co-creator）或"合作者"（collaborator）这样的词语；而在基于社区的参与性研究中，我们通常会看到"共同创作者"或"合作者"这样的词语。语言上的这些差异并不是随机的，而是涉及指导研究的哲学信仰和研究实践的更深层问题。为了强调语言的重要性，在第五章至第九章中示范如何运用这五种研究方法编写研究计划书时，我使用了这类研究中常用的术语。

丰富的教学特色

本书旨在对用户非常友好，因而具备许多方便教学的特点。关键术语和概念采用**粗体字**表示，并且整本书配有易于理解的表格和图。每一章都包含多个"复习站点"，以便读者复习对应的小节所讲授的知识，然后引导读者"去"那一章的末尾处核对答案。在继续学习之前，"复习站点"对于读者而言，是一个暂停、总结和确保信息得以加工的机会。每章的后面还设置有"实操练习"板块，该板块提供高阶写作和研究活动，旨在将该章讲授的内容付诸实践。此外，每一章还酌情提供了相应的资源（书籍、章节、网站）和推荐的期刊。

我们还面向学生创办了资源丰富的配套网站。每当在书中看到 █ 这个标志时，读者都可以访问该配套网站，下载相应的练习内容和答案，来学习和练习各章所讲授的基础知识。

在每个关于研究设计方法的章节末尾，都有一个总结性的研究计划书模板。我还采访了各学科的主要研究人员，他们因在本书所介绍的五种研究方法方面做的工作而闻名。他们的一些重要提示出现在了第五章至第九章中的"专家提示"板块中。

本书还在第九章之后附上了一份关键术语表。

采用本书教学的教师可以使用我们提供的 PPT 课件和教师用测验手册（含各章测验和答案）。教师可以向吉尔福德出版社的电子邮箱（info@guilford.com）发送电子邮件，索取这些课件。邮件主题为"研究设计 PPT 课件"（PowerPoints for Research Design）。

教师应在其电子邮件中提供以下信息。

- 所属系别。
- 任教大学。
- 课程名称和级别。
- 预计招生人数。
- 之前所采用教材的作者和书名（如果有的话）。

本书面向的读者

本书适用于面向社会科学和行为科学领域的本科生和研究生的研究方法课程。在第五章至第九章中，每一章都在格式上模拟了一份研究计划书，并向读者展示了如何填写该计划书，这使得本书对撰写硕士或博士论文研究计划书的研究生，以及在撰写研究计划书的过程中，需要得到帮助的任何层次的研究人员都有用。

第二版新增内容

（1）全新伦理考量核查清单。

（2）关于文献综述的全新章节，包括对引文实践的伦理讨论。

（3）扩充了定量研究和复制研究的理论和文献，新增了关于预登记的内容。

（4）扩充了定性研究中批判范式的内容，增添了比较不同定性方法的全新汇总表。

（5）扩充了混合方法研究。

（6）精简了艺术本位研究这一章，以一个具体的研究实例来论述艺术本位研究，该研究实例是通过提出一个研究问题来切入艺术本位研究的。

（7）新增关于如何在基于社区的参与性研究中接触各类组织的技巧。

（8）配套网站上有各章的练习内容和答案，本书中的电脑标志旨在提示学生该做练习题了。

（9）教师可以向我们索取各章的综合性选择题（配有答案）和经过更新的 PPT 课件。所有材料均由本书作者编制。

（10）整本书的文字得到了修订，例子、参考文献和推荐读物均得到了更新。

（11）整本书使用包容性代词（如他／她／他们）。

本书的结构

第一部分详细讨论了总体研究设计：什么是研究设计，我们为什么要进行研究设计，这五种研究设计方法分别适合什么场合，以及伦理实践、文献综述和关于启动项目设计的具体细节。第二部分由五章构成，分别介绍研究设计的五种方法。这些章节可以单独阅读，即可以不按顺序阅读（尽管在阅读混合方法这一章之前，最好先阅读介绍定量研究和定性研究的章节）。不感兴趣的章节，读者可以跳过。

目　录
CONTENTS

第一部分
研究设计的具体细节
001

第一章　社会研究导论 　　　　　　　　　　　　**003**

不同的认识方式 　　　　　　　　　　　　　　　/ 003

社会研究目的 　　　　　　　　　　　　　　　　　/ 007

　　复习站点 1 　　　　　　　　　　　　　　　　/ 012

五种研究方法 　　　　　　　　　　　　　　　　/ 013

　　复习站点 2 　　　　　　　　　　　　　　　　/ 016

研究要素 　　　　　　　　　　　　　　　　　　/ 017

哲学要素：我们相信什么 　　　　　　　　　　　　/ 018

实践：我们该怎么做 　　　　　　　　　　　　　　/ 023

　　复习站点 3 　　　　　　　　　　　　　　　　/ 028

将要素组合在一起 / 029

定量研究 / 032

定性研究 / 032

混合方法研究 / 033

艺术本位研究 / 034

基于社区的参与性研究 / 034

结 论 / 035

复习题答案 / 036

实操练习 / 037

资 源 / 038

第二章 社会研究中的伦理 040

价值观体系 / 043

历史上的虐待行为 / 044

社会正义运动 / 047

复习站点1 / 053

伦理实践 / 053

研究设计 / 设置 / 054

复习站点2 / 065

数据收集 / 数据生成 / 内容创建 / 066

复习站点3 / 073

表达和传播 / 074

自反性 / 083

权 力 / 084

表达力　　　　　　　　　　　　　　　| 085

在五种研究方法中践行自反性　　　　　| 087

　　复习站点 4　　　　　　　　　　　| 088

结　论　　　　　　　　　　　　　| 089

伦理考量清单　　　　　　　　　　　　| 089

　　复习题答案　　　　　　　　　　　| 091

　　实操练习　　　　　　　　　　　　| 092

　　资　源　　　　　　　　　　　　　| 093

第三章　文献综述　　　　　　　**097**

选　题　　　　　　　　　　　　| 097

　　复习站点 1　　　　　　　　　　　| 101

文献综述　　　　　　　　　　　| 102

除了为发现空白，我们做文献综述还为了什么 | 103

检索文献　　　　　　　　　　　　　| 106

引文伦理　　　　　　　　　　　　　| 111

　　复习站点 2　　　　　　　　　　　| 116

编写文献综述　　　　　　　　　　　| 117

　　复习站点 3　　　　　　　　　　　| 125

结　论　　　　　　　　　　　　| 126

　　复习题答案　　　　　　　　　　　| 126

　　实操练习　　　　　　　　　　　　| 127

　　资　源　　　　　　　　　　　　　| 128

第四章　开始设计研究项目　131

研究目的陈述、假设和研究问题 | 131

研究目的陈述 | 131

测量和变量 | 140

　　复习站点 1 | 144

假　设 | 144

研究问题 | 148

汇　总 | 152

　　复习站点 2 | 155

抽　样 | 155

概率抽样 | 161

目的性抽样 | 162

　　复习站点 3 | 165

结　论 | 166

　　复习题答案 | 166

　　实操练习 | 167

　　资　源 | 168

第二部分
五种研究设计方法
169

第五章　定量研究设计　　　　　　　　　171

研究计划书的结构　　　　　　　　　　/ 171

基本介绍性信息　　　　　　　　　　　/ 173

标　题　　　　　　　　　　　　　　　　/ 174

摘　要　　　　　　　　　　　　　　　　/ 174

关键词　　　　　　　　　　　　　　　　/ 174

主　题　　　　　　　　　　　　　　　/ 175

调查主题　　　　　　　　　　　　　　　/ 175

意义、价值或用途　　　　　　　　　　　/ 179

　　实践中的伦理　　　　　　　　　　　/ 180

理论视角　　　　　　　　　　　　　　　/ 181

研究目的陈述　　　　　　　　　　　　　/ 182

研究问题或假设　　　　　　　　　　　　/ 182

文献综述　　　　　　　　　　　　　　　/ 183

　　复习站点 1　　　　　　　　　　　　/ 184

研究计划　　　　　　　　　　　　　　/ 185

数据收集的设计与方法　　　　　　　　　/ 185

复习站点 2 /188

实践中的伦理 /194

复习站点 3 /196

实践中的伦理 /210

复习站点 4 /211

总体、抽样和受试者 /212

实践中的伦理 /215

数据分析与评估 /215

复习站点 5 /219

解释和表达 /223

先导测试（如果适用的话） /224

伦理声明 /225

复习站点 6 /226

参考文献 /226

附　录 /227

结　论 /228

复习题答案 /230

实操练习 /233

资　源 /233

第六章　定性研究设计　　236

研究计划书的结构 /236

基本介绍性信息 /239

标　题 /239

摘　要 /240

关键词 /240

主　题 /240

研究主题 /240

意义、价值或用途 /241

　　实践中的伦理 /242

文献综述 /242

研究目的陈述 /243

研究问题 /243

研究计划 /244

哲学陈述 /244

　　实践中的伦理 /251

　　复习站点 1 /252

数据收集的类型 / 设计与方法 /253

　　复习站点 2 /260

　　复习站点 3 /269

　　复习站点 4 /279

抽样、参与者和环境 /280

数据分析和解释策略 /282

　　复习站点 5 /289

评　估 /289

表　达 /293

　　实践中的伦理 /294

伦理声明 /295

　　复习站点 6 /296

参考文献 /296

附　录 /297

结　论 /298

复习题答案 /300

实操练习 /302

资　源 /303

第七章　混合方法研究设计 306

研究计划书的结构 /307

基本介绍性信息 /308

标　题 /308

摘　要 /308

关键词 /308

主　题 /309

研究主题 /309

研究目的陈述 /310

研究问题和假设（如果适用的话） /310

哲学陈述和理论视角 /313

文献综述 /315

复习站点 1 /317

研究计划 /317

数据收集的设计和方法 /317

复习站点 2 /321

实践中的伦理 /330

复习站点 3 | 334

抽样和参与者 | 335

数据分析和解释策略 | 337

表　达 | 342

实践中的伦理 | 342

伦理声明 | 343

复习站点 4 | 344

参考文献 | 344

附　录 | 344

结　论 | 346

复习题答案 | 349

实操练习 | 350

资　源 | 351

第八章　艺术本位研究设计 354

研究计划书的结构 | 355

基本介绍性信息 | 357

标　题 | 357

摘　要 | 357

关键词 | 357

主　题 | 358

研究主题或专题 | 358

研究目的或目标陈述 | 359

研究问题（可选） | 360

复习站点 1 / 360

研究计划 / 361

哲学陈述 / 361

实践中的伦理 / 362

参与者和内容 / 366

复习站点 2 / 367

类型和实践 / 367

实践中的伦理 / 374

复习站点 3 / 377

复习站点 4 / 381

复习站点 5 / 388

表达和受众 / 389

实践中的伦理 / 392

评价标准 / 393

伦理声明 / 395

复习站点 6 / 396

参考文献 / 396

附 录 / 397

结 论 / 398

复习题答案 / 400

实操练习 / 403

资 源 / 404

第九章　基于社区的参与性研究设计　406

研究计划书的结构　／407
基本介绍性信息　／409
标　题　／409

摘　要　／409

关键词　／409

主　题　／409
问题或议题　／409

文献综述　／415

实践中的伦理　／419

复习站点 1　／419

研究目的陈述　／420

研究问题　／420

研究计划　／421
哲学陈述　／421

环境和参与者　／426

复习站点 2　／428

设计和方法　／428

实践中的伦理　／439

复习站点 3　／439

数据分析和解释　／440

表达和传播　／441

实践中的伦理　／446

伦理声明　／449

　　　　复习站点 4　　　　　　　　　|450

参考文献　　　　　　　　　　　|451

附　录　　　　　　　　　　　　|451

结　论　　　　　　　　　　　|452

　　　　复习题答案　　　　　　　　|454

　　　　实操练习　　　　　　　　　|456

　　　　资　源　　　　　　　　　　|457

术语表　　　　　　　　　　　　|461

致　谢　　　　　　　　　　　　|493

　　购买本书者可以从 **www.guilford.com/leavy2-materials** 网站下载和打印本书各章节对应的练习题和答案，供个人使用或和学生一起使用。至于教师参考资料，请参阅序言中位于第 6 页的相关说明。

第一部分

—

研究设计的具体细节

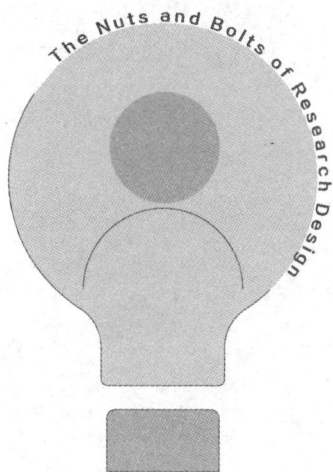

The Nuts and Bolts of Research Design

第一章
社会研究导论

不同的认识方式

发生了一件大家都在谈论的事件。让我们来看看警察德雷克·肖万（Derek Chauvin）对乔治·弗洛伊德（George Floyd）的令人义愤填膺的谋杀。人们对种族主义是否起了作用、执法官员处理这起事件的方式，以及悲剧发生后发生的广泛抗议活动有强烈的感受。关于这些抗议活动，一些人认为这是对警察针对黑人的系统性暴行的必要回应，而另一些人则认为抗议活动是不必要的危险活动，会助长暴力和其他犯罪[1]。人们的观念是由媒体和刑事司法系统的权威机构的报告、对种族和种族主义的文化理解，以及个体的亲身经历形成的。人们可能会根据他们的个人经历、选择消费的媒体渠道，以及他们对种族问题如何影响自己生活的总体理解，对美国的种族状况以及正义如何得到伸张，得出截然不同的结论。比如，让我们来看看我们选择消费的新闻媒体。以下是三条来自不同新闻源的关于弗洛伊德被杀引发的抗议活动的新闻标题，其中一条发表于 2020 年 5 月 31 日，另外两条发表于 2020 年 6 月 1 日。

"一个抗议和哀悼的周末：乔治·弗洛伊德的死引发了得克萨斯州多个城市的示威活动"[《得克萨斯论坛报》(*The Texas Tribune*)]

"波士顿针对乔治·弗洛伊德被杀事件的抗议活动以和平方式开始，以暴力和拘捕结束"[《波士顿环球报》(*The Boston Globe*)]

"与乔治·弗洛伊德抗议活动有关的骚乱和抢劫在美国各地留下了破坏的痕迹"[《福克斯新闻》(*Fox News*)]

我们来看看用来描述这些事件的几个重要词语：

"抗议和哀悼"
"抗议"
"骚乱和抢劫"

这种语言具有截然不同的内涵，影响我们对这些事件的理解方式。你碰巧选择的新闻源可能对你对这个问题的理解有重大影响。毫不奇怪，乔治·弗洛伊德被杀后，德雷克·肖万被判有罪，一些人肯定地说，这是一种种族主义行为，印证了"黑人的命也是命"这一主张的必要性；而另一些人则声称这是一起孤立事件，"黑人的命也是命"的主张是有害的；还有一些人断言肖万不过是个替罪羊，他们支持"警察的命也是命"的主张。在所有情况下，人们都有可能陈述他们的观点，即他们的知识不仅有效而且正确。该过程是我们在日常生活中形成对世界的常识性理解之方式的产物。

我们在日常生活中获得知识的方式有很多种。**权威人士或专家**是知识的提供方之一。比如，我们通过自己认识的个体，如我们的父母或监护人、朋友和老师，形成我们对世界的看法。我们还通过自己可能认识也可能不认识的专家，如新闻媒体、宗教机构和人口普查局等主要社会机构的领导、政治家和卫生保健专家等权威人士，形成对世界的看法。切记，每位权威人士都有自己的观点和偏见。宗教、政治倾向、教育背景和身份特征等因素，包括种族、阶级、性别和性取向，都可能影响这些权威人士的想法以及我们自己的想法。

文化信仰是另一个常见的知识来源。比如，随着我们文化的变迁，我们对种族和种族主义的看法也随着时间的推移而改变。为了了解我们对文化的理解可能会有多大的偏差，不妨先了解一下民权运动之前关于种族的规范。在那个时候，人们认为对种族持有根深蒂固的观念是理所当然的，而如今大多数人都会认为那是种族主义的表现。

我们还从**个人经历和感官体验**中形成知识。我们通过所见、所闻、所嗅、所尝和所触来了解我们的世界。有时，这些不同的认识方式结合在一起，会促使我们相信某事。比如，在我们还是孩子的时候，权威人士，如我们的父母，可能会告诉我们不要碰炉子，因为炉子很烫，会烫伤我们自己。之后，当我们不小心触摸了炉子，会有痛的感觉时，我们个人的感官体验会证实权威人士对我们的忠告。举一个更复杂的例子，如果我们亲身经历或目睹种族定性或刻板印象事件，我们可能更倾向于相信其他人也有同样的经历。

尽管我们确实通过日常生活经历学习知识（如前所述），然而通过这些渠道获得的"知识"有相当大的局限性。凭借个人经历获取知识时，人们会有过度概括的倾向，做出不准确的观察，并选择性地感知事物，一旦形成一个想法，就会停止探究。在某些情况下，权威人士、文化信仰和个人经历可能会以误导的方式相互印证，从而强化错误信息和偏见。比如，如果你属于占主导地位的族群，你很可能没有亲身经历过种族主义。如果你对种族的天真想法被你的家人、朋友和你收看的新闻所强化，你可能会得出这样的结论：种族主义已不再是一个问题。尽管你的日常知识的来源证实了这种观点——种族主义已不再是一个问题，然而这样的证实并不能使这种观点成为事实。信念和知识不是一回事。我们可能会形成这样的个人信念，认为种族主义已不再是一个问题；然而，基于研究的知识却否定了这一信念。为了质疑和克服从专家、文化和个人经历中"学习"知识所固有的偏差和局限性，我们需要开展研究。

社会研究作为本书的重点，也能产生知识，并帮助我们了解社会世界和我们在社会世界中的位置。社会研究已经发展成为一种构建知识的方式，可以促进研究界内部商定一致的做法，帮助我们避免其他认识方式的局限和陷阱。我们在其他知识来源（专家、文化、个人经历）的基础上形成的个人信念可能是我们对某个研究项目的主题产生兴趣的动力。然而，以这种严谨的社会科学研究方式产生的知识可能支持或反驳这些个人信念。

社会研究目的

进行社会研究的目的有很多。尽管研究项目通常属于以下类别之一，但有些项目的研究目的可能不止一个。以下是进行社会研究的主要目的。

探索性研究

当我们面对一个新的或研究相对不足的主题时，探索性研究是了解该主题的一种方式。探索性研究可以帮助我们填补新的或研究不足的主题的知识空白，或者从不同的视角来探索这个主题，从而逐渐形成和产生新的见解。如果当你进行文献综述时，却发现能找到的文献很少，那么这种缺乏充分研究的情况通常表明需要进行探索性研究。这类研究可能促使我们进一步调研，包括制订适当的方法论计划。因此，这种初步研究可能会将你或其他研究人员引向某些研究问题、数据收集方法、受试者和 / 或受众。

描述性研究

当我们想要描述个体、群体、活动、事件或情况时，描述性研究是合适的。描述性研究旨在生成克利福德·格尔茨（Clifford Geertz, 1973）所称的社会生活的"深度描述"（那些提供细节、意义和情境的描述），这种描述通常是从生活在社会生活场景中的那些人的视角展开的。研究人员可能会借助严谨的观察或相关的访谈法来记录参与者对所调查的现象的亲身体验。

解释性研究

如果我们想要解释事物的原因和结果、相关性，或者解释事物为什么是这样的，那么解释性研究较为合适。比如，如果我们想知道影响人们对水力压裂、干细胞研究或移民政策等争议性问题的态度的特定因素，我们就可以进行解释性研究。这种类型的研究也可以为因果关系提供证据，表明 A 导致 B，或表明 A 只有在某些情况下才会导致 B。或者，我们可能想要研究 A 和 B 之间的相关性，如表明 A 与 B 呈正相关。当我们想要解释为什么我们所调查的现象是现在这个样子时，解释性研究是有用的（关于定量研究的第五章描述了你可能寻求的不同类型的解释性研究）。

促进社区变革或行动的研究

当利益相关者确定了社区变革或行动的需要时，我们可以进行旨在促进这种社区变革、社会行动或社区干预的研究。比如，如果一个社区正在经历迅速发展，而社区中的一些利益相关者却被排除在发展进程之外，我们就可以开发一个旨在干预这一进程的研究项目。人们对政治或社会正义的关注突显了这种研究的重要性。在某些情况下，研究的目标可能是影响公共政策。为了进行以社区变革或行动为目的的研究，我们也可能最终进行描述性、解释性或评价性研究。

评价性研究

当我们想评价一个项目或政策的有效性或影响时，评价性研究为此提供了一种手段（Patton, 2015; Scriven, 1998）。评价性研究可以被视为一种解释性研究（Adler & Clark, 2015）。评价性研究可用于许多类型的研究项目，从评价特定的外展项目、教育项目，到公共政策和各种活动等。比如，评价性研究可以帮助我们确定某一政策的改变如何影响某一特定项目的成败，或确定某一特定宣传活动的有效性。

以唤起、激发或动摇为目的的研究

当我们想促使特定的受众（群体）改变其思考或看待某事的方式，促进新的学习，或策划一项宣传活动时，我们可能会进行以唤起、激发或动摇为目的的研究。这种研究可能旨在打破或颠覆受众的刻板印象或"常识性"意识形态，起到干预、激发他们的自我反思，或生成社会意识的作用。以此为目的的研究可以遵循一种生成模式，即调查本身就是研究行为（在关于艺术本位研究的第八章中有详细论述）。为了进行旨在唤起意义的研究，我们最终也可能进行探索性或描述性研究。

之前，我们看到了我们会如何根据权威人士的观点、文化信仰和个人经历来形成我们对乔治·弗洛伊德被杀事件的看法。让我们回到这个例子，看看我们会如何利用具有上述目的的社会研究来探索与这个悲剧事件相关的问题（通过社会研究，人们有无数种方式来形成关于这些问题的知识，因此这些例子仅用于说明问题而已）。

- 探索性研究。如果我们想探索不同种族背景的年轻人如何使用社交媒体来了解这个事件或分享他们关于这个事件的看法，并探索他们这样做的动机，我们可以通过焦点小组访谈来了解他们的态度（在焦点小组访谈中，几名参与者可以在小组环境中接受访谈）。
- 描述性研究。如果我们想描述社区对该事件的反应，我们可以在明尼苏达州的明尼阿波利斯市进行实地研究（包括观察、参加当地会议或抗议活动，以及进行非正式访谈）。
- 解释性研究。如果我们想确定哪些因素影响人们对"黑人的命也是命"这一主张的看法，我们可以通过问卷调查的方式进行调查研究，以了解种族、性别、年龄、社会经济背景、政治派别、媒体消费和刑事司法系统的经验对人们的观点的影响程度。

- 促进社区变革或行动的研究。如果我们想协助一个社区改变其"社区观察"[①]项目的创建和维护方式，以消除种族定性[②]，我们可以开展基于社区的研究，即通过让当地利益相关者（居民、社区观察成员、执法官员）参与进来的方式，开发一个以社区的目标和规范为中心的项目，最终促使社区发生积极的变革。

- 评价性研究。如果我们想评价社区观察项目的有效性，以及该项目在种族方面的运作方式（即是否得到公平实施），我们可能会进行研究，以分析事件报告等文件。

- 以唤起、激发或动摇为目的的研究。如果我们想唤起人们对种族和种族主义的认识，动摇人们的刻板印象，激发新的理解，我们可能会让不同种族的中学生创作回应乔治·弗洛伊德被杀事件及其后果的视觉艺术作品，然后以文字或口头形式描述他们的艺术作品。这些艺术作品稍后可以在学校、社区中心和/或在线展示。

---

① 社区观察：在美国，某个特定社区的成员同意共同照看彼此的财产、在街上巡逻，并向警方报告可疑事件，以预防社区内犯罪行为的发生。——编者注

② 种族定性：是指执法人员以个人的种族、族裔、宗教或民族血统作为怀疑其犯罪的依据的歧视性做法。——编者注

如你所见，这些例子说明了社会研究帮助我们的一些方式，即以这些方式帮助我们系统地了解一系列问题。此外，围绕这些问题开展社会研究，可以产生许多不同类型的项目，这些项目有着不同的目标和实现这些目标的行动方案。结合研究目的进行选题，可以引导我们选择具体的设计策略和研究方法。这就是本书的最终目的：向你展示基于你的主题、兴趣和能力设计研究项目的五种主要方法，以及这五种方法如何引导你进行一系列的方法选择。

请访问配套网站，完成由两个部分构成的关于研究目的的练习题。

复习站点 ①

1. 人们在日常生活中形成信念和知识的三种主要方式是什么？
2. 社会研究是一种构建知识的方式，即利用研究界商定的做法来帮助人们避免其他认知方式的一些局限性。社会研究的六个主要目的是什么？
3. 如果一位研究者对性别与对手枪立法的态度之间的相关性感兴趣，那么他/她进行研究的主要目的是什么？

★ 请到本章"复习题答案"部分核对答案。

既然你已经了解了社会研究与其他认知方式的区别，以及研究可以达到的一些主要目的，接下来就来看看关于社会研究和创建项目的可用方法的具体细节。

五种研究方法

建筑师制订建造实体结构的计划。建筑师在设计房屋或建筑物时，他／她／他们的最终目标将决定他／她／他们的决策。比如，建造房屋和建造大教堂之间有许多不同之处。此外，建造位于不同地理位置且有着不同用途的不同类型的住宅，也需要不同的建造策略。比如，假设在缅因州海岸建造一座海滨别墅，在佛蒙特州建造一座殖民地风格的住宅，在佛罗里达州建造一座地中海风格的住宅，在南加州建造一座山坡住宅。从风格上讲，这些住宅在外部和内部设计方面呈现不同的特征。虽然有些问题总是在起作用，如那些与打地基和构建安全承重墙有关的问题，但仅仅由于地点和潜在的天气问题，就会有许多不同之处：是否需要防风窗，房子是否要有地下室，等等。在这些例子中，我们谈论的是私人独户住宅。现在让我们来考虑多户住宅、公寓楼和非住宅类建筑，包括那些在一定程度上为公众服务的建筑。接下来，基于用途来考虑非住宅类建筑的不同之处，如医疗机构、学校、礼拜堂、零售空间等。结构类型本身将决定建筑师做出的许多选择。

我认为研究设计是为你的研究项目创建结构或制订计划的过程。建筑师的工作涉及许多通用结构，如单户住宅、多户住宅、非住宅建筑等，而社会学研究者的研究则涉及五种主要的结构，在社会研究中，我们称这些结构为研究设计方法。

本书回顾了五种主要的研究方法：定量研究方法、定性研究方法、混合研究方法、艺术本位研究方法，以及基于社区的参与性研究方法。实际上，这些方法之间可能有重叠之处。比如，有一些方法（如叙事研究）就被应用于定性研究和艺术本位研究[2]。又如，基于社区的参与性研究可能要依赖定量、定性、混合方法或艺术本位研究方法。经过整本书的阐述，这些方法之间的差异将变得更加清晰，表明尽管方法有重叠，但项目还是可以分类的。值得注意的是，没有哪一种方法一定比其他方法更好。确切地说，特定的方法更适用于特定的项目。

定量研究（quantitative research）的特点是在研究过程中采用演绎法，旨在证明、反驳或验证现有理论。这种类型的研究涉及测量变量和检验变量之间的关系，以揭示模式、相关关系或因果关系。研究人员可以采用线性方法来收集和分析数据，从而得出统计数据。定量研究的基本价值观包括中立性、客观性和获得相当广泛的知识（如来自某个大样本的统计概述）。当你的主要目的是解释或评估时，这种方法通常是合适的。

定性研究（qualitative research）的特点通常是采用归纳法构建知识，以生成意义（Leavy, 2014, 2020a）。研究者使用这种方法进行探索，扎实地调查和了解社会现象，解读人们赋予活动、情境、事件或人工制品的意义，或构建对社会生活某些方面的深度理解（Leavy, 2014, 2020a）。定性研究的基本价值包括人们的主观体验和意义形成过程的重要性，以及获得深度理解（即来自小样本的详细信息）。当你的主要目的是探索、描述或解释时，定性研究通常是合适的。

混合方法研究（mixed methods research）涉及收集、分析，并以某种方式将定量和定性数据整合到单个项目中。研究项目的各个阶段是整合的或协同的，定量阶段影响定性阶段，反之亦然（Hesse-Biber, 2010, 2016; Hesse Biber & Leavy, 2011）。由于定量和定性数据的整合，混合方法研究可能会促成对所研究现象的全面了解。如果你的目的是描述、解释或评估，那么混合方法研究通常是合适的。混合方法研究还经常被用于应用社会学和行为科学研究中，包括那些寻求促进社区变革或社会行动的研究。

艺术本位研究（arts-based research）涉及将创意艺术原则应用于社会研究项目。研究人员旨在以全面和参与的方式探讨社会研究问题，而在全面和参与的方式下，理论和实践是交织在一起的。艺术本位实践借鉴了文学写作、音乐、舞蹈、表演、视觉艺术、电影和其他艺术媒介。艺术本位研究是一种生成性方法，通过这种研究方式，研究者将探究过程置于中心位置，重视审美理解、唤起和激发。当你的目的是探索、描述、唤起、激发或动摇时，艺术本位研究通常是合适的。

基于社区的参与性研究（community-based participatory research）涉及研究人员与非学术利益相关者（如社区成员）之间的合作伙伴关系。研究人员可以与已有的社区组织合作；然而，情况并非总是如此。在基于社区的参与性研究中，研究人员试图让他们所服务的社区组织积极参与到研究过程的各个方面中，包括从确定问题到分发研究结果的各个环节。这是一种高度协作且以问题为中心的研究方法，要求分享权力。如果你的目的是促进社区的变革或行动，那么，基于社区的参与性研究通常是合适的。

每种通用的方法（定量研究、定性研究、混合方法研究、艺术本位研究、基于社区的参与性研究）都是一个总称，均由许多研究策略构成。这些方法均以不同的哲学信仰体系为特征，并依赖于不同的方法的实践。这些信仰和实践是研究的要素。

复习站点 2

1. 五种研究方法中哪一种会采用演绎法？_____
   a. 如果你的主要研究目的是_____，则适合采用演绎法。
2. 五种研究方法中哪一种会采用归纳法？
   a. 如果你的主要研究目的是_____，则适合采用归纳法。
3. 一位研究人员对挑战人们对性别和职业的刻板印象感兴趣。他/她使用了一个展示女性从事传统意义上由男性主导的工作（如建筑工人、电工和飞行员）的视觉图像装置，以激起观众对其假设的质疑。研究者采用的是哪种研究方法？

★ 请到本章"复习题答案"部分核对答案。

研究要素

　　研究要素可以被视作任何研究项目的基本组成部分，它们是任何社会研究项目不可或缺的组成部分。我们针对不同要素的决策将共同决定究竟使用五种研究方法中的哪一种。

　　研究的主要要素可分为三大类：哲学、实践和伦理（Leavy，2014）。研究的哲学基础由三个要素构成：范式（paradigm）、本体论（ontology）和认识论（epistemology）。在实践层面，研究有四个关键要素：类型 / 设计、方法论、方法 / 做法和理论。伦理成分综合了哲学要素和实践要素，包括价值观、伦理和自反性（见表 1.1）。

表 1.1　研究要素

哲学要素	范式 **本体论** **认识论**
实践要素	**类型 / 设计** 方法论 **方法 / 做法** **理论**
伦理要素（包括哲学和实践维度）	价值观 伦理 自反性

注：本表源自利维的著作（Leavy, 2014, p. 2）。版权所有©2014牛津大学出版社。经许可改编。

第二章专门讨论了伦理这个主题，因为伦理在所有社会研究实践中占据着核心地位。本章的其余部分回顾了研究的哲学和实践要素，以及它们与五种主要研究方法的关系。虽然所有这些术语乍看起来可能令人困惑，但实际上它们只涉及两个简单的问题。

一是，研究的哲学要素回答"我们相信什么"的问题。

二是，研究的实践要素回答"我们该怎么做"的问题。

哲学要素：我们相信什么

我们认为理所当然的事情是重要的，因为它会影响我们思考、观察和行动的方式。有一系列的信念会指导研究实践：关于社会世界本质的信念，关于社会生活我们能知道些什么，研究应该如何进行，谁能成为知者，什么样的知识是有价值的，以及我们是如何获得知识的，这些信念共同构成了**研究的哲学基础**，在从选题到研究结果的最终表达和传播的整个过程中，为决策提供了指导。

范式（paradigm）是一种世界观或框架，它可以过滤知识（Kuhn, 1962; Lincoln, Lynham & Guba, 2011）。范式是一种带有一系列假设的基本观点，指导着研究过程。范式通常很难被看见，因为它们被认为是理所当然的（Babbie, 2021）。想想那句老话："我们不知道是谁发现了水，但我们知道不是鱼。"范式就像是我们构思和执行研究所透过的镜片，因此通常我们很难看到范式。

我认为范式就像太阳镜，有着不同形状的镜框和不同颜色的镜片。当你戴上一副太阳镜时，太阳镜就会影响你看到的一切。构成范式的信念指导着我们的思维和行动（Guba, 1990），因此承认范式很重要。本体论和认识论的信仰体系在范式中结合在一起。

本体论（ontology）是一个关于社会世界本质的哲学信仰体系（比如，无论是模式化的和可预测的，还是不断被人类重新创造的）。我们的本体论信仰体系既影响着我们对社会世界的感知，又影响着我们如何了解社会世界，以及我们能从社会世界了解到什么。埃贡·古贝（Egon Guba）和伊冯娜·林肯（Yvonna Lincoln）将本体论问题解释为"现实的形式和本质是什么，因此，关于现实，我们能知道些什么"（1998, p. 201）。

认识论（epistemology）是关于如何进行研究，以及什么才算作知识的哲学信仰体系。我们的认识论立场决定了我们如何扮演研究者的角色，以及我们如何理解研究者和研究参与者之间的关系（Guba & Lincoln, 1998; Harding, 1987; Hesse-Biber, 2016; Hesse-Biber & Leavy, 2004, 2011）。图 1.1 直观地描述了范式的组成部分。

图 1.1 范式的组成部分

有多种范式或世界观指导着社会研究。不同的研究人员使用不同的方法对范式进行分组和命名，因此请注意，文献中存在一定程度的不一致，当你进行文献综述时，你可能会碰到其他术语。我建议用以下六个术语对多种范式进行分类：第一，后实证主义（postpositivism）；第二，解释主义 / 建构主义（interpretive/constructivist）；第三，批判主义（critical）；第四，变革主义（transformative）；第五，实用主义（pragmatic）；第六，艺术本位 / 审美的主体间性（arts-based/aesthetic intersubjective）。

后实证主义

这种哲学信仰体系最初是在自然科学中发展起来的，信奉客观的、模式化的、可知的现实。研究涉及提出和检验主张，包括识别和检验因果关系，如 A 导致 B 或 A 在某些条件下导致 B（Creswell & Creswell, 2017; Phillips & Burbules, 2000）。研究人员的目的是支持或反驳断言（Babbie, 2021），为了做到这一点，他们采用了科学方法。因此，这种世界观重视科学的客观性、研究者的中立性，以及研究的复制性（Bhattacharya, 2017; Hesse-Biber, 2016; Hesse-Biber & Leavy, 2011）。

解释主义或建构主义

这一哲学信仰体系是在社会科学的学科背景下发展起来的，强调人的主观体验，而人的主观体验源于社会历史背景（Bhattacharya, 2017; Hesse-Biber & Leavy, 2011）。这种世界观表明，我们正积极地通过日常互动（通常被称为现实之社会建构）来构建和重构意义。因此，我们通过我们的互动模式和解释过程来创造和改造社会世界，通过这些互动模式和解释过程，我们赋予活动、情景、事件、手势等以意义。因此，研究人员重视人们对其经历和环境的主观解释和理解。解释主义或建构主义世界观是包括广泛视角（在理论讨论中回顾）的总体类别，包括符号互动论（symbolic interactionism）、拟剧论（dramaturgy）、现象学（phenomenology）和民族方法论（ethnomethodology）。

批判主义

该哲学信仰体系是在跨学科背景下发展起来的，包括领域研究和在批判中形成的其他领域（如妇女研究、非洲裔美国人研究），并强调权力丰富的情景、主导性话语和社会正义问题（Bhattacharya, 2017; Hesse-Biber & Leavy, 2011; Klein, 2000; Leavy, 2011a）。研究被理解为一项具有赋权和解放能力的政治事业。研究人员的目标是优先考虑那些被迫处于等级社会秩序边缘的人的经历和观点，他们摒弃否认或抹杀差异的宏大理论。协作和参与性研究方法（即那些让参与者积极参与到项目开发中来的那些方法）通常享有特权。批判性世界观是包括广泛视角（在理论讨论中回顾）的总体类别，包括女权主义（feminist）理论、批判性种族（critical race）理论、"酷儿"（queer）[①] 理论、土著

---

① "酷儿"：是对非异性恋的个人和/或群体的一种标识，它可以用来代替或补充其他性取向的标识，如同性恋、双性恋等。——编者注

（indigenous）理论、去殖民化（decolonizing）理论、后现代主义（postmodernist）理论和后结构主义（poststructuralist）理论。

变革主义

这一哲学信仰体系是在跨学科背景下发展起来的，它借鉴了批判理论、批判教育学理论、女权主义理论、批判性种族理论和土著理论，促进了人权、社会正义和以社会行动为导向的观点（Mertens, 2009）。研究应该是包容性的、参与性的和民主的，让非学术利益相关者参与到研究过程的各个环节。研究被理解为一项参与性的、具有政治和社会责任感的事业，具有改造和解放的力量。

实用主义

该哲学信仰体系于 20 世纪初在查尔斯·桑德斯·皮尔斯（Charles Sanders Peirce）、威廉·詹姆斯（William James）、约翰·杜威（John Dewey）和乔治·赫伯特·米德（George Hebert Mead）（Hesse-Biber, 2015; Patton, 2015）的研究基础上发展起来，它并不信奉某一套特定的规则或理论，而是认为不同的工具在不同的研究背景下可能是有用的。研究人员重视效用，以及在特定研究问题的背景下起作用的东西。实用主义者"注重行动的结果"（Morgan, 2013, p. 28），这表明任何在某一特定背景下有用的理论都是有效的。本书回顾的任何方法和理论都可能成为实用主义设计的一部分。

艺术本位或审美的主体间性

这种哲学信仰体系是艺术和科学相互交融的产物，该哲学信仰体系认为，艺术能够接触到那些原本无法触及的东西。研究人员重视前语言阶段的认知方式，包括感官的、情感的、知觉的、动觉的和想象的知识（Chilton, Gerber & Scotti, 2015; Conrad & Beck, 2015; Cooper, Lamarque & Sartwell, 1997; Dewey, 1934; Gerber & Myers-Coffman, 2018; Harris-Williams, 2010; Langer, 1953; Whitfield, 2005）。研究被理解为一种关系性的意义创造活动。艺术本位或审美的主体间性范式借鉴了具身化和现象学的理论，并可能包括一系列额外的视角，如解释主义/建构主义理论和批判理论。

实践：我们该怎么做

我们如何进行研究？有哪些工具可以用来构建项目？实践（praxis）是指做研究，即研究的实践（practice）。我们用于开展研究的工具多种多样，包括方法和理论。当我们将这些工具结合在一起时，我们就形成了一种方法论，即一项计划，该计划关乎我们将如何开展我们的研究。

我们用来收集或生成数据的具体方法或工具可以归入更大的**类型**或**设计**。这些是不同研究方法的总体分类（Saldaña, 2011b）。**研究方法**是收集或生成数据的工具。值得注意的是，有时用**研究实践**一词来替代研究方法一词，尤其是在艺术本位研究的情况下。之所以要选择研究方法，是因为研究方法是产生某个特定项目所需数据的最佳工具。比如，访谈形式就是一个总体的类型或设计，而具体的访谈方法则有很多，包括但不限于结构化访谈（structured interview）、半结构化访谈（semistructured interview）、深度访谈（in-depth interview）、焦点小组访谈（focus group interview）和口述历史访谈（oral history interview），每种研究方法都最适合特定类型的研究问题。如后面几章所述，研究方法的选择应结合研究问题和假设或研究目的，以及更务实的问题，如参与者或其他数据源的可及性、时间的限制和研究者的技能。

数据收集或生成的方法也会导致分析、解释和表达的特定方法或策略（即研究结果将以什么形式或形态呈现）。第五章至第九章将详细讨论数据收集或生成、分析、解释和表达的具体方法，这些方法（method）分别适用于本书所回顾的五种方法（approach）中的一种。就目前而言，表 1.2 罗列了研究类型 / 研究设计以及与之对应的数据收集 / 生成的研究方法（这并非一份详尽的列表）。

表 1.2　研究类型 / 研究设计和研究方法 / 实践

研究类型 / 研究设计	研究方法 / 研究实践
实验	随机实验，准实验，单受试者实验
调查研究	问卷（以多种方式施测）

研究类型 / 研究设计	研究方法 / 研究实践
访谈	结构化访谈、半结构化访谈、深度访谈、口述历史访谈、传记式极简主义访谈、焦点小组访谈
实地研究	参与式观察、非参与式观察、数字民族志、视觉民族志
非侵入式方法	内容分析、文献分析、视觉分析、音频分析、视听分析、历史比较
个案研究	单一个案、多个案
自我数据	自传式民族志、双人民族志
混合方法	序贯、融合、嵌套
文学实践	基于小说的研究、叙事研究、实验写作、诗歌研究
表演性实践	戏剧、剧本创作、民族戏剧、民族剧场、电影、录像、音乐、舞蹈、运动
视觉艺术实践	拼贴画、绘画、素描、摄影、影像发声、连环画、动画片、雕塑
基于社区的研究	参与式行动研究、社会行动研究

　　一种**理论**是对社会现实的描述，该描述以数据为基础，却又超越数据（Adler & Clark, 2015）。理论有两个层次：一是研究者根据自己的数据提出的小规模理论（小 t 理论），二是基于先前的研究而被广泛认可，并可能用于预测新数据或构建新的研究的大规模理论（大 T 理论）。先来谈谈小规模理论，比如，基于你的研究，你可以开发一个关于儿童媒体消费如何影响儿童自尊的理

论。该理论将直接基于你为自己的研究收集的数据。然而，该理论做出的论断将超越这些数据（也许可以推广到更广大的儿童群体中）。大 T 理论已经得到严格的检验和应用，这些理论和理论观点可以用于你的研究。有许多理论观点可以指导研究过程，你可以在文献综述过程中发现这些理论观点（将在第三章中讨论）。范式是总体性的世界观，而理论则使范式具体化（Babbie, 2013）。指导性的范式可能难以辨别，但具体的理论（在研究实践中检验、应用或生成的理论）是对基于项目的指导性范式的更详细的陈述。

就目前而言，表 1.3 列出了六大范式及其相应的理论思想流派 / 主要理论，每个范式都包含许多具体的学科和跨学科理论（这并非详尽的列表）。具体的学科和跨学科理论可在文献综述的过程中发现，此处不予详述。

表 1.3　范式与理论思想流派 /（大 T 理论）

范式	理论思想流派
后实证主义	经验论
解释主义 / 建构主义	符号互动论 民族方法论 拟剧论 现象学
批判主义	后现代主义理论 后结构主义理论

续　表

范式	理论思想流派
批判主义	土著理论 批判性种族理论 "酷儿"理论 女权主义理论
变革主义	批判理论 批判教育学理论 土著理论 批判性种族理论 女权主义理论
实用主义	无
基于艺术／审美的主体间性	具身化 现象学

　　在研究实践中，方法和理论相结合，即形成**方法论**，即一项关于研究将如何进行的计划——如何将不同的研究要素组合到一项计划中，该计划详细说明如何实施具体的研究项目（见图1.2）。方法论是研究者在结合了不同的研究要素后实际所做的事情。除了一个人的哲学信仰和适当的方法和理论的选择之外，伦理（将在下一章中深入讨论）也会影响研究的设计和执行方式。尽管两项研究可能使用相同的研究方法（如焦点小组访谈），但研究者采用的方法论可能完全不同。换言之，研究人员如何进行研究，不仅取决于他们的数据收集工具，还取决于他们如何设想使用该工具，从而构建研究并确定他们的方法论。比如，研究者

在焦点小组访谈中表现出的节制程度和 / 或控制水平可能有很大差异。

图 1.2　方法论的组成部分

因此，研究人员讲了多少话，插了多少话，要求特定的参与者回答了多少问题，等等，都会改变焦点小组的性质。具体的方法论会导致方法上的变化。

复习站点 ③

1. 研究的哲学要素所回答的问题是 _____。
2. 一位研究者对一所中学的学生如何通过他们的日常互动模式建立和维持他们的社会等级感兴趣。比如，他们如何强化、展示或挑战他们在学校和社会小团体中受欢迎的观念。研究者将采用哪种范式来指导他们的研究呢？
3. _____ 实为一项计划，关乎如何实际开展研究计划。它将 _____ 与理论相结合。

★ 请到本章"复习题答案"部分核对答案。

将要素组合在一起

表 1.4 将一些要素组合在一起，旨在说明可供五种设计方法中的每种设计方法使用的研究要素。不过请注意，事情总是有例外，表中仅列出了最为常用的组合。

抽象地考虑这五种方法只能让我们到此止步。为了更好地了解每种方法，让我们选一个研究主题，看看我们如何根据这一主题为这五种方法中的每一种都设计一个项目。请记住，在每一种情况下，对于我们可能如何设计每项研究，我只提供无数可能的设计方案中的一种。表 1.4 中列出的是一些实例。请看我们的研究主题：大学生在大学校园饮酒的经历。为简单起见，让我们假设每项研究都发生在你自己的大学校园或你所在的社区。

表 1.4　五种设计方法及其要素

方法	范式	理论流派	类型	方法
定量研究	后实证主义	经验论	实验 调查研究	随机实验、准实验、单受试者实验 问卷
定性研究	后实证主义/解释主义/建构主义	经验论 符号互动论 民族方法论	访谈	结构化访谈、半结构化访谈、深度访谈、口述历史访谈、传记式极简主义访谈、焦点小组访谈
	批判主义	拟剧论 现象学	实地研究	参与式观察、非参与式观察、数字民族志、视觉民族志
		后现代主义理论 后结构主义理论 土著理论 批判性种族理论 "酷儿"理论 女权主义理论	非侵入式方法	内容分析、文献分析、视觉分析、音频分析、视听分析、历史比较
混合方法研究	实用主义	无	混合方法	序贯、融合、嵌套（任何定量和定性方法的整合使用）

续　表

方法	范式	理论流派	类型	方法
艺术本位研究	基于艺术/审美的主体间性	具身化、现象学	文学实践	基于小说的研究、叙事调查、实验写作、诗歌调查
			表演实践	戏剧创作、民族戏剧、民族剧场、电影、录像、音乐、舞蹈、运动
			视觉艺术实践	拼贴画、绘画、素描、摄影、连环画、动画片、雕塑
基于社区的参与性研究	变革性范式	批判理论、批判教育学理论、女权主义理论、批判性种族理论、土著理论	基于社区的	参与性行动研究、社会行动研究、定性研究方法、定量研究方法、混合研究方法、定位研究方法（在其中使用任何定性和艺术本位研究方法和艺术本位研究方法）

定量研究

采用后实证主义范式，设计一个以问卷为数据收集方法的调查研究项目。问卷可在线施测，这样可以保证匿名性，让学生放心地回答涉及敏感主题的问题，包括未成年人饮酒的问题。预先设定的问题，其可能的答案范围有限，如那些在"非常赞同"到"非常不赞同"这个范围内的答案。预先设定的问题将要求学生自我报告他们对校园饮酒的态度和与校园饮酒相关的行为，包括他们自己的参与度、同龄人的饮酒率、酒精的可获得性、与饮酒相关的行为、朋辈文化的其他相关方面，以及他们对学校的校园饮酒政策的态度。这种方法的主要优点是，你可以从大量的学生那里收集广泛的数据，这将使你能够确定校园饮酒的普遍程度和相关问题。换言之，该项研究将得出关于校园饮酒的每个主要维度的统计数据，而关于校园饮酒的主要维度的原始数据则是你通过对受访者进行问卷调查获得的。

定性研究

根据解释主义范式，设计一个通过焦点小组访谈收集数据的访谈研究。你可以进行4场焦点小组访谈，每个焦点小组由6名学生组成，访谈场所为邻近大学生中心或位于校园内的其他学生友好区域的一个私密房间。在小组环境中，学生可能会更自在地谈论校园饮酒这个话题，一个学生的分享可能会促使其他学生表示赞同或不赞同，等等。开放式焦点小组访谈将便于学生谈论他们认为重要的议题，使用他们自己的语言并通过故事和例子详细描述他们的经历。通过低强度的主持，你可以引导讨论过程，问一些关键性问题，但允许学生自由发言。这种方法的主要优点是：你可以收集丰富的带有描述和例子的数据，而且参与者的语言和关切将被置于首位。

混合方法研究

根据实用主义范式，设计一项序贯混合方法研究（sequential mixed methods study）。将问卷作为你的第一数据收集方法，以便了解校园饮酒的普遍程度，以及最常在饮酒发生时起作用的因素，等等。然后，在对数据进行统计分析后，举行焦点小组访谈，请一小部分学生更深入地讨论一些调查结果，解释他们的个人经历，并描述他们在其校园里饮酒的情况。首先，通过使用问卷，你将广泛地了解学生们所报告的发生在他们校园里的事情。然后，你可以有针对性地设计焦点小组访谈，以便收集调查研究中出现的主要数据点，并努力解读统计数据背后的意义。焦点小组访谈将帮助你用参与者选择的语言更深入地描述和解释问题，这样你不仅能了解某些行为的发生率，而且能理解他们的体验、动机和情境。比如，尽管调查研究可能会提示某项校园政策的失败，然而访谈则可能会有助于解释该政策失败的原因。以整合的方式使用这两种方法，你可以全面地了解校园饮酒的普遍性、情境和学生的个人体验。

艺术本位研究

根据批判主义范式，设计一个以拼贴画为数据生成方法的参与性视觉艺术研究（participatory visual arts study）。可以给一组学生参与者提供制作拼贴画常用的材料（杂志、报纸、五颜六色的纸张、绘画工具、笔、剪刀、胶水、胶带等），并要求他们创作一幅拼贴画或图画，以表达他们对校园饮酒文化的看法，以及他们的校园饮酒文化给他们带来的感受。也可以要求学生为他们的拼贴画提供文字描述。他们的视觉艺术作品和文字描述都会被分析。这种方法有可能产生仅仅通过书面或口头交流无法产生的数据。比如，指向意想不到的事物的某种图像可能会被强调。这种方法的主要优点是设计的参与性，即由学生创建数据，这可能会给他们一种被赋权的体验，给予他们机会去自我表达，而不必事先考虑别人对他们的期望或要求，而且这种方法还可能会获得采用其他方法无法获得的见解（这些艺术作品有可能在校园内的选定地点展出）。

基于社区的参与性研究

根据变革性范式，设计一项基于社区的参与性研究。首先，召集利益相关者，包括不同年级的学生、宿舍管理员、校园警察、医疗服务人员、管理人员和教职员工。这些人共同制定一个项目，评估和改进处理校园饮酒问题的政策和程序，其方式应不仅能识别和满足学生的需求（比如，如果学生遇到麻烦，能够毫无顾忌地打电话给校园警察或医疗服务部门），还能满足机构的需求（比如，保证学生安全，不支持非法行为）。大家共同确定研究目的、研究问题和研究方法。这种方法的主要优点是，所有的利益相关者都受到同等重视，并且可以共同确定核心议题、问题和解决方案。

前面的例子仅仅阐释了可以用不同的研究方法及其相应的方法论工具开展的多种研究。因为每种方法都有自己的一系列优势，所以研究设计决策应该尽可能地服务于特定项目的目标。我希望关于大学生在大学校园饮酒之体验的研究实例，能够说明所有研究方法的使用方式，并且能够说明这些使用方式各有不同。

结 论

无论研究的主题或选择的方法如何，首先，研究是人类的一项事业。伦理强调社会研究的每个方面：哲学和实践层面，即我们相信什么，我们做什么。正如下一章介绍的那样，历史上存在着对人类受试者的严重剥削和虐待，这对当代伦理标准产生了影响。正如玛雅·安吉洛（Maya Angelou）常说的那样，"在你知道更好的方法之前，尽你所能去做。在你知道更好的方法之后，你自然会做得更好"。在研究伦理学领域，情况也是如此。

✓ 复习题答案

复习站点 1 答案

1. 权威人士或专家、文化信仰和个人经历。

2. 探索性研究、描述性研究、解释性研究、促进社区变革或行动的研究、评价性研究和以唤起、激发或动摇为目的的研究。

3. 解释性研究

复习站点 2 答案

1. 定量研究。

　　a. 解释性研究或评估性研究

2. 定性研究。

　　a. 探索性研究、描述性研究或解释性研究

3. 艺术本位研究。

复习站点 3 答案

1. 我们相信什么

2. 解释主义 / 建构主义。

3. 方法论　方法

🖐 实操练习

1. 挑选一个你有意研究的主题，根据你自己的生活经历和看法（如你接触到的新闻、你在学校学到的东西、家人和同伴的意见，以及个人经历），写下你认为对该主题所知晓的一切（篇幅最多 1 页）。然后从你所属学科的同行评审杂志上选取一篇文章，该文章呈现的研究应当涉及你的研究主题的某个方面。阅读此篇文章并简短地写一个回应（一段文字）。你了解到了什么新信息？这篇文章中有什么让你感到吃惊的地方吗（如果有的话）？这篇文章是否为你提供了理解该主题的任何新语言或新方法？

2. 挑选一个当前发生的或有争议的事件。从不同地理区域的不同报纸上选择两篇关于该主题的文章。写一个简短的比较和对比性回应（最多 1 页）。这两篇文章是如何表述同一组事实或情况的？这两篇文章采用了什么样的语言来确定其基调？读者是否会因其阅读的新闻来源不同而形成不同的观点？

3. 一组研究人员对囚犯在被监禁期间的感受很感兴趣。主要研究目的是从囚犯的角度描述监狱生活。研究人员利用焦点小组访谈对囚犯在最低安保设施中的监禁体验进行了定性研究。研究人员召集了四次焦点小组访谈，每个焦点小组有六名囚犯，就囚犯的日常生活、恐惧和权力的动态状况、在监狱中形成的关系、对狱警的看法，以及日常生活的其他方面进行了询问。现在设想一下，研究团队改变了他们的主要研究目的，他们不再寻求描述囚犯的体验，而是着眼于监狱体验中的认同问题，以促进监狱内部的变革。现在，研究人员希望共同创建一个项目，以调查囚犯的监禁体验，以游说制定政策的官员改善囚犯的生活条件，同时考虑对狱警的要求以及如何提升他们的作用。研究人员重新设想的研究目的促使他们设计了一个基于社区的参与性研究项目。他们的基于社区的参与性研究项目将如何开展？首先要实施的是哪些步骤？

资　源

Lemert, C. (2021). *Social theory: The multicultural, global, and classic readings* (7th ed.). New York: Routledge.

Mertens, D. M. (2009). *Transformative research and evaluation*. New York: Guilford Press.

Trier-Bieniek, A. (2019). *Feminist theory and pop culture*(2nd ed.). Leiden, The Netherlands: Brill/Sense.

注　释

1. 一些人特别担心抗议活动会传播新冠肺炎，这引发了对这些抗议活动的一些批评。

2. 有些研究人员将艺术本位研究视为一种定性研究，因而引发了更多的文献重叠现象。

3. 乔亚·奇尔顿、南希·格伯和维多利亚·斯科蒂（Gioia Chilton, Nancy Gerber & Victoria Scotti, 2015) 创造了审美主体间范式（aesthetic intersubjective paradigm）这一术语。

第二章
社会研究中的伦理

1971 年发生了斯坦福监狱实验。斯坦福大学（Stanford University）心理学教授菲利普·津巴多（Philip Zimbardo）带领一个研究团队进行了一项关于监禁心理的研究（Haney, Banks & Zimbardo, 1973）。他们在斯坦福大学的一幢大楼的地下室创建了一座模拟监狱，包括牢房、单独监禁区和监狱的其他常见设施。招募了 24 名主要具备中产阶级背景并被认为情绪比较稳定的男学生进行本应持续 2 周的实验。24 人中有一半被分配了狱警的角色，另一半则被分配了囚犯的角色。津巴多担任了警司的角色，一名研究助理被安排担任监狱长的角色。狱警和犯人都得到了与其角色相匹配的服装和模拟监狱生活的道具。看守轮班工作，而囚犯则一天 24 小时都被关在牢房里。狱警得到的指令是不要对囚犯进行身体伤害，而是给他们一种消极的、被剥夺权力的体验（如用数字而不是名字称呼他们，剥夺他们的隐私，给他们一种丧失控制权或丧失权力的感觉）。研究人员通过视频监视器观察了行动的展开过程。

24 名参与者内化了他们各自的角色，并依照角色行事，其内化程度远远超出了研究人员的预测。到了第二天，混乱开始接踵而至。囚犯们开始抵制给予他们的待遇，而看守们则决定通过心理控制来变本加厉地对待囚犯。狱警们采取了各种心理虐待和折磨手段，贬低和侮辱囚犯。一些囚犯被拿走床垫，还被强迫睡在地板上，还有一些囚犯的衣服被拿走，以示羞辱。囚犯的待遇继续变差。两名囚犯退出了实验。第六天，令许多狱警沮丧的是，津巴多停止了实验。津巴多后来指出，有 50 多人观察了这项实验，只有一人提出了伦理问题。

设想一下，如果你是这项实验的一名参与者会怎么样。如果给你分配了囚犯的角色，明明知道研究人员已然将你置于被虐待的境地，你会作何感想？被以这些方式剥夺人性可能会有哪些后果，比如为了让你保持顺从而剥光你的衣服？你能和其他参与者一道若无其事地回到学校吗？如果你扮演的是狱警的角色，也清楚自己参与了那些行为，当你离开人为构建的实验环境时，你会有什么感觉？你会感到内疚或羞愧吗？如果你内心激起了某种暴力或仇恨的情绪怎么办？这种经历会对你或你生活中的其他人产生什么样的影响？实验的部分内容被拍摄了下来，并向公众公开。如果他人目睹了你遭受心理虐待的过程，或目睹了你对他人施以心理虐待的过程，你会有什么感觉？

现在请设想一下，如果你是一位研究者，在这种情况下，你会怎么做？一旦你观察到心理虐待，你会允许研究继续下去吗？

你将如何保护所有研究参与者的安全和健康？如果你所了解到的信息真的很有趣怎么办？你会经不起诱惑而让实验继续下去吗？你如何知道你做的事情是否正确呢？

斯坦福监狱实验是美国现代史上最臭名昭著的实验之一，可能因发生在一所著名大学而更令人感到震惊。它甚至成为许多故事和电影的主题，包括2015年的一部电影。在研究界，这个实验在关于社会研究伦理的讨论中最常被引用。

伦理一词源于希腊语的 *ethos*，意为品格。伦理包含道德、正直、公平和诚实。道德是对是非曲直的认识，而正直则是依据这一认识行事。伦理是社会研究的核心。因为我们是了解其他人类（社会现实）的人，所以伦理至关重要，这样我们的研究才不会伤害他人。

伦理基础影响着研究过程的方方面面（Hesse-Biber & Leavy, 2011; Leavy, 2011a, 2020a; Traianou, 2020）。从一开始，当我们选择一个研究主题时，伦理因素就开始发挥作用。影响选题的因素有我们的价值观，我们对"哪些问题需要研究"这一议题的理解，以及研究的潜在影响。与我们的研究所涉及的人打交道的方方面面都会涉及伦理决策。比如，从我们如何决定研究哪个群体或者和哪些人一起创建项目，我们如何确定潜在的研究参与者，我们与研究参与者的互动方式，我们的研究关系，到我们如何将研究结果传播给利益相关者，从而让他们"了解"并受益于该研究，这些都是需要在决策和实践中进行伦理考量的研究要素的例子，并且只是冰山一角。简而言之，研究工作的每个方面都要考虑伦理因素。

　　研究的伦理基础包含三个维度：哲学、实践和自反性。

　　（1）伦理的**哲学维度**基于你的**价值观体系**，解决的是"你相信什么"的问题。

　　（2）伦理的**实践维度**解决的是"你做什么"的问题。

　　（3）伦理的**自反性维度**结合了哲学和实践维度，解决的是"权力如何产生影响"的问题。

　　本章的其余部分分为三节：价值观体系、伦理实践和自反性。请注意，尽管本章中回顾的许多议题都以这样或那样的方式适用于任何方法的研究，但有些议题对于特定的研究设计或某些设计中所使用的方法而言是更加突出或独特的。第五章至第九章将对这些议题进行适当的说明和阐述。

价值观体系

　　如前所述，伦理的这一维度涉及"你相信什么"的问题。我们每个人都将自己的道德准则带入我们的研究经历。我们每个人都有关于这个世界的信仰、态度和想法。我们带给研究经历的价值观塑造了我们做出的每一项决定。价值观塑造了我们的想法，从而塑造了我们的行为方式。我们的信仰不但是在我们自己的头脑中形成的，而且是在社会环境中形成的。让我们举一个日常生活中的例子：你的宗教信仰，无论是针对某种特定宗教的信仰、非宗教形式的精神信仰，还是信奉不可知论或无神论，都会影响你的世界观。这些信仰并非是在真空中形成的，而很可能是你的社会化的一部分。比如，如果你信仰宗教，那么你可能在儿时的家里学到了宗教价值观。你的信仰影响你的行为，比如，如果你信仰宗教，你可能参加宗教仪式、定期祈祷或冥想、遵守饮食禁忌等。

我们带给研究经历的价值观和道德感不仅仅来自我们的个人生活。特定的社会历史事件已经影响被研究人员带到他们的工作中去的价值观体系。尽管许多历史事件已经影响了研究界对伦理的理解，但有两个重大事件（每个重大事件均由一系列事件构成）被认为是了解我们的共同价值观体系是如何形成的划时代事件。

这两个重大事件，一是社会研究中的伦理暴行的历史遗留问题，二是社会正义运动（social justice movements），都影响了涉及人类受试者的研究领域的价值观。

历史上的虐待行为

可悲的是，生物医学虐待和对人类研究受试者的剥削由来已久。比如，"二战"期间发生了可怕的虐待行为，包括在集中营中进行的残酷的实验和相关的战争罪行。因此，制定了《纽伦堡法典》（Nuremberg Code, 1949），其概述了用人类进行实验的规则，如自愿参与的规则。虽然没有正式成为法律，但这是促使医学界自我规范的首次重大努力。后来，又制定了《**赫尔辛基宣言**》（Declaration of Helsinki, 1964），该宣言与《**纽伦堡法典**》共同构成了关于在医学研究中如何对待人类受试者的联邦法规的基础。

生物医学虐待并非战争时期所特有，对美国人来说也不陌生。发生在 1932 年至 1972 年的**塔斯基吉梅毒实验**，也许是美国有史以来最臭名昭著的有悖伦理的生物医学研究案例。1932 年，美国公共卫生署（The U.S. Public Health Service）开始与塔斯基吉研究所（Tuskegee Institute）合作，他们在亚拉巴马州招募了 600 名贫困的非洲裔美国男性，其中 399 人在招募前就患有梅毒，其余的 201 人未患梅毒。让该实验变得违背良知的是，这些人不知道他们患有梅毒，也没有得到治疗。相反，他们被告知患有"坏血症"，正为此接受治疗。到了 1947 年，青霉素成为治疗梅毒的合法药物，但研究人员仍然对不知情的研究受试者隐瞒了这一点。研究中的许多男性死于梅毒和相关的并发症，许多人还感染了他们的妻子，还有一些人的孩子出生时就患有先天性梅毒。直到 1972 年真相被泄露给媒体时，实验才停止。虽然只是最近几年才为公众所知，但在 1946 年至 1948 年，美国公共卫生署在危地马拉对囚犯和精神卫生机构的病人进行了更违背伦理的实验。他们故意让 696 名男性和女性感染了梅毒，在某些情况下还感染了淋病，然后用抗生素给他们治疗。

种族主义，更确切地说，关于非洲裔美国男性性滥交的刻板印象弥漫在塔斯基吉。研究中的男性没有被视为医学上的病人，甚至没有被视为人类，因此，参与研究的医生没有尽其所能地对他们进行治疗。他们被视为研究"受试者"，供研究人员利用。想象一下这种情况的现代版本。如果将囚犯（在其不知情的情况下）置于一项实验中，看看酷刑（如"水刑"）是否会导致囚犯透露有关他们犯罪活动的准确信息，这样做会怎么样呢？如果穆斯林囚犯成为这项实验的对象又会怎么样呢？如果缺乏监管，究竟什么才能阻止这种研究呢？

考虑到塔斯基吉梅毒实验的不良结果，研究界制定了一套关于研究中的人类参与者权利的新原则或价值观。从那时起，参与者首先被视为人，有权知道他们所参与的研究的性质，包括可能的**风险和好处**，并有权**自愿**选择是否参与。此外，随着时间的推移，**互惠原则**，即研究对研究者和参与者都有利的原则（Loftin, Barnett, Bunn & Sullivan, 2005），对许多研究者（特别是那些使用定性研究方法和基于社区的参与性研究方法的研究者）而言，已经变得很重要了。在这方面，一个关于任何项目的重要问题就是：该项目服务于谁的利益？

随着关于研究的各种法规和条例的制定，这些核心价值观被付诸伦理实践。塔斯基吉梅毒实验促成了《**贝尔蒙特报告**》（Belmont Report, 1979），而该报告又导致了**保护生物医学与行为研究人类受试者全国委员会**的成立。《贝尔蒙特报告》中确定的三个主要指导原则是：尊重人、善行和正义。这些原则是通过知情同意、风险和收益分析，以及对参与者的挑选来付诸实践的。

塔斯基吉梅毒实验还促成了关于**机构审查委员会**和保护研究中的人类受试者的联邦法律。机构审查委员会将在关于伦理实践的那一节中讨论。

社会正义运动

20 世纪 60 年代至 70 年代的社会正义运动（**民权运动、妇女运动、同性恋权利运动和劳工运动**）反映并造就了我们文化价值观的重大转变。正义运动寻求基于**身份特征**的平等，包括性别、种族、性取向和经济阶层，以及消除性别歧视、种族主义、同性恋恐惧症和阶级歧视。在社会生活的各个领域，从教育到就业，到家庭生活，再到私人和公共领域的法律保护，不平等现象被暴露出来，并需要进行变革。尽管许多社会不公正现象依然存在，但 20 世纪 60 年代至 70 年代是发生巨变的时期。对性别、种族和性问题的日益关注以及纠正历史上的不平等现象的努力影响了指导社会研究的价值观。社会正义运动的一个共同影响是彻底重新审视了社会研究事业中的**权力**，以避免创造出继续串通一气压迫少数群体的知识（权力议题将在关于自反性的那一节中进一步讨论）。

社会正义与被压制的声音

这些运动对研究界产生的累积影响包括：重新考虑我们为什么要进行研究，我们认为哪些人应该被纳入研究，哪些主题值得研究，以及社会研究可能有什么用途。虽然所有的研究者都受到了这些思想的影响，然而这些思想却让个体研究者形成了不同的价值观体系。

社会正义运动产生的价值观包括但不限于研究过程中的包容性，解决不平等和不公正问题，改良社会（让世界变得更美好），反性别歧视、种族主义、同性恋恐惧症、阶级歧视等议程。社会研究成为**身份政治**[1]和**社会变革以及影响公共政策**的重要工具。

由于历史上被边缘化的群体在社会研究中被忽视，或者以强化刻板印象的方式被纳入社会研究，于是人们将由妇女、黑人、土著居民、其他有色人种，或女同性恋/男同性恋/双性恋/变性人/酷儿或性向存疑者（LGBTQIA）等个体组成的群体找出来，将他们纳入有意义的研究中。这一努力试图将**代表性不足的群体**纳入研究。有时研究者谈论将被压制的声音和边缘化的观点纳入研究，这些边缘化的观点就是那些通常被迫处于社会边缘的人所持的观点。至于**包容性**方面，也就是将什么样的群体纳入研究，利用五种研究方法进行研究的研究者可能会有不同的观点和做法。

比如，在定量研究中，在包容性上的尝试往往集中在将被边缘化群体中的人纳入研究样本。比如，在妇女运动之前，一项实验可能只包含男性研究受试者，而妇女运动在研究领域的影响之一就是促使实验设计既包含男性受试者，也包含女性受试者。在定性研究中，可能会更加注重允许参与者使用他们自己的语言来描述他们的经历，以此将基于性别和其他身份特征的差异纳入研究。在混合方法研究项目中，在定量和定性传统中培养起来的包容性方法都会发挥作用。在艺术本位研究中，研究者可能会努力使用某种艺术形式将以前被边缘化的观点纳入研究，这种方式能够促使人们对普遍接受的刻板印象产生不同的思考。在基于社区的参与性研究中，研究者可能会努力从一开始就与来自不同群体的人共同开发项目，这样，不同性别、种族、阶级或性取向的人的观点，或有着精神分裂症或 HIV 阳性身份等污名化特征的人的观点，都从一开始就有助于构建该项目。以上略举数例，以说明先前的社会正义运动所产生的不断变化的信念是如何影响研究人员的——使得研究者认为具有不同身份特征的人或群体应该被纳入研究。然而，研究人员会根据具体研究设计的原则，以不同的方式适应这些不断变化的信念。包容性可以通过多种方式被理解并内化为我们价值观体系的一部分。我们思考和践行包容性的价值的方式，必然会影响我们对项目参与者的选择。我们将谁确定为利益相关者（即那些在研究主题中有既得利益的群体）？我们将围绕谁的经历和观点来构建该项研究？我们选择将谁纳入研究？

变换研究人员有意研究的群体之后，研究主题和研究目的也随之改变。作为社会正义运动的结果，研究人员已经能够向新的群体提出旧的研究问题，同时还可以提出全新的问题。让我们以养育子女的研究为例。历史上，研究只关注核心家庭的理想状态，而由于受到社会正义运动的影响，出现了大量关于养育子女的新研究，其中包括单亲父母、同性恋父母、跨种族父母、有全职爸爸的家庭，以及有异性恋双职工父母的家庭。这些新的研究极大地拓展了我们对以多种方式养育子女的理解。由于研究涵盖了以前被忽视的群体，我们也已经能够根据不同的观点和经历提出全新的研究问题，包括进行比较研究。因此，举例来说，我们可以进行一项研究，比较异性父母和同性父母家庭的养育子女的方式和家庭问题。这类研究的结果有可能被用来反击刻板印象，并用在为争取相关政策调整而进行的游说中。

我们关于包容性的价值观还在数据收集或生成过程中发挥作用。**语言**是一个核心议题。从一开始，我们就需要考虑如何在书面和口头交流中使用语言。就书面文字而言，当我们制定我们的研究主题，为项目创建研究工具（如问卷或访谈指南），以及选择如何向受众呈现我们的研究时，我们必须考虑如何使用语言。同样，我们需要慎重考虑我们在与研究参与者的互动中使用的语言，以免冒犯任何人。在身份特征方面，使用具有**政治和文化敏感性的专门用语**很重要。比如，我们可以想象这样一种情形，即一位演员或政客经常因为使用了过时的或其他冒犯性的种族用语而公开道歉的情形。在与研究参与者和合作者的所有交往中（Leavy, 2011a; Loftin et al., 2005），以及在记录研究过程和研究结果时，具备**文化胜任力和文化敏感性**是很重要的，这意味着，当你和你的研究参与者或研究合作者之间存在社会或文化差异（如种族、民族、宗教、社会阶层或教育背景差异）时，注意这些差异很重要，包括不同的文化理解或经历，以及常用的表达方式和其他沟通方式。使用非冒犯性和彼此都能理解的语言至关重要。

以下策略有助于找到适合你与研究参与者交流的恰当语言。

- 进行文献综述。
- 进行先导研究（pilot study）。
- 初步将自己沉浸在环境或现场中。
- 创建社区咨询委员会并向其咨询。

鉴于前面回顾的历史暴行，以及社会正义运动中出现的价值观，一些研究人员通过让他们的研究参与者作为研究过程的全面合作者参与研究，从而实现了文化敏感性，这在基于社区的参与性研究中很常见（见第九章）。全面合作意味着参与者从确定有价值的研究主题这一阶段就开始帮助设计研究项目的所有方面。

如前所述，由于社会正义运动，社会研究已经成为**身份政治和社会变革以及影响公共政策**的重要手段。因此，我们的价值观体系会影响我们如何看待与我们的研究**受众**相关的议题。我们的研究所面向的受众可能包括一系列利益相关者。

你可以看到以下问题所反映的社会正义价值观。

- 我们将谁纳入我们的研究？我们如何识别合适的利益相关者？
- 我们选择研究什么？
- 我们如何提出研究主题，撰写研究目的陈述和假设，编制研究问题？

- 我们采取了哪些措施来确保我们的语言是恰当和尊重的，并反映出对文化差异的敏感性？

- 我们如何撰写研究报告或以其他方式呈现我们的研究？

- 我们将如何考虑研究结果或成果的著作权和所有权等问题？

- 我们将如何确定相关受众？在确定相关受众时，我们如何考虑其身份特征？

- 我们如何将我们的研究成果分发给相关受众？

- 我们会对公共学术研究做出贡献吗？如果会，如何才能做到这一点？

- 我们是否打算将我们的研究应用于追求社会变革的特定群体或环境？

- 我们是否会试图影响公共政策，如果会，如何才能实现这一目标？

- 我们的政治或社会议程是什么？

切记，上述问题不一定在每个项目中都是最重要的，但它们可以作为例子，说明社会正义运动中出现的价值观已经以不同的方式渗透到了研究过程中。

针对前面回顾的令人震惊的历史暴行，以及社会正义运动所取得的累积性和持续性的进步，研究界制定了所有研究应当遵循的道德原则。我们的研究界通过不断重新评估我们的价值观和伦理标准来回应这些事件。这种对价值观在我们工作中的重要作用的不断重新协商，推动了研究实践的发展。最终，我们的价值观会影响我们的目标和我们所做的事情，包括如何对待参与研究的人、我们选择纳入研究的人和研究主题的类型，以及我们的研究的用途。

复习站点 ①

1. 伦理的基础结构影响研究过程的各个方面，它由以下三个维度组成：＿＿＿＿、＿＿＿＿ 和 ＿＿＿＿。

2. 塔斯基吉梅毒实验为何不合伦理？

   a. 塔斯基吉梅毒实验促进了关于保护人类研究参与者的新法规和新条例的制定，包括 1979 年的 ＿＿＿＿。

3. 研究人员使用的语言应当具备敏感性和文化胜任力。哪四个策略有助于找到适合与你的研究参与者交流的语言？

★ 请到本章"复习题答案"部分核对答案。

伦理实践

伦理的这一维度解决的是"你做什么"的问题。在设计和执行我们的研究议程方面，我们实际所做的事情在很大程度上受我们的信念的影响。卡罗琳·埃利斯（Carolyn Ellis, 2007）指出，在实践阶段，伦理有三个子类：程序伦理（procedural ethics）、境遇伦理（situational ethics）和关系伦理（relational ethics）。准则和法规有其历史背景（前面讨论过），但正如你将在本节中所看到的那样，法规只能带我们走这么远而已，我们还必须依靠我们自己的道德准则。本节分为几个部分，分别讨论在研究的三个阶段中出现的议题：研究设计/设置、数据收集或内容生成，以及研究结果的表达和传播。

研究设计/设置

该阶段涉及项目的准备和设计。这一部分研究设计涉及两个主要伦理问题。首先，在确定研究主题的过程中，你需要考虑伦理问题。其次，你需要考虑保护研究参与者，并在开始研究人类受试者之前寻求必要的许可。

选题过程中的伦理考量

正如下一章所述，选择研究主题需要考虑许多因素。在你选择和制定主题时，你的道德准则就会发挥作用。从伦理角度讲，首先，你必须问自己："你提出的研究主题的**潜在价值或意义**是什么？"一个研究主题的价值或意义取决于谁将从关于该主题的新知识中受益，取决于该研究是否会满足已确定的社会需求，取决于其促进新的学习或社会变革的潜力。其次，你必须确保没有潜在的**利益冲突**。比如，如果你的研究得到了资助，则要确保你的资助方的议程与你自己的议程没有竞争关系。在得出某种结果或研究发现时，不应受到任何压力的影响或金钱收益的诱惑。

制定主题时，你可以考虑以下问题。

- 谁将从该主题的研究中受益？
- 关于该主题的研究会促进新的学习、社会正义或社会变革吗？
- 对该主题进行研究是否有道德依据（比如，你正通过关注某个少数民族群体来纠正历史偏见，或者正寻求为某个被剥夺权利的群体消除污名）？
- 你是否意识到任何利益冲突？

当你继续制定你的主题时，你也将确定潜在的目标人群（你感兴趣的人或群体，你将从这个目标人群中寻找研究参与者）。在此期间，以下额外的伦理问题会产生影响。

- 你的研究涉及代表性不足的个人或群体吗？
- 研究参与者会通过参与项目受益吗？
- 分配给参与者的负担和利益是否公平（Adams, Holman Jones & Ellis, 2015）？

保护研究参与者

"首先，不伤害"（first, do no harm）是保护研究参与者的首要原则。这一原则改编自生物医学界，该原则指出研究参与者不应受到任何伤害。这种保护被延伸到研究发生的环境中（比如，当你在参与者的社区等现实环境中进行研究时）。

一旦选定了一个研究主题，你就需要制订一份研究计划书，其中包括你对保护你的研究参与者的意向（研究计划书将在第五章至第九章中深入讨论）。每个学科都有一个专业协会，每个专业协会都有一套既定的**伦理规范**，该伦理规范概述了具体学科需要考虑的伦理因素（参见本章末尾的"资源"部分罗列的伦理规范精选清单）。在制订研究计划，或者在计划研究如何进行时，你可以参考你所属学科的伦理规范（Creswell, 2014）。然后，你需要寻求你的**机构审查委员会**的适当批准。

在大学里设立机构审查委员会是为了确保伦理标准的实施。尽管机构审查委员在不同类型的机构中会有所不同，但机构审查委员会都至少有五名成员，而且必须至少包括一名科学家和一名非科学家成员。除了学科背景多样化外，机构审查委员会还应具备在性别和种族方面的多样性（尽管情况并非总是如此）。机构审查委员会的人员构成可能会对研究计划书的理解和评估产生严重的影响。在联系潜在的研究参与者或开始收集任何数据之前，你必须取得你的机构审查委员会的许可。机构审查委员会的设立主要是为了确保对人类受试者的保护。它们规定了**程序伦理**（Ellis, 2007）。你向机构审查委员会提交的计划书将包括以下信息：研究目的、进行这项研究的益处、研究的预期结果、目标人群、提出的抽样策略（你将如何选择参与者）、参与者可能面临的风险（包括任何可能的身体、心理或情感伤害）、对参与者的好处，以及你获得知情同意的计划。查阅你所属大学的网站，以了解机构审查委员会对计划书的特殊要求；通常会有一个你可以用作模板的计划书样板，或者可以直接下载模板。

一旦你获得机构审查委员会的批准，接下来你需要获得研究参与者的知情同意。在这个早期阶段，获得知情同意可能分为两个阶段。第一个阶段，你可以向潜在的参与者提供一封**邀请函**或**招募函**。虽然你不想在第一次接触参与者时就让他们淹没在过多的信息中，但信中应概述研究的基本情况。首先，说明你是一名研究人员，然后提供你的资质，并描述你对该主题的兴趣，如果研究人员不止一人，应说明每位研究人员的身份。第二个阶段，描述以下内容（Leavy, 2011b, p. 35）。

- 研究目的。
- 该个体为何或如何被选为潜在的参与者。
- 该个体作为参与者需要承担什么义务，包括时间的投入。
- 如何以及何时对招募函或邀请函进行跟进。
- 主要研究人员的联系方式，或者参与者有问题或疑虑时应该联系的人的联系方式。

下面是一封邀请函 / 招募函的范本 [2]。

亲爱的简·史密斯：

    我叫帕特里夏·利维，是石山学院（Stonehill College）的一名社会学教授，我在这里已经教了 7 年书。我写信给您，是因为我正在进行一项关于全职妈妈的离婚经历的口述历史访谈研究。在我招募参与者的过程中，有人提到您的名字，说您可能有兴趣参与我们的研究。

    如果您选择参与，您的参与是完全自愿的，您可以在任何时候改变主意并停止参与。您的身份将被严格保密。我希望将这项研究以一篇学术期刊文章的形式发表，但我不会使用您的名字或任何其他身份信息。

    您的参与将意味着我将为您安排两到三次访谈，每次 60—90 分钟。我将根据您的日程安排访谈。访谈可以安排在我的办公室，或您的家里，或您选择的其他安静的地方。我将为您提供茶点，并报销您的旅行费用。

    我对女性在婚姻、养育子女和工作方面所面临的问题非常感兴趣。我认为您有宝贵的知识可供分享，您的分享可以使其他人受益。我希望这次访谈经历对您个人来说也是有益的。

    您可以通过打电话（此处为电话号码）或发电子邮件（此处为电子邮箱地址）联系我，我将回答您提出的任何问题。我将在 1—2 周内以电话方式跟进，看您是否有兴趣了解更多的信息（当然，前提是在此期间您没有主动联系过我）。谢谢您！

您真诚的朋友：帕特里夏·利维博士

其次，你需要获得参与者的书面**知情同意书**。查看你所属学术机构的网站，了解该机构的关于知情同意书的指南和可能提供的范本。网上也有很多针对特定学科的例子。通常，你向参与者提出的书面知情同意请求应包含以下内容（Leavy, 2011b, pp. 36-37）。

- 研究项目名称。
- 主要研究人员和任何其他研究人员的身份信息（含联系方式）。
- 研究项目的基本信息，包括项目的目的和研究方法/程序。
- 项目的预期成果（包括发表计划）。
- 关于个体参与该项目需要承担的义务的细节，包括时间的投入。
- 参与该项目可能面临的风险。
- 参与该项目可能获得的好处。
- 参与该项目纯属自愿，参与者有权随时退出。
- 所有参与者均有提问的权利。
- 为确保保密性和隐私性而采取的步骤。

- 因参与该项目而获得的补偿（即使没有，也应予以说明）。
- 主要研究者的联系方式，或者参与者有问题或疑虑时，应该联系的那个人的联系方式。
- 给主要研究者和参与者留出签名和注明日期的位置。

下面是一份知情同意书的范本[3]：

知情同意书

标题：关于全职妈妈离婚经历的口述史项目

主要研究者姓名和联系方式：帕特里夏·利维博士（联系方式）

研究目的：本研究的目的是从全职妈妈的角度了解她们的离婚经历。该研究旨在产生新的知识，即关于离婚如何影响全职妈妈的身份认同的新知识，关于日常生活和财务问题等实际问题的新知识，以及关于参与者感兴趣的任何其他问题的新知识。

研究的预期结果：本研究旨在促进我们对全职妈妈的生活以及离婚对她们的影响的了解。从这项研究中获得的知识将有助于丰富社会科学中关于婚姻、家庭、性别和身份认同的文献。研究结果将以论文的形式发表在同行评审的学术期刊上，在专业会议上宣读分享，并可能以其他形式（如编著的书籍中的某一章）发表。

访谈程序和参与者需要做的事情：本研究依赖于口

述史访谈法，这是一种极具深度的访谈形式，参与者可以分享他们的经历和故事。您将被要求接受一次预计持续60—90分钟的初次访谈。访谈将围绕您的日程需求来安排，以免在时间上发生冲突。您可以选择在主要研究人员的办公室（办公室地址），或您的家中，或您选择的其他安静地点进行访谈。您可以带一本家庭相册或任何其他您希望分享和讨论的图片或物品。在访谈过程中，将会问您一系列开放式问题，涉及您的婚姻、离婚，以及您作为一位全职妈妈在离婚前后的生活。您想说多久就说多久，问题的回答没有对错之分，目的只是让您分享您的经历。在征得您同意的前提下，访谈过程将被录音，以便随后可以准确地转录下来。在访谈期间，会为您提供茶点。初次访谈后，将在2周内通过电子邮件跟进，并要求您安排时间接受第二次访谈（地点和程序与前面所述相同）。第二次访谈是一个详细阐述或解释之前的意见的机会，也是回答由第一次访谈所引发的新问题的机会。如果还有其他问题需要澄清，研究者可在第二次访谈后的2周内提出进行第三次访谈的请求。

保密：您的参与是严格保密的，您的身份将保持匿名状态，任何由此研究产生的出版物或演示文稿都将以一个分配给您的化名（一个虚构的名字）来指代您。录音磁带将在转录为书面的文字后被销毁，访谈的文字记录中将只会出现分配给您的化名。同样，您在访谈中提到的任何人都会以化名指代。我们不会使用那些可能会让读者猜出您的身份的具体细节。

参与者的权利和补偿：您参与这项研究完全出于自愿，您可以在任何时候退出研究，而无须承担任何后果。您也有权在参与研究期间的任何时间点提出问题。我们非常珍视您付出的时间和分享的经历。尽管您的参与不会得到补偿，但我们会报销您的任何差旅费用。请注意，您的参与可能产生的风险包括因谈论您的离婚、您的孩子和您的身份而产生的情绪或心理上的痛苦。如果您感受到了任何痛苦，请告知主要研究人员。请注意，您的参与可能让您体验到的好处包括让您的心声得到倾听和重视，并且您会通过分享您的经验获得力量，因为您知道这可能会帮助到他人。

如果您对参与本研究有任何疑问或担忧，请通过电子邮件（此处为电子邮箱地址）或电话（此处为电话号码）联系帕特里夏·利维博士。

如果您同意参与此项研究，请在此表的下方签名并写明日期，然后将其寄回（此处为邮寄地址）。我一收到经您签名的知情同意书，就会给您发送电子邮件，以商定访谈时间。谢谢您！

参与者签名 _____ 日期 _____

邀请函和知情同意书的交付方式通常有亲手递交、邮寄或通过电子邮件传送。获得书面同意对参与者和研究者都是一项重要保护措施。在这个科技时代，有关项目的信息还可以通过视频聊天（如 Zoom、Facetime 等视频聊天软件）、社交媒体、网站、博客和其他技术手段进行交流。

如果参与者是未成年人，则会出现另外一个问题。有些研究涉及的参与者是未成年人，而未成年人在法律上无法提供知情同意，但他们的年龄足以让他们能够理解研究的基本情况，以及参与研究意味着什么，在这种情况下，则需要征得未成年参与者的**同意**。**同意**意味着该未成年人理解并同意参与一项研究。一旦获得未成年参与者的同意，未成年人的法定监护人必须提供知情同意。

知情同意在实践中的混乱状况

获得知情同意很重要，因为知情同意是保护研究参与者的一项真实而有效的措施，然而掩盖知情同意在实践中的复杂性和混乱状况则是错误的。这是一个程序伦理与境遇伦理和关系伦理问题相冲突的领域，境遇伦理和关系伦理在你开展研究后就开始产生影响了。**境遇伦理**指的是"实践中的伦理"（Ellis, 2007, p. 4）。**关系伦理**指的是一种"关怀伦理"，集中于研究者和参与者之间的人际关系上（Ellis, 2007）（境遇伦理和关系伦理将在关于数据收集和与研究参与者合作的那一节中进一步讨论）。

获得知情同意的程序很简单。然而，一旦获得知情同意，还要注意另外两个问题：知情同意过程和意外经历。

开始研究前必须获得参与者的知情同意，以满足你的机构审查委员会的要求。此外，在参与者的参与时间持续较长的项目中，可以在多个阶段进行**知情同意过程**（Adams et al., 2015）。这意味着你需要指定时间与研究参与者取得联系，以审查知情同意问题，包括参与者参与研究的自愿性，以及退出研究项目的权利。这样做也给你提供了一个机会来考察参与者的表现，了解他们在参与研究的过程中是否正在经历任何不适，承受着任何压力或意外的负担。同样，这也是一个让你有可能了解参与者参与研究所获得的益处的机会。在短期研究中（如定量调查项目或定性深度访谈项目），数据是在一个指定的时间收集的，或者是从一个持续时间较短的实验中收集的，你只需要获得一次知情同意即可。然而，在一个长期的定性实地研究中，或者比如在一个基于社区的项目中，分多个阶段进行知情同意过程是合乎伦理要求的。

获得知情同意的一个环节是详细说明参与研究项目的所有可能的风险和好处。然而，尽管你尽了最大努力想象可能的风险和好处，但没有人能够预见参与者可能受到的每一种影响，你也不可能完全预见你作为研究者可能受到的每一种影响。因此，重要的是要承认，尽管你尽了最大努力来预测这个过程将如何展开，但参与者依然可能会有**意外经历**。乔安娜·齐林克萨（Joanna Zylinksa, 2005）解释说，社会研究中存在"意外因素"。兰迪·帕克（Randy Parker, 1990）写道，伦理的不确定性"并不表明基于规则和原则的推理的失败；相反，它是对其局限性的提醒"

（p. 36, 引自 Adams, 2008, p. 178）。托尼·亚当斯（Tony Adams, 2008）对这些问题做出了精彩的总结。

> 我们在处理伦理事宜时，需要意识到，我们并不清楚他人将如何回应或解释我们的工作。要承认我们永远无法确切地知道我们的沟通实践会伤害谁或帮助谁。伦理意味着同时欢迎和重视无穷无尽的问题，意味着永远不知道我们的决定是"对"还是"错"。（p. 179）

这些伦理混乱问题以及处理这些问题的方式，将在后面关于自反性的那一节中被再次讨论。

复习站点 ②

1. 一位研究人员从州政府获得资金，在一家州立精神病院研究对病人的护理。资助方希望研究者发现精神病院对病人的护理非常出色，这样他们就能保留联邦资金。该研究者应该进行这项研究吗？

a. 如果你认为研究者应该进行这项研究，请说明你的理由。如果你认为研究者不应该进行这项研究，也请说明你的理由。

2. 在大学设立机构审查委员会的目的是什么？

3. 除了项目名称、主要研究者的信息和对参与者的补偿等

基本信息外，还要向参与者提供哪些信息以获得知情
同意？

a. 对于持续时间较长的项目，恰当的做法是分多个阶
   段 _____ 知情同意过程，这意味着你需要审核知情
   同意问题和参与者退出研究的权力。

★ 请到本章"复习题答案"部分核对答案。

数据收集 / 数据生成 / 内容创建

当你与参与者合作时，伦理在数据收集或生成的过程中就开
始发挥作用了。你与研究参与者的接触次数以及接触的性质主要
取决于你所采用的研究设计方法以及研究的具体细节。

客观性和强客观性

我在第一章讨论了研究的哲学要素。你所采用的范式或所
持的世界观会影响你对你自己在研究过程中所扮演的角色的看
法。你的认识论立场是一个关于如何体现研究者角色和研究者与
研究参与者之间关系之性质的信念体系（Guba & Lincoln, 1998;
Harding, 1987; Hesse-Biber, 2016; Hesse-Biber & Leavy, 2004,
2011）。尽管人们可能采取的认识论立场众多，但有两种主要观
点：客观性和强客观性。

　　持**实证主义或后实证主义世界观**的研究者（通常是进行定量研究的研究者，有时是进行混合方法研究的研究者）在数据收集过程中践行**客观性**。社会科学的客观性是以物理科学的做法为蓝本的。在践行客观性时，研究者采取**中立**的立场，这意味着他们将搁置自己的个人偏见和感受，这就好比我们期望医生以同样的方式对待病人，而不考虑每个病人的种族、性别或其他属性。医生接受的训练就是保持中立，后实证主义研究也是如此。

　　持有**解释主义、建构主义、批判主义或变革主义世界观**的研究者（通常是进行定性研究、艺术本位研究，或基于社区的参与性研究的研究者）拒绝社会科学的客观性模型。相反，他们可能会实行**强客观性**（Harding, 1993），而强客观性则涉及主动承认和解释自己的偏见、价值观和态度（见表2.1）。这些研究者争辩称，中立和纯粹的客观性是永远无法实现的，因为和所有人一样，研究者的观察、思考和行动的方式同样受到其生活经历、态度和信仰的影响。此外，尤其是那些持批判主义世界观的人可能会发现，客观性不仅是不可能的，而且也是不可取的，因为他们积极寻求推进必然**充满价值**的社会或政治议程。比如，我们可能会期望一位在枪支暴力中失去孩子的控枪倡导者，以她作为一位悲痛的母亲的个人立场发言，我们会认可并利用她的个人经历和政治信仰。在一些解释主义、建构主义、批判主义和变革主义的研究中，情况也是如此。

表 2.1 "客观性"和"强客观性"

客观性	研究者搁置个人偏见和情感
强客观性	研究者承认甚至利用个人偏见和情感

研究者与被研究者的关系

你与你的研究对象之间的互动关系的类型，取决于你所采用的研究设计方法和相应的世界观。在定量研究中，如实验或调查，与参与者的直接接触可能是有限的。比如，对于一项在线实验而言，你和参与者之间的所有交流都可能是以书面的形式在线进行的。一般而言，由于秉持客观性的价值观，你不会与你的研究受试者或受访者建立关系。在采用定量方法的数据收集过程中，主要的伦理问题包括**行事恭敬，避免胁迫，以及履行商定的知情同意要点**。

在定性研究、艺术本位研究和基于社区的参与性研究中，关系可能构成研究工作的基石。以下议题的相关程度会因研究项目的类型而异。然而，研究者和研究参与者之间的互动与关系会影响伦理实践。如果你的研究是在自然环境中进行的，如定性实地研究或基于社区的研究，当你寻求进入社区的获准时，你就开始与参与者建立关系了。然而，如果你是在一个人工环境中进行深度访谈研究，也就是说，研究是在参与者通常不会置身其中的环境中进行的，如你的办公室，那么获准进入研究场所的问题也就不存在了。这个主题将在关于定性研究的第六章中详细讨论。目前的要点是，从每位参与者参与项目的那一刻起，你就要开始和他建立关系。

当你使用一种要求你与参与者密切合作来挖掘或生成数据的研究方法时，关键的伦理问题包括**建立信任和融洽关系，以及设定期望**。建立信任和融洽关系的方法可能包括对参与者的经历和故事表现出积极的兴趣，使用适当的肢体语言和面部表情表明你关心项目和参与者的经历，以及分享你自己的事情，包括你个人对这个研究主题的兴趣。展现**诚实、正直和关爱**的伦理规范很重要。请注意，你是在真实地介绍你自己和项目，并使用**非评判性和非诋毁性的语言**（在一些罕见的情况下，由于研究主题的危险性，实地研究人员必须使用欺骗手段。稍后将简要讨论这个问题）。在实地研究中，有时在基于社区的参与性研究中或在协作性的艺术本位研究中，你可能会加入参与者的活动，以建立信任并展示你的兴趣和关心。比如，帕蒂·拉瑟（Patti Lather, 2000）是一位著名的定性研究者，为了和研究参与者建立关系并促进研究项目的进行，她和她的研究参与者一起泡热水澡，但她也因此而声名狼藉。有许多定性研究者倡导"以友谊为方法"来获取数据，并倡导"承认我们与他人的人际关系"（Adams et al., 2015, pp. 60-61）。

在发展与研究参与者的关系时，我们必须关注**关系伦理**（Adams et al., 2015; Ellis, 2007）。埃利斯对关系伦理的定义如下。

关系伦理承认并重视研究者与研究之间，以及研究者与他们生活和工作的社区之间的相互尊重、尊严的维

持，以及联系。……发自内心地行动，承认我们与他人
的人际联系（p. 4）。

我们有责任培养我们与研究参与者的关系，如果我们的互动模
式不能服务于我们的参与者或会引发冲突，那就改变我们的互动模
式，并注意研究过程在如何影响我们的参与者（Adams et al., 2015）。

设定适当的**期望**是伦理实践的一个重要部分。知情同意书描
述了参与者参与研究的权利和义务，在开始收集数据时，你应该
在两个方面进一步讨论期望。首先，对你所预期的**时间投入**以及
投入的时间的分配设定期望很重要。你可以根据项目的类型设定
这些期望，然后与参与者一起审核设定的期望，并根据他们的需
求进行调整，或者你可以与参与者或合作者一起设定期望。例
如，就基于社区的参与性研究而言，典型的做法是以团队的方式
来设定这些期望，以便学术和非学术的利益相关者有机会陈述他
们的需求和期望，并共同塑造研究过程。在基于社区的参与性研
究或任何团队研究项目中，计划好**分工**很重要，这样每个人都知
道项目对他/她/他们的期望是什么。同样重要的是，在这个过
程中，每个人都要付出努力，不能让任何人负担过重。比如，正
如第九章所讨论的，在社区组织中工作的合作研究者可能与学术
研究者有着不同的日程安排要求和需求。在设定期望时，兼顾每
个人的需求很重要。

其次，对你与研究参与者的关系的性质设定期望也很重要。
你可能想要设置一些**边界**，并让参与者也有机会设置边界。对于

项目结束时你和参与者的关系会发生什么变化，也最好能设定一个预期。你会和参与者继续保持联系吗？友谊在研究环境之外还可持续吗？参与者希望从你那里得到什么帮助（如果有的话）？这些问题将在后续适当的章节中详细阐述。

完成数据收集或生成

你对参与者的伦理责任并不会随着你完成研究数据的收集而就此终结。始终铭记，为了给你的研究议程收集有价值的信息，你在某种程度上扰乱了一些人的生活。根据你的研究项目的性质，你可以在研究设计中设立一个**听取汇报**阶段（Babbie, 2013）。听取汇报阶段提供了一个机会，可以从参与者那里获得关于他们的经历的反馈。根据项目的性质，你可以向参与者提供一份简短的问卷，进行一次小型的焦点小组访谈，或私下进行几次面谈。在某些情况下，你在听取汇报阶段了解的情况可能会促使你修改正在向前推进的项目，或者会促使你报告自己建议在未来的研究中做出改变的方面。当研究调查了敏感的主题，或者以可能引起情绪反应的形式呈现时，听取汇报阶段尤其重要。比如，如果艺术本位研究的参与者参与到戏剧等表演作品中，或者作为戏剧的观众，这种媒介可能会引起人们的本能反应和情绪反应，你要检查并评估人们是如何处理项目的这个方面的。

重要的是要为参与者配备**资源**，当然这样做的前提是要适合研究主题。比如，如果研究的重点是进食障碍或身体形象问题，你可能希望为参与者提供一份在线资源清单，以及关于支持小组、治疗师、营养师和参与者所在社区中专门从事该领域工作的其他专业人士的信息。

给参与者发一封信或电子邮件以感谢他们的参与也是有礼貌的做法。这一行为表明你珍视他们的时间和知识，也可以为你与他们的互动画上句号。如前所述，在某些情况下，你和参与者的关系在完成数据收集后依然会延续。比如，他们可能协助分析、解释和呈现研究结果。此外，你和参与者可能已经形成超越研究的友谊。尽管如此，在完成数据收集之后，或者在他们对项目的正式参与结束之后（如协助呈现研究成果），研究者通常都会发一封感谢信给参与者。下面是一封感谢信的范本，该范本说明了你的感谢信可能会包含的基本内容。但是，如果这是一项涉及密切关系的研究，如一个长期生活史项目，你可能要发送一封更个性化和更详细的感谢信。

> 亲爱的 ××：
>
> 感谢您参与（研究项目名称）。您的参与对我们了解（研究项目名称）至关重要。我非常感谢您为此付出的时间。我将与您联系，传送我撰写的关于这项研究的最终报告，我希望能在（某个时间段）内发表该研究报告。如果您有任何后续问题或疑虑，请通过电话（电话号码）或电子邮件（电子邮件地址）联系我。再次感谢您的参与。
>
> 您真诚的朋友：帕特里夏·利维博士

　　请注意，无论你是否与参与者有任何私人关系，符合伦理的做法是与他们分享你的研究结果。这个议题稍后将在关于传播的那一节中讨论。

　　在进入表达和传播的专题之前，必须承认，尽管数据收集或数据生成过程中的伦理讨论集中在与研究参与者的合作上，但伦理问题依然适用于涉及收集和分析无生命数据的研究，这里所说的无生命数据包括统计数据、人口普查数据、历史或档案数据，以及其他形式的文件、文本、视频、音频数据。无生命数据特有的议题将在相应的章节中进行更详细的讨论。就目前而言，以下是你在实践过程中需要考虑的一些伦理问题。

- 核实数据来源。
- 注意与数据的收集或归档方式有关的任何偏差或问题。
- 注意你处理数据的程序。
- 注意数据中的异常或差异，并确保准确报告数据的异常和差异。
- 不要省略反驳你的假设的数据。

复习站点 3

1. 无论你的认识论立场如何，在数据收集过程中，主要的伦理问题是什么？

2. 在社区环境中进行研究的研究者需要对参与者的故事表

现出积极的兴趣，同时表现出关怀，以建立信任和发
展 _____。

3. 设定期望是让参与者知道对他们的期望是什么，以及他
们可以对你有什么期望。围绕哪两个方面对参与者设定
期望很重要？

★ 请到本章"复习题答案"部分核对答案。

表达和传播

伦理在表达和分享研究成果的最后阶段发挥作用。我们需要
考虑如何提炼、格式化、形成研究结果，并最终传播我们的研究
成果。

表 达

当你表达研究结果时，你需要考虑几个伦理问题，主要涉及
对如下信息的披露，这些信息包括方法、表达形式和塑造你所呈
现的信息的方式。

对方法的披露涉及回答这样的问题，即"你当初打算做什
么？你是如何做到的？"（Leavy, 2011b, p. 70）。对方法的披露有
时被称为提供**论证的背景**。通过披露方法你可以解释和论证你的
研究设计程序和采用的方法。通常认为方法的**透明度**很重要，这

让那些接触你研究的人能够理解你形成结论的过程。然而，正如第五章至第九章中所讨论的那样，对方法的披露是否合乎规范，取决于所采用的具体方法。比如，在某些类型的艺术本位研究中，完全透明并不是一种规范的做法。

研究结果可以用众多不同的**形式**呈现。从历史上看，研究结果几乎都是以研究论文、报告或书籍的形式呈现的。大多数研究最终依然以发表在同行评审期刊的论文的形式呈现。然而，鉴于基于社区的参与性研究实践和艺术本位研究实践的出现，以及定量研究和定性研究的创新，现在许多研究人员都以其他形式呈现他们的项目。在某些情况下，同一个研究项目以**多种形式**呈现，试图接触不同的利益相关者或强调数据的不同维度。你所选择的呈现形式会不可避免地影响谁能够接触研究结果，你对呈现形式的选择本身就是一项伦理决策。换言之，研究结果的表达形式与研究结果的**受众和传播**议题密不可分。以下是研究人员呈现他们的项目的一些方式。

- 同行评审期刊论文。
- 研究报告。
- 学术会议论文。
- 书籍。
- 小手册或资料性小册子。
- 大众媒体，包括专栏文章和博客。
- 网站。

- 艺术形式（涉及所有媒介）。

需要注意的是，虽然以期刊文章和流行的形式（如专栏文章或博客）发表同一项研究以接触不同的受众是可以的，但在多个同行评审的出版物上发表相同的数据，通常是不可接受的。这种做法在社会科学界尤其不受欢迎，会被视为不合伦理。

最后，也许最重要的就是你分享的**内容**以及你塑造这些内容的方式。显然，你呈现研究结果的形式将影响某些需要考虑的因素。你从五种研究设计方法中选用的某一种方法所对应的具体注意事项，以及研究方法的特定考虑因素均将在第五章至第九章中进行说明。以下是一些一般性的注意事项。

最重要的是，要**诚实和真诚**。话虽如此，你依然有很大的自由度。你需要考虑你的研究应该**包含哪些数据**，省略哪些数据（如果有需要省略的数据的话）。作为此类考量的一部分，你需要就如何处理意外的研究结果、离群值或异常值做出合乎伦理的决定。有时会有大量的数据，你根本无法囊括或引用所有这些数据。比如，如果你对总共 30 个人进行了焦点小组访谈，你可能只会在你的研究报告中引用其中几个人的原话。那么，你会如何选用受访者的原话？你所引用的原话足以代表你收集的大量数据吗？你会如何将你选用的受访者的原话语境化？

当以书面形式呈现研究结果时，另一个需要考虑的问题是写作的正式性和**叙述者的视角**。在定量研究和混合方法研究中，通常采用第三人称叙述。然而，当使用定性的、艺术本位的或基于社区的研究方法时，常见的是第三人称或第一人称的叙述方式。我们强加的叙述视角决定了读者接受研究结果的方式，换言之，它影响阅读文本的体验。乔纳森·怀亚特（Jonathan Wyatt, 2006）指出，"至关重要的普遍伦理原则是……我们将我们的读者置于多近的位置上"（p. 814）。

在这方面要特别注意**语言**的使用，谨慎措辞。尽可能使用直截了当、简单明了的语言，尽量避免不必要的行话，如果需要使用特定学科的行话，请对术语进行定义，以便你所属学科之外的人能够理解你的意思。当然，也要避免使用任何失礼的或有辱人格的语言，并根据你的主题适度表现出对文化差异的关注。征求参与者、我们的目标受众、同行、同事对研究报告草稿的反馈意见，可能有助于评估我们使用的语言是否清晰明了。

在与人类参与者合作时，尝试**敏感地描绘人物及其处境**（Cole & Knowles, 2001）。避免将刻板印象具体化。这些问题并非只有在采用书面形式时才会产生影响。比如，在艺术本位研究中，你可以通过视觉艺术的形式呈现你的项目，视觉艺术也具有强化或消除刻板印象的能力。你可以做出一系列与伦理实践密切相关的选择。比如，在实地研究或访谈研究中，你可以在最终的报告中引用参与者访谈记录的摘录。人们在说话时，可能会口吃、磕磕巴巴，会说"嗯"或"呃"或"可能"之类的话，会重复某些词语，等等。你需要决定如何最好地表述参与者告诉你的信息。有时研究人员会"美化"访谈记录的摘录，这意味着他们会清理某些语言表达内容，以便展现参与者的最佳状态。在其他情况下，研究人员不会美化访谈记录的摘录，因为他们可能会觉得这样做会歪曲或同质化参与者的话语（让它们听起来都一样）。当文化差异起作用时，这些问题就会特别突出。比如，如果和你交谈的人的社会经济地位或教育背景较低，那么你纠正引用的访谈记录中受访者的语法错误是否合乎伦理？在这些问题上虽然没有硬性规定，但它们都是重要的决定，会影响其他人如何阅读和理解你的研究结果。

传　播

传播是指**分享或分发**研究结果。正如那句名言所说，"蜡烛不是用来照亮它自己的"（Nowab Jan-Fishan Khan, 19 世纪）。当我们进行社会研究时，我们有与他人分享研究结果的伦理义务。重要的是要把研究结果传播出去，以便他人获得你所生成的知识。

你要回答的第一个主要问题是："我打算与谁分享研究结果？"你要问自己的第二个主要问题是："我如何才能接触到我的目标受众？"

首先，在大多数情况下，你应当和你的**研究参与者**分享你的**研究结果**。历史上，社会科学家在进行以人为受试者的研究时，往往不与这些受试者分享研究结果。比如，有无数这样的故事：人类学家进入位于南半球的一些社区和村庄，作为实地研究的一部分，他们与当地的人们一起生活数月或数年，然后离开并将他们的研究以专著（研究著作）的形式发表，却甚至懒得向他们从事研究的社区的当地图书馆赠送一本研究专著。分享研究结果并非惯例，因而很可能不幸被忽视。

即使是心怀善意的研究人员也会陷入这样的想法，即认为未能与研究参与者分享研究成果是合理的。比如，卡罗琳·埃利斯现在是定性研究界在研究实践中最直言不讳的伦理倡导者之一，埃利斯坦率地记述了她在职业生涯初期所犯的错误。作为她本科阶段和后来的研究生阶段的研究的一部分，她进行了一项题为"渔民：切萨皮克湾的两个社区"的研究，比较了两个孤立的渔业社区。在当时，她对研究参与者的社会阶级的偏见催生了这样一种想法：她可以写任何她想写的内容，因为参与者永远也看不到。她写道：

> 现在，这让我感到很尴尬；然而，当时我有时会发现自己在想，因为与我交往的大多数人都不识字，所以他们无论如何都不会看到我写的东西，即使看到了，他们也不会理解我试图讲述的社会学和理论故事（p.8）。

重要的是要考虑如何与参与者分享研究结果。当你参与这个过程时，你不可避免地也会考虑要呈现的内容，这有助于敏感地描绘参与者以及他们所处的环境。我建议和你的参与者就如何提供研究结果提前设定期望。比如，可以在邀请函、知情同意书中谈及分享研究结果这个议题。

尽管与研究参与者分享研究结果通常有很强的伦理要求，但在某些情况下，这样做是不合适的，或者不是一个合适的个人决定。比如，在一些罕见的情况下，研究者需要进行**隐蔽研究**并采用**欺骗手段**以接触难以接触到的从事非法活动的群体或亚文化群体。比如，在有些情况下，一位开展定性实地研究的研究者以欺骗的手段在一个犯罪组织（如帮派或黑手党）内开展研究。虽然你不太可能进行这种类型的研究，但在有些情况下，你可能会做出不分享你的研究结果的**个人决定**。比如，在定性的自传式民族志研究中，你使用自己的经历作为数据（将在第六章中讨论）。没有人生活在真空中，我们所写的任何关于自己的生活故事，很可能牵扯到其他人（Ellis, 2008; Wyatt, 2006）。问题是，我们是否会与我们生活中的人分享我们写的东西？比如，埃利斯在她母亲去世前写了关于她母亲的故事，但她并不愿意与她母亲分享这个故事，本着持续的伦理实践的精神，这是一个经过深思熟虑的决定，是她当时和事后都认真反思过的决定。

其次，社会学研究者通常会与他们的**学术研究团体**分享他们的研究结果。重要的是，对该主题或方法感兴趣的其他研究者可以获得该研究结果。通过在我们的一些学术团体内分享研究结果，我们能够建立一个关于某个主题的知识库。其他研究人员就能够在他们的文献综述中引用你的研究，或复制你的研究，或通过在新的方向上开展研究和在不同人群中复制你的研究来拓展你的研究，或调整研究方法。通常情况下，研究人员在同行评审期刊上发表他们的研究，并在适当的会议上介绍他们的研究。你将需要决定你希望向哪些学术受众开放你的研究结果。关于这一点，你可以问问自己以下问题。

- "我是否希望面向特定学科的受众？"如果是，请确定学科并寻找合适的期刊和会议。

- "我是否希望面向跨学科的受众？"如果是，请确定学科或研究领域，并寻找合适的期刊和会议。

- "在受资助的研究项目中，我是否希望接触我的资助机构或研究所？"如果是，请了解他们的相关程序（在许多情况下，撰写经费使用情况报告应当遵循要求的格式，在你收到的经费批准书中有对该格式的明确规定）。

- "我希望接触方法论团体，以分享我的独特研究设计吗？"如果是，请明确你采用的研究设计方法（定量研究设计、定性研究设计、混合研究设计、艺术本位研究设计、基于社区的参与性研究设计），并寻找合适的、与研究方法相关的期刊和会议。

再次，社会研究人员需要决定他们是否会尝试与**科研院所以外的**其他利益相关者分享他们的研究结果。近年来，在科研院所之外分享研究结果的压力越来越大，这使得研究与现实世界相关联。有些机构，特别是英国和澳大利亚的一些机构，对学术研究人员的评价，部分基于其研究所产生的影响，这一转变代表了一种对**公共学术研究**的推动。你需要确定你希望面向的目标受众，以及接触目标受众的最佳方式。你可以问自己以下问题。

- 谁是非学术利益相关者？换言之，我们的研究涉及的主题会对哪些人群产生影响？

- 在试图接触利益相关者时，我应该注意哪些差异性问题，如社会阶层、教育背景或文化差异？比如，我应该避免使用行话和其他高度学术性的语言吗？
- 在接触我确定的非学术性利益相关者时，我的目标是什么？我是否打算实现以下目标：提高人们对某一主题或议题的认识，用某一主题或议题的新信息教育人们，或挑战人们普遍持有的信念、假设、刻板印象？
- 我的研究目标是否包括以下两项中的一项：影响公共政策或产生社区变革？

一旦你确定了你希望接触的利益相关者和这样做的目标，你就可以确定最佳行动方案。你可以做以下任何事情（但这绝非一份详尽的清单）。

- 创作一些流行作品，如专栏文章或博客。
- 创建一个网站（可能具备也可能不具备供登录用户使用的互动功能）。
- 出现在当地广播、电视、播客或视频博客上。
- 制作传单或小册子并在相关社区场所分发。
- 分享社交媒体上的帖子（可能包括创建话题标签）。
- 在对社区开放的场所举办公开讲座。
- 在利益相关者可以到达的场所分享艺术作品（可能是在

画廊或图书馆展示的视觉艺术作品，或在社区剧场进行的演出，或根据研究主题确定的相关场所，包括医院和学校等）。

最后，在某些类型的项目中，将原始数据和最终的研究报告**存档**也是合适的。比如，在采用口述历史访谈法的定性研究中，通常的做法是将口述历史访谈记录存入一个适当的资料库。这是另一种向他人提供研究成果的方式。

自反性

研究中自反性的这一伦理维度涉及"权力如何产生影响"的问题。一个关键问题是权力如何影响研究过程，以及我们如何反思自己作为研究者的地位。前面我讨论了论证的背景，即对我们的方法论的披露和论证。另一个问题是**发现的背景**，这是我们解释自己在研究过程中扮演的角色的地方。这个问题涉及个人责任和对权力在研究实践中的作用的认识。换言之，发现的背景不仅涉及"我们发现了什么，而且涉及我们是如何发现它的"（Etherington, 2007, p. 601, 原文强调）。自反性是价值观和实践相交的领域。

权 力

为了理解当今研究实践中的自反性，有必要考虑自反性作为伦理实践之基石出现的历史背景。社会正义运动强调了研究中存在的历史上的不平等现象，这些不平等现象将少数群体排除在研究过程之外，并强化了主流意识形态和刻板印象。如前所述，社会正义运动的一个共同影响是对社会研究事业中的**权力**进行彻底的重新审视，以避免创造出继续与压迫妇女和其他少数群体的因素或权力相勾结的知识。多年来，随着定性研究实践和后来的艺术本位研究和基于社区的参与性研究实践的发展，以及解释主义和批判主义的研究方法的发展，人们对自反性的关注也随之增加了。

在我们的研究实践中，反思意味着关注权力如何影响我们的态度、行为，以及我们自己在形成研究经验中的作用。有些问题，尤其是定性研究人员考虑的一些问题，是研究人员和参与者操作的**等级和权威**的层面。许多定性研究者拒绝研究者和参与者之间的等级关系，这是一个关于价值观和实践如何在自反性讨论中交叉的经典例子。假设你正在进行一项深度访谈研究。鉴于你重视无等级的研究关系，并尊重你的参与者，将他们视为他们自己知识领域的权威，你可能会采取许多行动来实现你的自反性。比如，你可以给你的参与者提供机会，让他们检查他们的访谈记录，并扩展、修改、解释或省略访谈记录的某些方面。你可以让他们参与分析和解释过程，甚至让他们成为合著者。你也可以记录你自己在整个项目过程中的态度和信念，分析你在研究过程的塑造中扮演的角色。你在自反性实践上的立场也可能影响特定理论框架的使用，比如，你可能采用建构主义或批判主义的世界观。这样的话，就会有一系列对权力敏感或关注权力的方法（Haraway, 1991; Pfohl, 2008）。这只是一些例子，旨在说明你可能如何进行研究。

尽管自反性一词最常出现在关于定性研究实践的文献中，但自反性的概念或类似概念也与定量研究实践相关。定量研究中的**霍桑效应**（Hawthorne effect）这一术语是指参与一项研究可能不可避免地影响受试者的反应。1924 年至 1932 年，霍桑效应的实验在芝加哥附近的一家电气工厂（霍桑工厂）进行。研究人员研究了改善工人工作条件（如通过改善照明）是否会提高生产率。他们发现更好的照明确实提高了生产率；然而，当他们降低照明度时，他们依然发现生产率提高了。当研究结束时，生产率下降了。生产率提高的原因似乎在于研究本身，而不在于照明条件。因此，定量研究人员编制了一些测量工具来解释该研究效应。在实验中使用了**控制组**（control group），以减轻实验本身的影响。控制组在所有相关因素上与实验组相似，但控制组的受试者没有接受实验干预。在某些情况下，可能需要不止一个实验组或控制组（将在第五章中讨论）。

表达力

我们进行自反性实践的另一种方式是关注**表达力**问题。该术语通常用于谈论**发言和被倾听的能力**，隐含着**政治色彩**（Hertz, 1997; Matzafi-Haller, 1997; Wyatt, 2006）。谁被视为权威？谁有权代表他人发言？为那些与我们有分歧的人或可能被边缘化、被压迫的群体成员（通常在社会科学文献中被称为"其他人"）发声的问题是一个伦理困境。正如我们从社会正义运动中所了解到的，重要的是要找出那些在历史上被边缘化的人的观点，以便主动地将他们的观点纳入知识的构建过程。然而，在这样做的时候，我们必须非常注意我们试图代表他人说话的方式或表述他人的经历和观点的方式。在我们尝试实现包容性的过程中，我们不希望无意中将他人的故事和经历据为己有。在这方面，重要的是要认识到这些问题，并谨慎地反思我们如何在呈现我们的研究结果的过程中摆正自己和他人的位置。另一个问题是，我们如何与他人一起和为他人规划我们的研究工作。当你阅读你所在领域的文献时，你可能会遇到与边缘化群体有关的短语，如"赋予某人表达力"。请不要使用这样的语言。表达力并不是我们赋予他人的，因为他人已经拥有自己的表达力，但我们可以利用我们作为研究者所拥有的平台来增强他人的表达力[4]。芭芭拉·菲什（Barbara Fish, 2018）对此进行了很好的解释，她写道，"我相信每个人都有表达力；但许多人缺乏的是发言的论坛"（p. 353）。作为研究人员，我们可以提供这个论坛。

> 💻　请访问配套网站，以获取关于主要伦理问题的练习题。

在五种研究方法中践行自反性

在不同的研究方法中，实施自反性看起来是不同的。比如，在定量研究中，中立性和客观性是最重要的。因此，自反性可能涉及这样一种自我意识，即试图在整个研究过程中保持公正。另外，在定性研究中，研究者的情绪可能是他/她/他们试图协调和记录的研究过程中的一个有价值的部分。研究者对其在形成研究经验中的作用的两种解释策略没有好坏之分，相反，它们各自更适合不同类型的研究项目。那么，当我们试图进行自反性实践时，我们能做些什么呢？

● 在定量研究中，我们可以进行小规模的先导研究，以衡量我们的语言、假设和研究工具（如问卷或实验干预方案）是否合适。我们也可以依靠同行评审来获得效度并确保我们的偏见不会影响研究设计。

● 在定性研究中，我们可以在数据收集和分析的整个过程中撰写自反性备忘录，以记录和说明我们在这个过程中的立场。我们也可以特别关注我们与参与者的关系，在所有阶段都展现"关怀伦理"（Ellis, 2007）。

● 在混合方法研究中，我们可以结合定量研究和定性研究中使用的策略，以便将自反性最大化。

● 在艺术本位研究中，我们可以齐心协力，倾听我们自己的心声（Pelias, 2004）；关注我们工作的情感基调，包括它可能如何影响受众；并且要认识到，我们是以多维的方式呈现人们，而这种多维的方式不会强化刻板印象。

- 在基于社区的参与性研究中，我们可以聘请文化方面的业内人士来帮助我们形成和完善我们的假设、采用适当的语言、制定前进的战略和目标。

有许多不同的方法可以让其他人参与到研究过程中来和 / 或让我们自己记录项目过程，包括我们在项目中的位置。上面的列表只是对该主题的介绍，一系列适当的策略将在第五章至第九章中回顾。

复习站点 4

1. 研究结果通常是以研究论文、报告或书籍的形式呈现。研究结果还有其他哪些表达形式？

   a. 在某些情况下，一个项目可以以多种形式呈现给不同的利益相关者。那么，采用同一组数据发表两篇期刊论文是否被普遍接受？

2. 研究成果应当与谁分享？

3. _____ 主要讨论权力如何影响研究过程，以及我们如何反思自己作为研究者的角色。

★ 请到本章"复习题答案"部分核对答案。

结　论

请记住，已经讨论过的一些伦理问题，在不同的研究方法中更加突出，这些将在第五章至第九章中给予相应的说明。

比如，在准实验研究中所形成的关系的性质与在定性民族志研究中所形成的关系的性质完全不同。再如，即便同样是在民族志类型的研究中，所形成的关系的性质也会在一个连续的范围内变动。重要的是，你所使用的策略要与你的价值观和方法论相一致。伦理实践的构成在某些方面是统一的，这些方面包括"首先，不伤害"和获得知情同意。然而，在其他方面，伦理实践的构成则是完全不同的（客观性 vs. 强客观性）。

伦理问题的影响贯穿五种研究方法的实践过程，因此第五章至第九章都强调了伦理决策。

本章涵盖了很多内容，因此在你开始研究工作时，请参考下面的清单。

伦理考量清单

在研究设计和设置期间：

- 考虑研究主题的潜在价值或意义。
- 确定利益冲突。
- 获得机构审查委员会的批准。

- 获得知情同意。
- 进行知情同意过程（如果研究时间跨度较长）。

在数据收集／生成／内容创建期间：

- 行事恭敬，避免胁迫，履行商定的知情同意要点。
- 设定期望（如时间承诺、分工、边界）。
- 建立信任和融洽关系（如果适合你的研究方法或做法）。
- 使用非评判性和非诋毁性语言。
- 向参与者发送感谢信。
- 召开听取参与者反馈意见的汇报会和／或提供一些资源（如果适合你的研究）。

在呈现和传播研究结果期间：

- 披露你的方法。
- 考虑你的研究受众并选择适当的形式呈现研究结果。
- 考虑呈现的内容（在研究结果中包含哪些数据、剔除哪些数据，都应给予诚实、真实、透明的说明；考虑叙述视角以及叙述视角如何影响研究结果的表达）。
- 谨慎地描绘参与者和他们的处境（使用非贬低的和具有文化敏感性的语言）。
- 与参与者分享你的研究结果。

- 与学术界分享你的研究成果。

- 与学术界以外的相关利益相关者分享你的研究成果（如果适用于你的研究）。

- 存档原始数据和 / 或研究结果（如果适用你的方法）。

✓ 复习题答案

复习站点 1 答案

1. 哲学　实践　自反性

2. 参与者没有被告知自己患有梅毒，也没有得到治疗。

　a.《贝尔蒙特报告》

3. 进行文献综述，进行先导研究，初步让自己沉浸在该实地 / 环境中，以及创建社区咨询委员会并向其咨询。

复习站点 2 答案

1. 不应该。

　a. 利益冲突。

2. 在研究中保护人类受试者。

3. 项目的目的和方法、预期结果、参与者参与研究的权利与义务、可能的风险和好处、自愿性、保密性，以及提问的权利。

　a. 处理。

复习站点 3 答案

1. 行事恭敬，避免胁迫，履行商定的知情同意要点。

2. 融洽的关系

3. 时间承诺和边界（关系预期）。

复习站点 4 答案

1. 会议报告、小册子或资料小册子、大众媒体（广播、专栏文章、博客、播客、视频博客）、网站、社交媒体贴子和艺术形式。

   a. 否。

2. 研究参与者、学术研究界，在某些情况下，还包括研究界以外的利益相关者。

3. 自反性

实操练习

1. 1971 年的斯坦福监狱实验常被用作讨论研究伦理的案例。请找出另一个能激发人们对研究伦理进行思考的著名研究。这方面的例子包括劳德·汉弗莱（Laud Humphrey）1970 年对公共场所同性恋邂逅的研究，斯坦利·米尔格拉姆（Stanley Milgram）1963 年关于即使伤害他人也要服从指令的研究，约翰·达利（John Darlye）和比伯·拉坦（Bibb Latane）1968 年关于旁观者效应的研究，以及埃利奥特·利博（Elliot Liebow）1967 年关于"街头"黑人男性的研究。从上述这些例子中选择一个案例，或者从在网上或研究型图书馆中找到的无数其他例子中选择一个案例。阅读你所选择的研究案例并写一份感想（最多 1 页），该感想涉及以下两个方面：一是出现的核心伦理问题，二是如何重新设计这项研究才能使其更符合伦理要求。

2. 找一项与你为正在进行的研究活动所选择的主题相关的研究。这一次，找一项在研究伦理实践方面做得好的研究。你可能需要阅读多份研究报告。一旦选中一项在伦理实践方面做得好的研究，请写一篇回应，说明两点内容：一是这项研究合乎伦理规范的方面，二是你从这项合乎伦理规范的研究中学到了什么（最多 1 页）。

3. 查阅你所属大学网站上的机构审查委员会网页，下载他们的知情同意要求，为你有意开展的项目写一份知情同意书范本。如果你还没有想好一个项目，你可以从第一章末尾给出的关于"大学校园饮酒"的五个例子中选取一个例子。

资　源

Araiza, I. (2019). Ethical issues working with vulnerable groups. In P. Leavy (Ed.), *The Oxford handbook of methods for public scholarship* (pp. 77–101). New York: Oxford University Press. (Available through Oxford Handbooks Online at www. oxfordhandbooks.com)

Emery, B., McQuarrie, C., Friedman, L., Bratman, L., Lauder, K., & Little, G. (Producers), & Alvarez, K. P. (Director). (2015). *The Stanford prison experiment* [Motion picture]. United States: Coup d'Etat Films.

Traianou, A. (2020). The centrality of ethics in qualitative research. In P. Leavy (Ed.), *The Oxford handbook of qualitative research* (2nd ed., pp. 86–110). New York: Oxford University Press. (Available through Oxford Handbooks Online at www.oxfordhandbooks.com)

推荐期刊

《美国医学会伦理杂志》(*AMA Journal of Ethics*)，美国医学会（American Medical Association）

http://journalofethics.ama-assn.org

《伦理理论与道德实践》(*Ethical Theory and Moral Practice*)，施普林格出版社（Springer）

www.springer.com/social+sciences/applied+ethics/journal/10677

《伦理与行为》(*Ethics & Behavior*)，劳特里奇出版社（Routledge）

www.tandfonline.com/action/journalInformation?show=aimsSco
pe&journalCode=hebh20#.Vmb6c5UgmM8

《人类研究伦理实证研究杂志》(*Journal of Empirical Research
on Human Research Ethics*),赛吉出版公司(SAGE)

http://jre.sagepub.com

《研究伦理》(*Research Ethics*),赛吉出版公司

http://rea.sagepub.com

具有在线伦理规范的专业协会(并非一份详尽的清单)

刑事司法科学院 [Academy of Criminal Justice Sciences (ACJS)]

美国人类学协会 [American Anthropological Association (AAA)]

美国咨询协会 [American Counseling Association (ACA)]

美国教育研究协会 [American Educational Research Association
(AERA)]

美国评估协会 [American Evaluation Association (AEA)]

美国民俗学会 [American Folklore Society (AFS)]

美国护士协会 [American Nurses Association (ANA)]

美 国 政 治 科 学 协 会 [American Political Science Association
(APSA)]

美国心理学会 [American Psychological Association (APA)]

美国社会学协会 [American Sociological Association (ASA)]

全国社会工作者协会 [National Association of Social Workers (NASW)]

全国妇女研究协会 [National Women's Studies Association (NWSA)]

注 释

1. 身份政治是指拥有共同身份的群体为共同利益进行协商。

2. 转载自利维（Leavy, 2011b, pp. 35-36）。版权所有 ©2011 牛津大学出版社。经许可转载。

3. 基于利维的著作（Leavy, 2011b, pp. 35-37）。

4. 我直接受到学者卡卡利·巴塔查里亚（Kakali Bhattacharya）的影响，他在社交媒体上发布了关于这个话题的帖子。

第三章
文献综述

选 题

　　怎样才能找到研究主题呢？通常是从宽泛而笼统的兴趣开始，然后推进到一个**研究主题**。我当初之所以开始进行关于女性身体形象的访谈研究，就是因为我多年上芭蕾课和戏剧艺术课培养起来的个人兴趣，在此期间，我目睹了许多人为身体形象问题而挣扎。后来，在我读研期间，一位研究身体形象和进食障碍的教授给了我在该领域开展研究的机会。我后来对女性进行的关于她们的人际关系和身份认同的访谈研究——我长期以来一直感兴趣和研究的主题，就是由我的那些早期研究经历和个人经历发展而来的。从我个人的例子可以看出，研究人员最初选择某个研究主题，是出于他们的**个人兴趣、经历、价值观、以往的研究经历**和以**资助或合作**的形式出现的机会。

　　表3.1给出了几个研究主题的例子，这些研究主题在这个阶

段还非常宽泛。在该表中我呈现了三列研究主题：第一列的主题最宽泛、最笼统，而这可能是你选题的起点；第二列的主题由于包含了你感兴趣的人群或环境，所以更加具体；第三个主题则最为具体。

表 3.1　缩小初始研究主题的范围

欺凌	职场欺凌	职场同事间的欺凌
无家可归现象	妇女和儿童群体中的无家可归现象	无家可归的妇女及其子女的庇护所与安全
运动技能	大学里的运动技能	兼顾体育运动和学业的大学生一级运动员
身体形象	大学运动员的身体形象	比较女大学生运动员和男大学生运动员的身体形象
性别认同	学龄儿童的性别认同	中学生的性别认同和自尊
性侵犯	大学校园里的性侵犯	有男大学生联谊会和女大学生联谊会的大学校园里的性侵犯
种族/种族主义	刑事司法系统中的种族问题	种族对非暴力犯罪量刑的影响
音乐	教育中的音乐	公立中学的音乐和多元文化课程

　　请注意，即便是在第二列和第三列中，主题依然相当笼统。这些实例旨在向你展示你最初的想法可能有多么宽泛，以及你会

如何开始聚焦于该主题的某个方面，或者缩小你感兴趣的特定群体的范围。如果你从一个非常宽泛的主题开始，如"音乐"这个主题，并且很难找到一个更具体的方向时，我建议你到某个在线图书馆的数据库中进行快速关键字检索，看看能检索到什么样的主题。或者和你的同行探讨一下，看看他们有什么建议。另外，通过第二列和第三列所示的方式描述你的主题，就可以确定你的研究重点。

　　在确定了一个宽泛的主题后，你需要确认该主题是**可研究的**。换言之，就是要确认该主题的研究是否可行，这是一个务实的问题。在这个早期阶段，你需要考虑能否接触到研究该主题所需的参与者或数据等问题。比如，你对人们在私人乡村俱乐部的行为感兴趣，但你既不是任何乡村俱乐部的会员，也不认识任何一位乡村俱乐部会员，那么，这个主题的研究就可能不切实际。除了受试者和数据的可及性问题，你最后还要考虑一些其他实际问题，如资金、时间的投入，以及你对项目的情感准备。然而，在进一步确定研究主题，制定出具体的研究目的和假设或研究问题之前，你很可能还不会考虑上述这些问题。

　　除了一些实际问题外，还要考虑项目的**意义、价值或效用**，这是你的伦理准则发挥作用的地方。首先，你要考虑这个研究主题是否符合你的价值观体系、道德观和政治倾向；进一步了解这个主题是否具有社会正义的必要性；再进一步了解，该主题相对而言是否重要。此外，该主题的价值还与时效性有关。时事或"当前的政治、经济和社会气候"是否使研究该主题在此时变得重要（Adler Clark, 2011, p. 81）？研究人员是否需要更多地了解这个主题？这项研究能应用于现实世界的某种环境吗？

其次，重要的是进行一次**个人盘点，以确定自己的准备状态**。除了考虑你的兴趣和资源，还要考虑你的研究能力。尽管你只有在确定了具体的研究目的和研究问题，并完成了项目设计之后才能确定开展研究所需的一系列具体技能，但你依然要考虑心理和情感因素。该研究主题是基于你的亲身经历吗？如果是，那么这一个人因素会如何影响该项研究？对你而言，这是一个敏感的主题吗？如果是，你觉得你在情感上有能力开展这项研究吗？重要的是要真实地面对自己，要对自己与主题的关系以及深入研究该主题所涉及的潜在情感进行诚实的"直觉检查"。切记，即便是在最初阶段，即选择你将要开始探索的宽泛的研究主题的阶段，你也既要考虑任何明显的情感或心理挑战，又要考虑促使你选择该主题的个人动机，这很重要。上述考虑是伦理实践的一部分。

最后，要考虑**关于该主题的现有研究**。仅仅对一个有价值的主题感兴趣且非常适合研究该主题是不够的。研究的目的在于弥补某一主题研究的不足，填补文献的空白，或为现有研究提供另一种观点。

总而言之，下面这个清单可以帮助你选择一个初始研究主题。

● 选择一个你有意进一步了解的宽泛的主题。

- 用寥寥数词来概括你的主题。

- 考虑研究该主题的可行性。

- 考虑该主题能否成为一个有价值的项目（该研究将如何使其他人受益）。

- 考虑你与该研究主题的情感联系。

- 确定是否需要对该主题进行研究。

为了进一步确定拟议主题的研究价值、方向，以及如何从笼统的研究主题推进到具体的研究目的和研究问题，你需要进行文献综述，而这恰恰是本章的重点。

复习站点 1

1. 研究人员最初是如何找到要调查的主题的？

2. 在确定了感兴趣的主题之后，研究人员在选择研究主题时需要考虑哪些因素？

★ 请到本章"复习题答案"部分核对答案。

文献综述

文献综述既是一个过程，也是一件成品。换言之，它既是你所做的事情，也是你创作的作品。文献综述是对某一研究主题的现有研究的"检索、阅读、归纳和综合的过程，或者是对该文献检索的最终书面总结"（Adler & Clark, 2011, p. 89）。文献综述的结果是"对与你的研究问题有关的主题的前人研究的全面概述"（Wilder, Bertrand Jones & Osborne-Lampkin, 出版中）。

文献综述与研究项目的各个阶段都有关联。在开始阶段，你进行文献综述是为了**更多地了解你的主题**。在这个阶段，文献综述可以帮助你确定关于这个主题的研究是否有必要、是否有价值，还可以帮助你缩小主题的范围，以便你将一个笼统的想法转化为一个可研究的主题，并确定研究的方向，这样你就可以在前人研究的基础上做进一步的研究，或者填补文献的空白，或提出现有文献的替代方案。最后，文献综述将帮助你确定你的研究目的、假设（如果适用的话）和研究问题。

随后，文献将被用在你的研究计划书中，并最终用在研究结果的最终表达中。你使用文献的方式可能有很多，这取决于你的研究主题和你究竟使用的是五种研究方法中的哪一种。我会在解释文献综述的过程之后，详细阐述文献的使用方式。

在进一步讨论之前，让我们先回过头来说明我们为什么要进行文献综述。要说明这一点，有必要对"填补文献空白"这一流行观念提出质疑。

除了为发现空白，我们做文献综述还为了什么

我们中的许多人都对成为一名有声望的学者意味着什么满怀憧憬。比如，成为一名有声望的学者，意味着成为一名天才研究者，出色地发现新事物，改变世界，并为自己赢得声誉。实际上，这只是一个虚构形象。首先，研究人员做研究并非仅凭一己之力。其次，很少有研究发现真正新的东西。好消息是，研究的实际发生方式对我们所有人来说都是开放的，你也可以成为研究过程中的重要组成部分。

人不能在真空中开展研究。我们每个人都是一个更大的研究社区的一分子，为现有但不断变化的知识体系做出贡献。我们可以通过文献综述，建立我们的研究项目和过往研究项目之间的对话。文献将我们与围绕我们的研究主题创建的丰富知识联系起来。我们的研究与过往研究之间的对话的本质是什么？还是让我们从头开始吧。

从根本上讲，文献综述旨在帮助你了解研究主题。更多地了解关于这一主题的已经完成的研究，将指引你前进。你如果了解了该主题，就可以判定该主题是否值得研究，知道如何将其从一个宽泛的想法转化为一个可研究的主题，并最终确定研究的具体方向。然而，当你进行最初的检索时，你究竟在查找什么？你怎么知道这个主题是否值得研究？你如何利用文献来确定如何进行该项目？大多数已发表的研究都支持"填补文献中的空白"这一主张。你会一次又一次地遇到这一主张。虽然这当然是做研究的

一个有效理由，但它绝不是唯一的理由，它也可能成为一个独特的问题。此外，它还可能产生不必要的压力和不切实际的期望。那么，关于空白的这个想法从何而来呢？

约翰·斯韦尔斯（John Swales, 1990）提出了"创造一个研究空间"（Create a Research Space）的知识构建模型。简单地说，这意味着清楚界定你的领域。该模型提出了三个阶段。

（1）确立领域。

（2）描述空白。

（3）确定你的研究将如何填补空白。

许多研究人员在开始文献综述时都考虑到了这一模型，他们的目的是表明该一般领域的研究已经开展，但关于该主题的知识还存在空白，他们将填补这一空白。但是，这种想法会让你陷入失败，并从一开始就限制你研究的探索范围。帕特·汤普森（Pat Thompson, 2021）概述了关于空白这个概念的几个问题。

首先，"文献中的空白"这一观念通常被夸大了（Thompson, 2021）。大多数研究主题都已经有了大量的研究。不太可能有人会找到明显的空白，即便他们真的找到了空白，仅凭他们的一个研究项目也不太可能填补这项空白（Thompson, 2021）。其次，这是一个知识的加性模型，因此，我们现有的研究知识库是稳定的，我们只是在给这个知识库"添加"知识（Thompson, 2021）。正如汤普森所言，这"从根本上讲，就是维持现状"。事实上，我们已有的知识体系不是静态的，它是流动的——它根据新的文化理解、根据对已发表研究的质疑，以及新研究及其产生的见解而不断变化和发展。最后，如果文献中确实存在空白，但仅凭这一点并不足以说明这是一个值得研究的主题（Thompson, 2021）。事实上，该空白可能表明这个主题是无关紧要的，而关于一个主题的大量数据却可能表明该主题是非常重要的。

在回顾与你的主题相关的文献，并思考你可能做出什么样的贡献以及如何构想这种贡献时，要考虑填补文献空白以外的种种可能。汤普森（Thompson, 2021）提出了好几条建议，旨在帮助人们打破"我的研究将填补文献空白"这一局限性，这里我转述了其中几条（你可以阅读她的完整博客，以获得更多的启发，并提出自己的想法）。

- 在（某学科）领域发表的关于（某主题）的研究都赞同（某件事）。关于这方面的研究需要重新审视，以了解该研究在今天的背景下是否仍然有效。因此，我的研究……
- 在（某学科）领域发表的关于（某主题）的研究都赞同（某件事），但尚未从（某个视角）探究过。因此，我的研究……
- （某学科）领域发表了大量关于（某主题）的研究。这项研究的大部分是基于（某些方法，某些文献）。因此，我的研究……

- （某学科）领域发表了大量关于（某主题）的研究，但不知为何，这些研究在现实世界中几乎没有产生任何影响。因此，我的研究……

- （某学科）领域发表了大量关于（某主题）的研究，但这些研究主要是由某些类型的研究人员（如白人研究者和男性研究者）完成的。因此，我的研究……

上面给出的只是一些例子。关键是，你可以通过许多不同的方式和与你的主题有关的现有文献对话，而无须找出或填补空白。同样，在文献中寻找空白并设计一项旨在填补此项空白的研究也是完全可以的，但这并不是进行文献综述的唯一或最佳理由，也不是开展某个项目的唯一有价值的理由。在进行文献综述的过程中，应保持开放的态度。要利用现有的研究来帮助你制定主题，这样制定的主题不仅是你感兴趣的，而且是可行的，此外，该主题的研究还应该能够丰富我们的庞大且不断变化的知识体系。如果你确实发现了文献中的空白，那么在进行研究设计时，应考虑如何设法填补该空白，而不是仅仅停留在语言层面的"填补"，后者对于任何一个项目而言，都可能是一个过于崇高的目标。

检索文献

经同行评审的论文和学术著作将构成文献综述的基础。为了制定研究主题，你可以参考报刊文章、散文、博客，或者其他形式的概念性文学作品或通俗文学作品，但它们不应该成为你的文献综述的主要组成部分（Creswell, 2014）。文献综述的大部分内容应当由学术著作构成。

　　进行文献综述时，请选用相关**数据库**并输入**关键词**，以搜索和筛选与你的研究主题有关的现有文献。图书管理员可以协助你找到合适的数据库，其中一些数据库为通用数据库，而另一些则是针对特定学科的专用数据库。一些数据库是免费的，而另一些数据库则是收费的。然而，你应该能够通过你们的大学图书馆访问这些数据库，因为图书馆可能已经订阅这些数据库。选择数据库时，应选用提供全文访问权限的数据库，而不是仅仅提供摘要的数据库（Creswell & Creswell, 2017）。这将节省你后续的时间。尽管图书管理员可以协助你找到适合特定项目的最佳数据库，下面还是为你附上部分常用数据库的列表。

通用数据库

- Google Scholar（谷歌学术）
- Web of Science（科学网）
- ProQuest（学位论文全文数据库）
- JSTOR（西文过刊全文数据库）
- EBSCO（学术期刊数据库）

学科专用数据库

- ERIC（教育资源信息中心）

- Sociofile（社会学文献索引与摘要数据库）
- Social Sciences Citation Index（社会科学引文索引）
- PsycINFO（心理学文摘数据库）
- PubMed（医学文献数据库）

为了提高数据库的使用效率，你需要利用关键词进行检索。关键词通常源自你用来描述研究主题的词语。关于这一点，可参考表 3.1 中的例子。如果你的研究主题是"职场中同事间的欺凌"，那么你检索的关键词应当包括欺凌、同事和职场这几个词语。如果这些检索词没有带来你希望的结果，你可以尝试改变其中一个或多个词语。比如，将"同行"（peers）一词替换为"同事"（coworkers）或"同仁"（colleagues），看看能找到什么文献。你可能需要对关键词进行调整，尝试用一些同义词进行替换，直到你得到合适的词语组合。阿琳·芬克（Arlene Fink, 2019）建议请专家评估你所选定的数据库和检索词。比如，你可以向几位教授请教。你也可以和你的同伴一起集思广益，来确定你的关键词。

一般而言，会有大量关于你的研究主题的文献。在对一个研究不足的主题进行探索性研究时，你可能依然能够找到大量关于一些相关主题的文献，这些相关主题的文献在你仔细考虑项目且随后确立该项目在更大的研究版图中的位置时至关重要。马库斯·韦弗－海托华（Marcus Weaver-Hightower, 2019）将此称为"推论文献"（p. 161）。这里举一个例子，比方说，你有意研究诸如"照片墙"（Instagram）和"色拉布"（Snapchat）的以图片为主的社交媒体上的青少年欺凌行为，你使用"青少年"（teens）、"欺凌"（bullying）、"社交媒体"（social media）、"照片墙"和"色拉布"这些关键词进行文献综述，结果找到的文献很少。你找不到任何专门论述在这些形式的社交媒体上的青少年欺凌行为的文章，或者你找到了一两篇文章，但不足以进行文献综述。你可能需要扩大检索范围。那么，有针对脸书（Facebook）或其他社交媒体论坛的青少年欺凌行为的研究吗？如果有的话，其中有没有专注于图片／图像研究的呢？关于互联网与更广泛的青少年欺凌行为的研究状况又是怎样的呢？使用与你的研究主题"欺凌"最接近的文献。如果没有任何关于你的研究主题的研究，或者关于你的研究主题的研究为数不多，那么你有理由认为，你的研究将填补文献的空白。如果你正在研究一个新的主题，你进行的研究很可能是一项探索性研究，该研究日后可供其他旨在构建该领域知识体系的研究者使用。

如果你搜索到的潜在文献太多或太少，你需要**限制或扩大检索范围**。高级搜索选项可以帮助你限制或扩大检索范围。比如，如果你需要扩大检索范围，你可以使用限定词"或"（or）（Efron & Ravid, 2019）。换言之，就是搜索"词语 A 或词语 B"（A or B）。你也可以用被截短的单词加星号来构成检索词（Efron & Ravid, 2019）。萨拉·埃弗拉特·叶夫龙（Sara Efrat Efron）和露丝·拉维达（Ruth Ravid）用下面的例子说明了这一点："如果你对表演艺术这个主题感兴趣，那么用被截短的检索词加星号（Perform*），就可能生成'演出'（performance）、'表演'（performing）和'表演者'（performer）等可供参考的主题词"（p. 67）。相反，如果你想缩小检索范围，则可以试着在检索词上附加单词"and"或"not"进行高级检索（Efron & Ravid, 2019)。换言之，就是搜索"词条 A 和词条 B"（A and B），或者搜索"词条 A 但不包含词条 B"（A not B）。一旦看到搜索所生成的初始结果，你就能够更好地确定如何修改检索方式，以锁定你所检索的目标。

检索文献时，你需要进行一次**分拣过程**。你不可能用上你找到的所有文献。比如，如果你选择一个被广泛研究的主题，如"运动员的身体形象"，你可能会找到数千篇文献。你需要继续缩小关键词的检索范围和你所检索的学科资料库的范围。鉴于你知道你可能需要根据能够找到的文献来修改检索领域，你应当为你想要找到文献的那些领域设定优先级（Ling Pan, 2008）。你需要快速评估检索到的文章和书籍与你的项目的相关性。要想做到这一点，首先，阅读**摘要**（abstract）。好的摘要会概述研究目的、研究方法、相关理论或学术体系，以及主要研究结果。你通常可以根据文章的摘要来判断这项研究与你的项目的相关程度。其次，**浏览**文献。浏览文献能够帮助你判定这项研究与你项目的相关性，以及该文献的整体质量（比如，写得好吗，是否明晰、透彻，支持还是质疑其他文献，是否有助于你的学习）。

重要的是要找到关于研究主题的**最新研究**，这样你的文献综述才不至于过时。然而，传统观点认为，一篇好的文献综述也要考虑那些关于该研究主题的**开创性或里程碑式的研究**。里程碑式的研究是指在该领域被认为至关重要的研究。要找到具有里程碑意义的研究，可以搜索开创性或奠基性的作者，即那些在该主题的著述上最知名的作者。他们都是该领域的核心人物。搜索谷歌学术引文，找出那些最常被引用的作者，或者，如果你发现有些作者被大量文献提及，那就去查找他们的文章（Wilder et al., 出版中）。在确定了谁是那些开创性的作者后，看看他们是否已经形成与你的研究主题相关的理论，这些理论可能会帮助你构建你的想法（Wilder et al., 出版中）。当你找到一项具有里程碑意义的研究时，不要简单地依赖他人对这项研究的评述。自己去找一份该研究的文献，并将你对该文献的看法写入你的文献综述。

引用具有里程碑意义的研究在实践中要复杂得多，而且与被引用文献所涉及的更广泛问题密切相关，对于从事社会正义价值观研究的研究者而言尤为如此。

引文伦理

1984 年，法学教授理查德·德尔加多（Richard Delgado）发表了一篇题为《帝国学者：对民权文献综述的反思》（*The Imperial Scholar: Reflections on a Review of Civil Rights Literature*）的文章。文中，德尔加多讲述了在他职业生涯的早期，他的资深同事如何鼓励他在"主流领域"提高学术声誉，并远离民权法律。一旦树立了自己的学术声誉，他便决定将注意力转向民权学术研究。为了跟上这一领域的发展，他阅读了大量关于民权的重要法律评论文章，这些文章的作者都是白人男性，而且这些文章引用的著作也是由白人男性撰写的。虽然有色人种学者也对这些主题有所著述，但他们的著作很少被引用。在系统回顾关于民权法的文献之后，他发现了"一个由十几位白人男性作家组成的核心圈子，他们评论、礼貌地质疑、赞美、批评和进一步阐述彼此的观点。不承认少数族裔学者的学术研究的现象甚至已经延伸到非法律命题和对事实的主张上"（p. 563）。总之，在一个有色人种的权利岌岌可危的领域，白人男性学者主导了关于民权的学术研究，而将有色人种学者排除在外。为什么这很要紧？这又是如何发生的呢？

在谈到为什么这很要紧的问题时，德尔加多（Delgado, 1984）提出了一些观点，我总结了其中几点。许多白人男性作家不了解有色人种的基本情况和观点。因此，许多学术研究缺乏同理心，存在错误、疏漏等瑕疵。此外，这些学术研究具有对现实世界的影响，法官受到法律评论文章的影响，并在判决中引用这些文章；它们还帮助塑造围绕民权的公共话语。这只是一个例子，说明研究型学者确实很重要，其研究的质量与我们将自己的研究与现有研究关联起来的方式密切相关[1]。出现这种现象的原因在于被引用文献的范围过于狭隘。

在所有学术领域，关于妇女、黑人、土著居民和其他有色人种的研究都没有被充分引用（Eidinger, 2019; Ray, 2018）。值得注意的是，不仅妇女对知识的贡献没有得到适当的认可，而且这一问题对有色人种妇女来说更为严重（Ahmed, 2013）。这是由"一个封闭的引用圈"导致的，正如德尔加多（Delgado, 1984）在民权研究领域所描述的那样（Ray, 2018）。之所以出现这个问题，主要是因为人们依赖于引用所谓的具有里程碑意义的研究和我们所在领域中的核心人物的研究，而对里程碑式的研究和核心人物的研究的引用则会形成一种被后来者遵循的标准。在各个学科中，这些学术著作通常是在妇女、黑人、土著居民和有色人种学者的学术贡献被排除在外、被忽视，或被认为不太重要的时候被创作的。仅仅说"事情就是这个样子的"是不够的。在任何学科中，一个标准的形成都不是自然而然的，而是由我们在出版和引用实践中对文献的系统性吸纳和排斥所导致的（Eidinger, 2019）。因此，继续引用这些研究文献并不是中立的或不可避免的决定，而是一种选择，这种选择将"这些著作和作者强化为我们的标准的一部分"（Eidinger, 2019）。

因此，我们的引用实践具有政治和伦理维度。这些实践是具有力量的。为了确保最好、最有趣的学术成果出现在你的文献综述中，应当制定安德烈亚·艾丁格（Andrea Eidinger, 2019）所说的"认真的引用做法"。换言之，要注意你的引用做法。那我们怎样才能做到这一点呢？如果我们所在领域的主要思想家大多为白人男性，我们又该怎么办？洛克菲勒包容性科学倡议（The Rockefeller Inclusive Science Initiative）提供了一些建议，我将其中的几条总结如下。

- 如果你的研究领域里最著名的一些研究是由白人完成的，请持批判的态度来考量这些研究对于你的研究的重要性。你是仅仅因为其他人引用这些研究而引用，还是因为这些研究与你的研究有着独特的相关性？
- 在人们最常引用的文献范围之外寻找文献。
- 查找由女性、黑人、土著居民和有色人种学者完成的学术研究（作者在本章末尾处的"资源"中提供了若干数据库的示例，你可以利用这些数据库来协助自己搜索文献，你也可以利用话题标签"#引用黑人女性"（#citeblackwomen）进行检索。
- 考虑在你的项目中添加一份多样性声明[2]。

这是否意味着，如果那些里程碑式的研究是由白人完成的，你就不应该引用这些研究？当然不是。我不是建议你不要引用由白人男性完成的里程碑式研究或当代研究，只是建议你谨慎引用，而且只是在这些研究与你的特定项目直接相关的情况下引用。不要仅仅因为其他人引用了，所以你也引用，要有目的地引用。以这种方式引用文献，有明显的好处。首先，在设计和实施研究时，你接触到的思想越多样化，你的思想就越有可能受到更多好的观念的影响，你的研究就会越好。其次，你将避免重复这样一种建构知识的做法，即在引用文献时，被排除在外的文献比被引用的文献还多。如果你从事的是社会正义导向的研究，你引用文献的做法应当与这些价值观保持一致。

虽然你可能会发现自己决定根据上述原则吸纳或忽略某些"里程碑式"的研究，但你也可以考虑第三种选择。你可以选择简要地提及这项研究，并对其质疑。比如，我最近正在写一本书的关于公共社会学的那一章。发现众多文献一致引用（可以说是过度引用）迈克尔·布拉沃伊（Michael Burawoy）在 2004 年发表的关于该主题（公共社会学）的美国社会学协会主席演讲，将该演讲视为公共社会学研究的一个"转折点"。这是有问题的，因为许多社会学家，尤其是女性、黑人、土著居民和有色人种学者，早在迈克尔·布拉沃伊发表演讲之前，就已经在做这方面的研究了。此外，迈克尔·布拉沃伊在该领域的观点和立场，深受其作为一名白人男性在一家精英机构的经历之影响。在处理这个问题时，我选择简要地提一下他的研究，并提供一些背景信息，即有色人种女性的评论，其中包括伊夫琳·中野·格伦（Evelyn Nakano Glenn）和帕特里夏·希尔·科林斯（Patricia Hill Collins）的评论，她们都有从事公共社会学研究的悠久历史。

基于前面讨论的文献筛选策略，以及符合伦理且严谨认真的文献引用做法，我制定了以下清单，供你为文献综述选用文献时使用。

文献选择注意事项清单
- 阅读摘要以确定该文献与你的项目的相关程度。
  ◎ 具体查看研究目标、方法、相关理论或学术知识体系，以及主要发现。

◎ 它是最近发表的吗？

◎ 它被认为是里程碑式的出版物吗？

● 浏览文献，以进一步确定该文献与你的项目的相关性并评估文献质量。

  ◎ 具体评价该文献是否写得好，是否明晰、透彻；是支持还是质疑其他文献；是否有助于你的学习。

● 找一份"里程碑式"研究的原文（不要依赖他人的评论），自己阅读该文献，以帮助你确定该文献与你的项目的相关度。

  ◎ 具体考虑你是否仅仅因为别人引用了该文献，才打算引用它。或者说，该文献是否与你的项目有着独特的相关性。

● 主动检索女性、黑人、土著居民、有色人种学者和其他边缘化学者的研究。

  ◎ 具体考虑你是否呈现了学术研究的多样性，包括鲜为人知的学者或新兴学者的研究。

复习站点 2

1. 什么是文献综述？

  a. 在研究项目的初始阶段，你为什么要进行文献综述？

2. 填补知识空白是我们进行研究的唯一理由吗？

3. 如何查找文献?

4. 如何筛选文献?

5. 什么是具有里程碑意义的研究?

6. 符合伦理规范的文献引用做法包括 _____。

★ 请到本章"复习题答案"部分核对答案。

编写文献综述

怎样才知道你已获得足够的文献? 文献的数量往往超出你的需求，谁也不想迷失在无休止的搜索中，只见森林，不见树木。一旦达到饱和点，就应当停止收集文献。当额外的文献不再产生新的信息时，你就达到了**饱和点**。换言之，达到饱和点时，你不再能获得新的见解。

一旦你选择了你计划使用的文献，就要完整地**阅读和评注每一篇文献**。这个过程需要认真地做笔记。无论是阅读纸质文献还是电子文献，我都建议你圈出关键词，画线或用荧光笔标出关键段落或例子，并在页边空白处记笔记。阅读完文献后，要给每一篇文献**写一个概要**。概要包括完整的文献引文信息和文献基本信息，详列如下（如果适用的话）。

● 主要理论及其定义。

- 主要概念及其定义。

- 研究问题和 / 或假设。

- 研究的基本信息（参与者和方法）。

- 主要发现。

- 该文献与你的项目的相关度如何（包括你的任何见解或
  顿悟时刻，把这些都写下来，以免遗忘）。

至关重要的是，要记录所有的引文及其完整的出版信息，以
便日后你能准确地确定文献的出处（Ling Pan, 2008），这被称为
文献编目（Wilder et al., 出版中）。在记录引文信息时，请遵照
你的大学或出版商要求的引文格式［如，美国心理学会（APA）、
美国现代语言协会（MLA）、芝加哥引文格式］，这将为你免除
日后重新编排引文格式的麻烦。你可以将引文信息输入 Word 文
档或 Excel 表格中、使用引文管理软件（如 EndNote、Evernote、
References Manager、RefWorks），或在笔记本上手写引文信息（对
于写在笔记本上的引文信息，我强烈建议将其扫描，并以电子版
的方式备份）。埃弗龙和拉维达（Efron & Ravid, 2019）建议使用
笔记索引卡，以手工或电子方式记录，这样你就可以为每个文献
记录相同的信息。受他们的研究之启发，我提出了以下模板（你
可以在这个模板中写文献概要，包括带页码的直接引语。详见图
3.1）。

作　者 _____

标　题 _____

出版社 _____　　　　出版年份 _____

主要理论及其定义：

主要概念及其定义：

研究问题和 / 或假设：

参与者和方法：

主要研究结果：

与你的项目的相关度：

特别说明（如特别见解、文献质量等）：

图 3.1　文献笔记索引卡片

最后，你需要**综合信息并写出文献综述**。概要（summarizing）涉及记录每篇文献的主要特征，而综合（synthesizing）则涉及连接和整合你所编写的不同文献的评述。以下实例是我与丽莎·黑斯廷斯（Lisa Hastings, 2010）合作的一项研究，题为"身体形象和性别认同：对女同性恋、双性恋和异性恋大学年龄段女性的访谈研究"。

概要示例

引文信息：Beren, S. E., Hayden, H. A., Wilfley, D. E., & Grilo, C. M. (1996). The influence of sexual orientation on body image in adult men and women（性取向对成年男性和女性的身体形象的影响）. *International Journal of Eating Disorders*（国际进食障碍杂志）, 20(2), 135-141.

研究目的：比较异性恋男性和同性恋男性，以及异性恋女性和同性恋女性对身体的不满意度。研究人员假设，同性恋男性与男同性恋亚文化的联系会增加他们对自己身体的不满意度，而同性恋女性与女同性恋亚文化的联系反而可能会防止她们产生对自己身体的不满意。

方法和参与者：贝伦等人、海登、威尔夫利和格利罗 (Beren et al., Hayden, Wilfley, and Grilo, 1996) 对 257名参与者进行了自陈量表测试：其中有 72 名异性恋女性，69 名同性恋女性，58 名异性恋男性和 58 名同性恋男性。测试聚焦以下维度：身体不满意度、社会心理因素、与男同性恋 / 女同性恋群体的联系。

研究结果：异性恋女性和同性恋女性的身体不满意
度测试得分没有显著差异，她们在社会心理因素，如在
节食和对体重的关注上也是相似的。同性恋男性的身体
不满意度测试得分显著高于异性恋男性。同性恋男性报
告了显著更高的身体不满意度，并报告了更多的与身体
不满意度相关的许多社会心理方面的苦恼。同性恋男性
与男同性恋亚文化的联系确实增加了他们对身体的不满
意度。同性恋女性与女同性恋亚文化的联系和身体不满
意度之间没有呈正相关和负相关。

综合示例

贝伦等人 (Beren et al., 1996) 对 72 名异性恋女性
和 69 名同性恋女性进行了测试，该测试探索了身体不
满意度、社会心理因素，以及与男同性恋群体 / 女同性
恋群体的联系这几个维度。异性恋女性和同性恋女性在
身体不满意度测试的得分上没有显著差异，她们在社会
心理因素方面，如节食和对体重的关注上也是相似的。
这些研究结果在近期的其他研究中得到了复制（Cogan,
2001; Epel, Spanakos, Kasl-Godley & Brownell, 1996;
Pitman, 2000; Share Mintz, 2002）。研究人员假设，异性
恋女性和同性恋女性可能容易出现不同类型的进食障
碍，而且原因也不同（Cogan, 2001; Lakkis, Ricciardelli,

Williams, 1999; Siever, 1994）。这是因为同性恋女性比异性恋女性更容易受到影响进食障碍发展的不同相关社会因素的影响（French, Story, Remafedi, Resnick & Blum, 1996; Lakkis et al, 1999; Lancelot & Kaslow, 1994; Pitman, 2000; Siever, 1994; Striegel-Moore, Tucker & Hsu, 1990）。对关于性取向和身体形象的文献的元分析[1]综述表明，总体而言，女同性恋者有更高的身体满意度，但异性恋女性和同性恋女性对社会标准的认识水平相当，女同性恋者并不断然拒绝社会标准（Morrison, Morrison & Sager, 2004）。

我们可以将综合视为创建由特定的树木组成的森林之概览。什么是全局，什么是构成全局的细节？

综合文献的过程涉及对关于你的研究主题的研究加以概述，并在不同的研究之间建立联系。比如，对提出某一特定主张的研究进行分组，指出相似之处和不同之处。在文献中寻找协同或不协调之处。你也可以按时间顺序查看文献，讲述关于这个主题的观点随着时间的推移而发生的历史演变（Wilder et al., 出版中）。充实这些文献之间联系的一种方法是创建一个视觉表达形式，例如**文献导图**（literature map）（Creswell, 2014）或**概念导图**（concept

---

[1] 元分析（meta-analysis）：对具备特定条件的、同课题的诸多研究结果进行综合的一类统计方法，即"对研究的研究"。——编者注

map）（Hunter, Lusardi, Zucker, Jacelon & Chandler, 2002; Manders & Chilton, 2013; Wheeldon & Ahlberg, 2012）。这些视觉导图策略说明了所有文献之间的关系。你从源自该研究的主题或核心术语、概念或想法开始，直观地展示不同的文献与主要的主题或概念之间的关系。不同的关系可以用连接词、线条、箭头或重叠的圆圈来表示（Ahloranta & Ahlberg, 2004; Umoquit, Tso, Varga-Atkins, O'Brien, & Wheeldon, 2013）。图 3.2 提供了一个简要的例子。

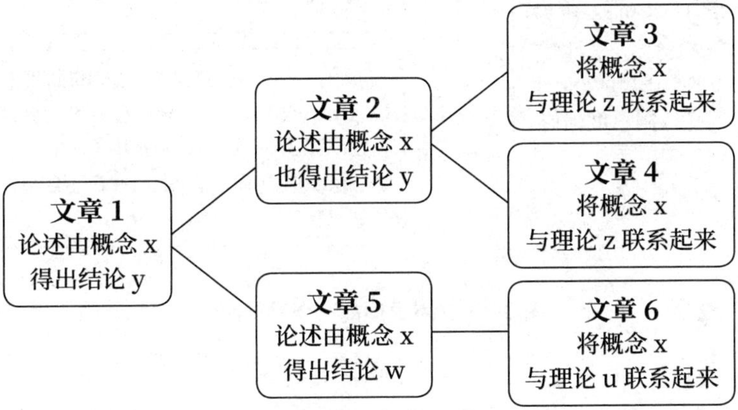

图 3.2 文献导图（摘要）

图3.2是一张文献导图（摘要）。该导图描述了你的文献综述对概念x的看法。请从左到右看这张文献导图，从文章1开始（由概念x得出结论y），并从顶部的路径开始。从文章1开始，推进到右上方的一篇类似的文献，接着继续向右推进，以获得详细论述。现在请看下方的路径。再次从文章1开始（由概念x得出结论y），向右推进，以得到一篇不同的文献，继续向右推进，以获得详细论述。该图作为一个整体，告诉你文献对概念x的看法。

关于文献综述过程的高级阶段的更具体的例子，请参阅图 3.3。在该图中，我再一次使用了概要示例中讨论的关于异性恋和同性恋女性身体形象的文献。图 3.3 说明了如何直观地表示文献之间的关系。

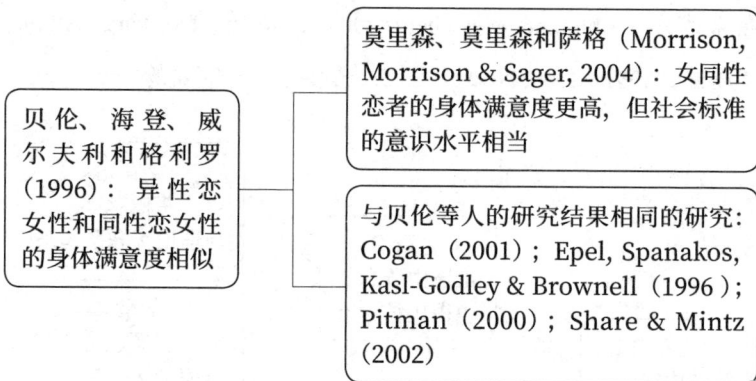

图 3.3 文献导图的一个具体实例

无论你是从视觉表达开始，还是直接从书面概要转到对文献的综合评述，你在开始写初稿时，就要考虑你打算撰写的文献综述的类型。你可以写一篇文献综述，说明你的研究将如何填补文献中的空白，从而说明为什么你的研究是必要的。或者，你可以按主题或基于关键术语、概念和理论来组织你的文献综述（Creswell, 2014）。或者，你也可以写一篇旨在展示关于你的研究主题的理论观点的文献综述。对于新手研究者而言，也许最常见的是，你会写一篇文献综述，即一篇与你的主题相关的研究和思考的总体概述（Adler & Clark, 2015）。

文献综述通常作为你的研究计划书中的一节出现，有时带有副标题。在最终的研究报告中，综述可能作为研究报告中的一节出现，或者可能整篇研究报告中都会引用文献。

你的文献综述的重点，以及文献综述在你的研究计划书和最终的研究报告中的位置，部分取决于你使用的是五种研究方法中的哪一种。第五章至第九章通过一些实例给出了构建文献综述的具体细节。

总之，进行文献综述的过程包括如下几点。

- 利用关键词搜索与你的主题有关的文献，找到最新的研究和具有里程碑意义的研究。
- 确立查阅文献的优先级，以缩小文献检索的范围，聚焦于重点文献。
- 通过阅读摘要和浏览文章的方式分拣文献。
- 阅读文献并仔细记录引文信息。
- 撰写每篇文献的概要，并编制一份这些概要的目录。
- 综合和组织文献。

复习站点 3

1. 概要和综合的区别是什么？
2. 什么是文献导图或概念导图？

a. 这样的导图能说明什么？

b. 你如何开始创建这样的导图？

★ 请到本章"复习题答案"部分核对答案。

结 论

选择研究主题是一项重要的决定。所选择的主题应当是你真正感兴趣的、能够驾驭的，且有助于我们了解一个有价值的主题。权衡个人的关切和务实的问题（包括你的价值观和你以前的经验），有助于你选择研究主题。而文献综述则有助于你更多地了解该主题，进一步塑造你的研究议程，并开启你与现有研究的对话。仔细考虑如何加入这一对话，以及在这一过程中应强调哪些研究。一旦你确定了研究主题，完成了文献综述，就可以开始设计你的研究项目了。

✅ 复习题答案

复习站点 1 答案

1. 根据个人兴趣、经历和价值观、以往的研究经验和 / 或以资助或合作形式的机会。

2. 主题是否可研究，项目的意义、价值或效用，个人资本 /

准备状态，以及关于该主题的现有研究。

复习站点2答案

1. 搜索和综合关于某个主题的现有研究的过程，生成一篇
全面的书面概述。

   a. 为了更多地了解该主题。

2. 不是。

3. 选择相关数据库，输入关键词。

4. 阅读摘要并浏览文献。

5. 由开创性学者完成的对该领域至关重要的研究。

6. 引用文献须谨慎，应积极查找由女性、黑人、土著居民
和有色人种学者完成的学术研究成果

复习站点3答案

1. 概要涉及记录每篇文献的主要特征，综合涉及连接和整
合不同文献的评述。

2. 文献的视觉呈现。

   a. 所有文献彼此之间的关系。

   b. 从主题或一个关键术语、概念或观点开始。

实操练习

1. 提出合适的关键词是进行文献综述的重要环节。选择一

个可以用简短的语句描述的研究主题，用它来练习关键词搜索。本章的一个例子是"工作场所同事之间的欺凌行为"。一旦你选择了一个研究主题，就可以用该语句中的词进行关键词搜索。看看这会产生什么样的搜索结果。你可能会找到太多文献，因而需要缩小主题范围，也可能没有找到足够的文献。建议调整关键词，尝试同义词，直到你找到合适的词语组合，最终找到你想要的文献。

2. 选择一个你感兴趣的研究主题，并进行初步的文献综述（6 至 8 篇同行评审文献）。

a. 阅读、评注并概述每一篇文献。

b. 综合文献。

c. 创建一个示例文献导图（本练习仅需使用 4 至 5 篇文献）。

> 💻 使用图 3.1 所示的索引卡片（可从配套网站下载）。

3. 继续沿用上述主题，找一项由一位开创性的作者做的具有里程碑意义的研究。阅读该研究的文献，写一篇关于引用文献之利弊的小论文（至多 1 页）。

资　源

Efron, S. E., & Ravid, R. (2019). *Writing the literature review: A practical guide.* New York:Guilford Press.

"Et al. for All: Citations as a Tool for Racial Equity, Inclusion, and Justice" for download from The Rockefeller Inclusive Science Initiative (RiSI; includes a list of discipline-specific databases where you can find research published by Black, indigenous, and other scholars of color [BIPOC]): https://rurisi.com/citation-guide

"Literature Reviews Handout" for download from the Writing Center at UNC–Chapel Hill: http://writingcenter.unc.edu/handouts/literature-reviews

"The Problem with Gap Talk" by Pat Thompson: https://patthomson.net/2021/07/05/the-problem-with-gap-talk

注 释

1. 另一个例子可以说明做得差且被过度引用的研究产生的风险，这个例子就是那个常被引用的统计数据："监狱里的黑人比大学里的黑人多"。艾沃里·托尔德森（Ivory Toldson）在他 2019 年出版的著作中粉碎了这个虚假统计数据，该著作的书名是《不要相信糟糕的统计数据：黑人需要足够信任黑人的人们不要相信他们听到的关于黑人的每一件坏事》[*No BS (Bad Stats): Black People Need People Who Believe in Black People Enough Not to Believe Every Bad Thing They Hear about Black People*]。托尔德森解释说，在他写这本书的时候，大学里的黑人比监狱里的黑人多大约 60 万人（p. 36）。此外，他还指出，最好的研究表明，这个统计数据从来都不是真实的（p. 36）。我用这个例子来说明糟糕的或有偏见的研究会产生虚假或有误导性的数据。你可能已经多次听到这个错误的统计数据，这一事实表明了研究对现实世界的影响。

2. 仔细考虑如何描写不同的人和群体也很重要。第二章讨论了使用具有敏感性和在文化上恰当的语言的问题。如需更多指导，请参阅《美国心理学会出版手册（第七版）》（*Publication Manual of the American Psychological Association,* Seventh Edition），其中包含大量采用无偏见语言表达的内容。要想了解更多的观点，请参阅由伊芙·塔克（Eve Tuck）、韦恩·杨（K. Wayne Yang）和鲁文·加斯坦比德-费尔南德斯（Rubén Gaztambide-Fernández）合写的推文"引文做法之挑战"（#citationchallenge）。

第四章

开始设计研究项目

一旦完成文献综述，你就可以通过编写研究目的和假设陈述（如果适用的话）来确定项目目标。接下来是提出研究问题。最后是选择抽样策略。

研究目的陈述、假设和研究问题

研究目的陈述

既然你已经细化了研究主题，下一步就是编写研究目的陈述。**研究目的陈述**具体说明研究项目的目的或目标。强有力的研究目的陈述通常包括关于研究主题或问题、参与者或数据、环境和方法论的信息（可能涉及采用五种研究设计方法中的某一种，以及数据收集或生成的方法和／或指导理论）。研究目的陈述的篇幅在一个句子到一个段落之间。

研究目的陈述会因我们从五种研究设计方法中所选的方法的不同而有所不同。接下来的几个小节将呈现一些研究目的陈述的例子，这些例子源于已发表的分别采用五种不同研究设计方法的一些研究。我所挑选的若干研究目的陈述都来自同一个主题的一些研究，以凸显与所采用的研究设计方法有关的差异。我之所以选择关于欺凌的研究，是因为它是一个已经被人们从多个学科角度研究过的主题。当然，欺凌是一个非常宽泛的主题，所以这些研究都涉及了这个主题的不同维度。

定量研究目的陈述

以下研究目的陈述摘自一项关于大学环境中运动教练职场欺凌的调查研究。

> 我们这项研究的总体目标是调查在大学中工作的运动教练职场欺凌的发生率，并确定参与欺凌行为的人员。我们还试图调查性别对职场欺凌发生率的影响。（Weuve, Pitney, Martin & Mazerolle, 2014, p. 697）

让我们通过在关键信息下划线，并在表示核心现象的词上划方框的方式来解析该研究目的陈述。

> 我们这项研究的总体目标是调查在大学中工作的运动教练 职场欺凌 的发生率，并确定参与欺凌行为的

人员。我们还试图调查性别对职场欺凌发生率的影响。
（Weuve et al., 2014, p. 697）

该研究目的陈述所传达的信息包括以下几个方面。

● 目的和现象：调查职场欺凌在运动教练中的发生率，并确定与欺凌行为有关的人员。
● 研究总体：运动教练。
● 环境：大学环境。
● 所测试的变量关系：性别对职场欺凌发生率的影响。

定性研究目的陈述

以下研究目的的陈述摘自一项关于同性恋–异性恋联盟如何影响和不影响学校氛围的定性研究。

本研究的重点是通过探索学校的三个关键做法——沉默和消极抵抗、安全空间、打破沉默和打破沉默所面临的障碍，来探讨进步县学区（Progress County School District）的同性恋–异性恋联盟的利与弊。我们认为……我们还认为……（Mayberry, Chenneville & Currie, 2013, p. 311）

让我们来解析下面这个研究目的的陈述。

　　本研究的重点是通过探索学校的三个关键做法——沉默和消极抵抗、安全空间、打破沉默和打破沉默所面临的障碍，来探讨进步县学区的 同性恋–异性恋联盟 的利与弊。我们认为……我们还认为……（Mayberry et al., 2013, p. 311)

研究目的陈述所传达的信息包括：

- 焦点和现象：本研究的焦点是同性恋–异性恋联盟的利与弊。
- 环境：进步县学区。
- 所探索现象的维度：沉默和消极抵抗、安全空间、打破沉默和打破沉默面临的障碍。
- 基于研究的论点：所调查的现象。

混合方法研究目的陈述

　　以下研究目的陈述摘自一项混合方法研究，该研究将调查研究和半结构式访谈（semistructured interview）相结合，以评估中学预防欺凌干预计划的效果。

　　本文的主要目的是描述基于力量的计划，并利用混合方法评估该计划。开展该计划的基本原理是采用基于力量的方法来满足学生的复杂需求，这是一所位于市中

心的土著居民学生比例很高的学校。预计……（Rawana,
Norwood & Whitley, 2011, p. 287）

让我们来解析该研究目的陈述：

　　本文的主要目的是描述 基于力量的计划 并利用混合
方法评估该计划。开展该计划的理由是采用基于力量
的方法来满足学生的复杂需求，这是一所位于市中心
的土著居民学生比例很高的学校。预计……（Rawana,
Norwood & Whitley, 2011, p. 287）

该研究目的陈述所传达的信息包括：

- 目的和现象：主要目的是描述和评估基于力量的计划。
- 开展该调查项目的理由：满足学生（目标人群）的复杂需求。
- 研究方法：混合方法。
- 研究总体：一所土著居民学生比例较高的市内学校。
- 期望：预计……

艺术本位研究之研究目的陈述

以下研究目的陈述摘自一个艺术本位研究项目，该项目旨在通过使用"被压迫者剧场"（Theatre of the Oppressed）中的技术来

探索学龄儿童的污名化问题。

　　该研究的一个主要目的是探索小学高年级的儿童是如何通过波瓦①的游戏（Boal's Games）、形象剧场（Image Theatre）②和论坛剧场（Forum Theatre）③等技术对课程内容做出反应的，这些技术常常通过印刷品介绍给成年参与者，但很少介绍给儿童。然而，该项目最重要的目的是通过"被压迫者剧场"技术为儿童提供机会，让他们探索如何在教室里和操场上识别和处理他们个人遭受的压迫，如欺凌造成的伤害。（Saldaña, 2010, p. 45）

让我们来解析下面这个研究目的的陈述：

　　该研究的一个主要目的是探索小学高年级的儿童是

---

① 波瓦：指奥古斯托·波瓦（Augusto Boal），巴西剧作家，他创建了"被压迫者剧场"，这是一种互动式的剧场，观众变成表演者，通过表演改变他们的平常的生活方式，并为社会问题找到解决方案。——编者注
② 形象剧场："被压迫者剧场"中的一种形式。这种剧场形式是将参与者安排成一种戏剧性的形象，其过程更像是制作雕塑，而不是排演戏剧。——编者注
③ 论坛剧场："被压迫剧场"中的一种形式，以民主论坛的形式为基础。在其过程中，剧场中会重复演两次通常表示某种压迫的一出戏或一个场景。在重演期间，任何观众都可以喊"停！"后站出来，选择一个被压迫的角色，将其演员替换下来，并尝试改变戏剧表演的进程。——编者注

如何通过波瓦的游戏、形象剧场和论坛剧场等技术对课程内容做出反应的，这些技术常常通过印刷品介绍给成年参与者，但很少介绍给儿童。然而，该项目最重要的目标是通过被压迫者剧场技术为儿童提供机会，让他们探索如何在教室里和操场上识别和处理他们个人遭受的压迫，如欺凌造成的伤害。（Saldaña, 2010, p. 45）

研究目的陈述所传达的信息包括：

- 目的和现象：探索儿童如何回应"被压迫者剧场"的课程内容。为儿童提供机会，让他们探索如何在教室里和操场上识别和处理他们个人遭受的压迫，如遭受欺凌的伤害。
- 研究的理由：儿童研究文献的空白。
- 研究方法：艺术本位研究方法，使用"被压迫者剧场"工具，具体而言就是波瓦的游戏、形象剧场和论坛剧场。
- 研究总体：小学高年级的儿童。

基于社区的参与性研究目的陈述

下面这个研究目的陈述摘自基于社区的参与性研究项目，该项目开发、实施并评估了一项旨在打击职场欺凌的干预计划。

我们的研究项目从自下而上的角度出发，目的是与职场人员合作，制订和实施一项旨在预防和打击欺凌行为的干预计划，并随后从促进健康的工作环境的角度对计划的实施情况进行评估。据我们所知，在职场欺凌方面，与职场人员合作进行的基于干预的研究并不多，因此本研究的目标是描述和分析干预的过程和实施干预的结果。（Strandmark & Rahm, 2014, p. 67）

让我们来解析下面这个研究目的陈述：

我们的研究项目从自下而上的角度出发，目的是与职场人员合作，制订和实施一项旨在预防和打击欺凌行为的 干预计划 ，并随后从促进健康的工作环境的角度对计划的实施情况进行评估。据我们所知，在职场欺凌方面，与职场人员合作进行的基于干预的研究并不多，因此本研究的目标是描述和分析干预的过程和实施干预的结果。（Strandmark & Rahm, 2014, p. 67）

该研究目的陈述所传达的信息包括：

- 目的和现象：目的是与职场人员合作，制订和实施旨在预防和打击欺凌行为的干预计划；研究的目标是描述和分析干预过程和结果。
- 研究的理由：（文献空白）与职场人员合作进行的干预性

研究不多。

- 研究方法：与职场人员合作进行自下而上的研究。
- 环境：职场。
- 合作者：职场人员。

综合考虑前面的例子，我们能够看到，基于所采用的研究方法构建的研究目的陈述方式有一些变化，在语言和选择分享哪些信息方面，往往存在着微妙的差异。重要的是要认识到，我们对研究目的陈述中应当包含的内容有一定的决定权。但是，从这些例子中我们可以看到，研究目的陈述总是包含以下关键词。

- 主要目的 / 目标 / 焦点

此外，它们通常包括以下要素的组合（视情况而定）。

- 所调查的现象。
- 所测试的变量。
- 研究总体。
- 研究参与者或合作者。
- 环境。
- 研究方法。
- 研究的理由（如找出文献中的空白）。
- 论点、预测或假设（有时研究目的陈述会直接引出假设，正如下一节所述）。

可能会提供其他信息，如研究是否寻求探索、描述、解释、评估、促进行动或唤起反应，以及研究中使用了哪些研究方法。

> 💻 访问配套网站，获取关于研究目的陈述的练习题。

测量和变量

在解释什么是假设陈述之前，有必要回顾一下变量，因为假设陈述是根据变量构建的。在定量研究或混合方法研究中，测试或测量变量是很常见的。**变量**（variable）是一种特征，该特征可能因元素而异，也可能随着时间的推移而变化。比如，性取向就是一个因人而异的变量。

从统计学的角度来看，变量可以按两种方式进行分类：分类变量和连续变量（Fallon, 2016）。**分类变量**（categorical variable），也称为**离散变量**（discrete variable），是其类别具有名称并且类别之间能够彼此区分的变量。分类变量包括（Fallon, 2016, pp. 15-16）：

- 二元区分（如已入学/未入学）。
- 多个选项，没有好或坏之分（如宗教、种族、最喜欢的《星球大战》中的角色）。

● 排序（如年级、奥运奖牌）。

连续变量（continuous variable）是指其差异稳步增长并"保持数值间差异大小"的变量（如年龄、收入、赛跑的精确时间）（Fallon, 2016, p. 16）。

让我们以收入为例来说明，根据你的词汇选择和定义，如何才能创建一个分类变量或连续变量。如果你使用社会经济地位这一术语，然后使用以下类别：工人阶级、中产阶级、上层阶级，那么你创建的就是一个分类变量。然而，如果你使用的是收入一词，然后使用精确的美元/美分金额（如 \$25,000……\$25,437.55……），那么收入就变成一个连续变量。也有可能用"收入"一词来代替"社会经济地位"，这样你依然可以创建一个分类变量，该分类变量具有诸如低收入、中产阶级收入、上层阶级收入的子类。

重要的是要了解你使用的是哪种变量，因为这将影响你分析数据的方式。在这个阶段，为了探索变量在假设中的作用，让我们先来定义自变量和因变量。

自变量（dependent variable）是可能影响另一个变量的变量。研究人员操纵自变量（Gravetter & Wallnau, 2013）。

因变量（independent variable）是受另一个变量影响的变量。研究人员观察因变量以确定他们的干预（操纵）效果（Gravetter & Wallnau, 2013）。**中间变量** (intervening variable)[又称调节变量（moderator）或中介变量（mediator）]是可以调节自变量对因变量影响的变量。请看下面这个例子：

学校对<u>欺凌零容忍的政策</u>降低了<u>欺凌事件的发生率</u>。

    ↓   ↓

    自变量   因变量

在上面这个句子中，对欺凌零容忍的政策是自变量，而欺凌事件的发生率则是因变量（可随时间变化）。自变量影响因变量，对欺凌零容忍的政策会影响欺凌事件的发生率。

请访问配套网站，下载关于变量的练习题。

在研究实践中，人们还必须认识到那些不在考察范围，却可能影响数据的**无关变量**（extraneous variable）。你可以尝试防范某些无关变量，如可以培训调查人员，让他们在行为和着装上相似，以抵消调查人员对受访者的影响。也有一些你无法防范的无关变量，如一位受访者因为肚子痛而匆忙完成调查。最后，在一些研究中，你可能还会遇到**协变量**（covariate），即你能控制的变量。比如，如果你正在进行研究，来比较公立中学的学生和私立中学的学生在标准化入学考试（SAT）中的表现，那么你还需要控制种族和性别这两个变量，我们知道这两个变量会影响考试的分数。

因为在定量研究中，通常要测量变量，所以你需要为研究中的每个变量创建一个**操作性定义**（operational definition）。比如，你正在进行一项关于"中年女性身体形象"的研究。你从抽象的概念"身体形象"着手，然后，你根据以往的文献，将"身体形象"分解成两个类别（变量）——"正面的身体形象"和"负面的身体形象"，利用以往的研究来确定什么是已知的。接下来你为"正面的身体形象"和"负面的身体形象"各创建一个操作性定义。这些变量在你的研究中究竟意味着什么？准确地说，你是如何定义这些术语的？"负面的身体形象"的维度有哪些？比如，以往的文献可能表明以下"负面的身体形象"的维度。

- 对体重不满意。
- 对面部特征不满意。
- 对整体外表不满意。
- 过分注重外表。

然后你编制问题来评估"负面的身体形象"的每个维度。这些问题就是你的**指标**（indicator）。比如，第5—10题测量的是"对体重不满意"（根据你的操作性定义，这是"负面的身体形象"的一个维度），如果一名受访者在这些问题上的综合得分为 × 或更高，则表明在"对体重不满意"这个维度上存在"负面的身体形象"的问题。

复习站点 ①

1. 研究目的陈述明确说明 _____。

　a. 研究目的陈述通常包括哪些内容的某种组合（视情况列出每个要素）？

2. 研究目的陈述："我们的主要目的是与护士、医生、营养师和糖尿病患者及其亲人合作，以制订、实施和评估一项饮食管理和家庭健康计划，该计划满足所有利益相关者的需求和关切。"该研究目的陈述可能摘自某个研究项目，那么该项目可能采用了五种研究方法中的哪一种？

3. 自变量是 _____ 的变量。

4. 请在这一研究目的陈述中，找出自变量和因变量："中学的安全性教育计划可以降低意外怀孕的发生率。"

★ 请到本章"复习题答案"部分核对答案。

假　设

　　假设（hypothesis）是一个预测变量之间关系的陈述，可以通过研究得到检验。假设通常用于**实验和准实验设计**（quasi-experimental design）**以及调查研究**（survey research）。假设自变量为 A，因变量为 B，如果存在中介变量，则中介变量为 C。那么，抽象地说，一个假设可能的陈述方式有：A 导致 B，或 A 与 B 相关，或当 C 存在时，A 导致 B 发生变化，或 A 不导致 B 发生变化。因此，假设旨在**检验或测量变量之间的关系**。

让我们将此示例从 A、B 和 C 这样的抽象表述中提取出来，然后返回前面讨论过的关于欺凌的示例。

- 零容忍政策是自变量。
- 欺凌发生率是因变量。
- 增加教师在场率是中介变量。

以下是人们可以在同一项研究中调查的几个假设。

- 假设 1：学校对欺凌的零容忍政策可降低欺凌事件的发生率。
- 假设 2：作为对欺凌的零容忍政策的一部分执行措施，当走廊、自助餐厅和操场等场合有老师在场的时间增加时，学校对欺凌的零容忍政策可降低欺凌事件的发生率。

有两种主要类型的假设陈述——零假设和备择假设（alternative）（Fallon, 2016），而备择假设又分两种——非定向假设和定向假设。因此，总共有三种主要的假设（见表 4.1）。

表 4.1 假设类型

零假设	预测两组之间在所测试的变量上无显著差异
定向假设	预测两组之间在所测试的变量上有特定差异
非定向假设	预测两组之间在所测试的变量上存在差异，但不说明差异的方向

零假设（null hypothesis）预测两组之间在被测试变量方面没有显著差异。你可以按照如下方式编写零假设：

组 1 和组 2 在 X 上无显著差异。

定向假设（nondirectional hypothesis）依赖先前的研究来做出预测，即两个组在被测试的变量上存在特定的差异。你可以按如下方式编写定向假设：

组 1 的 X 发生率高于组 2。

非定向假设（directional hypothesis）预测两组之间在被测试的变量上存在差异，但不预测差异的具体趋向。你可以按以下方式编写非定向假设：

组 1 和组 2 之间在 X 上存在差异。

下面这个例子源于一项已发表的研究。韦夫等人（Weuve et al., 2014）进行了一项在线横向调查，以研究大学环境中运动教练中的职场欺凌现象（又是职场欺凌）。以下是研究人员陈述的前两个假设：

假设 1（H1）：女性运动教练比男性运动教练经历更多的职场欺凌。

假设 2（H2）：男性欺凌现象会比女性欺凌现象更常见。（p. 697）

以下是定向假设的例子。让我们重构第一个假设，以说明这三种假设。

- 零假设：女性运动教练和男性运动教练的职场欺凌经历没有显著差异。
- 定向假设：女性运动教练比男性运动教练遭遇更多职场欺凌。
- 非定向假设：女性运动教练和男性运动教练遭遇的职场欺凌存在差异。

请记住，并非所有的研究项目都有假设。通常情况下，一个研究项目会有一个研究目的陈述和一个假设，或者一个研究目的陈述和若干研究问题。

请访问配套网站，下载关于假设的主要类型的练习。

研究问题

研究问题（research question）是指导研究项目的核心问题。它们是你试图回答或探索的问题。一旦你编写了详细说明研究目标的研究目的陈述，你就可以提出有助于你实现这些目标的问题。这些问题必需是**可研究的**，换言之，这些是可以通过研究直接回答的问题。你最终将设计一个非常适合实现研究目的和回答研究问题的项目。

在一项研究中，对于你可以提出多少个研究问题，并没有固定的规则。通常，可以提出一至三个主要的研究问题。可能会有附加到主要问题上的一些其他的更有针对性的次要问题，旨在聚焦重点。主要问题是研究试图回答的主要问题，次要问题可能涉及这些主要问题的组成部分。下面就是一个例子：

- 研究问题1（主要问题）：学生如何描述针对欺凌的零容忍政策在他们学校的影响？

- 研究问题1a（次要问题）：学生是否因为有了该政策而感到更安全？

- 研究问题1b（次要问题）：学生更有可能报告他们经历或目睹的欺凌事件吗？

上面这个例子表明，研究的主要目标是让学生描述这些政策的影响，而次要问题旨在协助实现这一主要目标。你应当创建一组重点突出的核心问题，避免创建冗长的、使研究变得难以管理的问题清单。

你所采用的研究设计方法会影响问题的构建。你能提出的问题，以及用来表述研究问题的语言，取决于研究是定量研究、定性研究、混合方法研究、艺术本位研究，还是基于社区的参与性研究。

定量研究问题

在定量研究中，你可能会使用假设而不是研究问题（虽然即便使用了假设，假设之前也常常会有一个主要的研究问题）。如果你正在创建研究问题，那么这些研究问题会包含与假设陈述相同的成分。但是，你创建的是一个或一系列需要回答的问题，而不是一个预测你将要检验的变量之间的某种关系的陈述。定量研究问题一般都是**演绎性的**。它们聚焦于被调查的变量以及它们之间的关系，它们如何影响不同的群体，或者它们是如何被定义的。定量研究问题依赖于**定向性语言**，经常使用原因、结果、决定、影响、有关、关联，以及相关等词语。

定性研究问题

定性研究问题通常是**归纳性的**，这意味着它们是开放性的。研究人员通常是在没有一套可靠的预测的情况下寻求建立对所调查现象的理解，研究问题允许有很大的自由度。因此，定性研究问题通常以"什么"或"如何"等词开头。定性问题依赖于**非定向性语言**，经常使用探索、描述、阐明、发掘、解析、生成、构建意义和寻求理解等词语和短语。

混合方法研究问题

混合方法研究涉及三种问题：定量问题、定性问题和混合方法问题。在这种研究方法中，提出**一套整合的研究问题**至关重要（Brannen & O' Connell, 2015; Yin, 2006）。首先，应该有某种定量和定性的假设或问题的组合。一项混合方法研究可能有一个或多个本质上是定量的假设，以及一个或多个定性研究问题。或者说，一项混合方法研究可能有一个或多个定量研究问题和一个或多个定性研究问题。此外，最好还应包含至少一个混合方法研究问题。关于如何撰写定量研究问题和定性研究问题，请参考前面几节。混合方法研究问题直接涉及研究的混合方法性质。混合方法研究问题可能会问通过结合定量和定性数据能获取什么信息的问题，或者可能会问混合方法设计如何助力研究项目的问题。总之，混合方法的研究问题可能以如下形式呈现（因为任何类型的研究问题可能都不止一个，所以下面仅展示最低数量的例子）。

定量问题，定性问题，混合方法问题

或者

定量假设，定性问题，混合方法问题

混合方法问题依赖于**关系语言**，经常使用协同、整合、连接、全面、更全面地理解，以及更好地理解等词语和短语。

艺术本位研究问题

艺术本位研究问题通常是**归纳性的、涌现性**[①]**的和生成性的**，这意味着它们对过程本身是开放的。艺术本位的研究问题通常强调经验知识、艺术实践或表达，以及一个涌现性的调查过程，通常使用探索、创造、扮演、涌现、表达、困扰、颠覆、生成、探究、刺激、阐明、挖掘、产生和寻求理解等词语和短语。

基于社区的参与性研究问题

基于社区的参与性研究项目可以使用定量研究、定性研究、混合方法研究和艺术本位研究的任意组合。因此，具体问题的设计与特定研究中采用的方法相关联。话虽如此，但基于社区的参与性研究问题一般都是**归纳性的、变革导向的和包容性的**。这意味着它们是开放性的，以社会行动为目标，并且它们会考虑多个利益相关者的观点。由于其归纳性的特点，基于社区的参与性研究问题通常以"什么"或"如何"（但并非总是如此）等词语开头。此外，这些与问题相关联的方法具有参与性和权力敏感性。研究问题常常使用这样一些词语和短语，如共同创造、合作、参与、授权、解放、促进、培养、描述，以及寻求从不同利益相关

---

① 涌现性：指多个要素组成系统后，出现了系统组成前单个要素所不具有的性质。——编者注

者的角度去理解。

汇 总

让我们以贯穿本章的研究主题"欺凌"为例，来汇总各部分的知识。假设你有意研究中学的反欺凌计划（我们将其称为反欺凌计划 X）。下面是一些例子，说明你可能如何利用这五种研究设计方法中的每一种方法来编写你的研究目的陈述、假设或研究问题。请注意研究所使用的语言类型以及每项研究的重点。每个研究目的陈述中的关键词都被圈了出来，以突显语言的差异。

例 1：定量研究

本研究的目的是考察在有反欺凌计划 X 和无反欺凌计划 X 的情况下，欺凌在中学的普遍程度，以确定反欺凌计划 X 对中学欺凌发生率的影响。

● 假设 1：在实施反欺凌计划 X 的中学里，欺凌的发生率将会更低。
● 假设 2：在参加反欺凌计划 X 后，学生将更有可能报告他们经历或目睹的欺凌行为。

例 2：定性研究

本研究的目的是了解和描述中学的学生对反欺凌计划 X 的看法。

- 研究问题 1：在实施反欺凌计划 X 之前，学生经历或目睹了哪些类型的欺凌？
- 研究问题 2：学生对反欺凌计划 X 有什么看法，为什么？
- 研究问题 3：如果有影响的话，学生认为反欺凌计划 X 如何影响了他们学校的欺凌行为？

例 3：混合方法研究

本研究的目的在于使用混合方法描述和评估反欺凌计划 X 对中学欺凌行为的影响。

- 定量研究问题：反欺凌计划 X 对中学欺凌的普遍性有什么影响？
- 定性研究问题：学生如何描述他们在反欺凌计划 X 实施之前和之后的欺凌经历？
- 混合方法研究问题：本研究的混合方法设计怎样有助于我们了解反欺凌计划 X 的效果以及该效果的性质？

例 4：艺术本位研究

本调查的目的是通过戏剧构建技术和学生创作的表达他们经历的小品来发掘中学生如何探索他们学校的欺凌行为，以及他们在反欺凌计划 X 中的经历。

- 研究问题 1：学生如何使用戏剧构建工具来说明他们在

欺凌和反欺凌计划 X 方面的经历？

- 研究问题 2：学生创作的小品中出现了哪些主题？

- 研究问题 3：学生如何描述他们在戏剧构建实践中的经历？有没有积极的成果，如赋权感？

例 5：基于社区的参与性研究

本研究的目的是与包括中学的学生、教师、学校员工和家长 / 监护人在内的利益相关者合作，以评估反欺凌计划 X，相应地根据所获得的见解修订该计划，并实施修订后的反欺凌计划，以促进中学的反欺凌文化发展。

- 研究问题 1：不同的利益相关者发现反欺凌计划 X 存在哪些优点和缺点？

- 研究问题 2：我们如何才能根据不同利益相关者的需求来加强反欺凌计划 X？

- 研究问题 3：我们如何才能在不同利益相关者的必要支持下，实施修订后的反欺凌计划，以便积极地改变学校文化？

每种方法都有其优势，因为它们使我们能够聚焦同一主题的不同维度，获取不同类型的数据，解决一系列研究问题。根据这些方法中的每一种方法所做的研究都有可能帮助我们理解这一主题。切记，这些只是一些例子，这些项目中的任何项目的实际情况都有无数种可能性。

复习站点 ②

1. 假设是对 _____ 的预测的一种陈述。

2. 假设的三种主要类型是什么？

3. "在服务行业工作的女性比在服务行业工作的男性遭受性骚扰的概率更高。" 这是哪种假设？

4. 请定义研究问题。

5. 请写出混合方法研究所包含的三种研究问题。

   a. 混合方法研究的三种研究问题应该是 _____。

★ 请到本章 "复习题答案" 部分核对答案。

抽 样

　　抽样解决的是关于 "将谁或什么纳入你的研究中" 的问题，以及 "你是从哪里获得数据或内容" 的问题。通常，关于抽样的讨论是围绕着 "谁被纳入你的研究" 展开——受试者、受访者、参与者或合作者；然而，在涉及使用无生命数据（如文本或图像的内容分析）的研究中，则会涉及 "什么被纳入你的研究" 的问题。

　　无论你意识到与否，你已经在日常生活中接触了抽样的概念。比如，想想你在电视上看到的许多政治民意调查，说大约

60% 的美国人支持某种特定的社会政策，或者 60% 的美国人支持总统并认为他干得很好，或者 60% 的选民对选票上的第一个问题有强烈的感受。当然，你知道他们并没有对每一个美国人进行民意调查，因为这是不可能做到的。取而代之的是，他们提出了一个旨在代表美国普通民众的美国人样本，为了做到这一点，他们进行了抽样。

如果你正在考虑一项可能进行的研究项目，那么你可能已经在考虑谁将出现在你的研究中。比如，你有意在大学里研究未成年人的饮酒问题，因为你无法研究每一位大学生，所以你将不得不找一个较小的群体来开展研究。你可以先把抽样池的范围缩小为你的校园，然后再寻找其他方法来缩小最终样本的范围。同样，如果你想了解被社会行动主义 ① 吸引的一些大学生所具备的特质，你不可能研究所有的大学生，因此你需要缩小你的研究范围。你可以先把范围缩小到两所当地的大学，以及在这两所学校里参加某个特定的正式俱乐部或行动主义计划的学生。根据你的研究的性质，你可以进一步缩小参与者的范围。在本节中，我将再次讨论这些例子。

抽样（sampling）是从一个更大的人群中选择一些个案的过程。你需要做的第一件事是确定你的研究中的元素。**元素**（element）是你感兴趣的那类个人、群体或无生命的事物［有时

---

① 社会行动主义：是指20世纪60年代在奥地利发展起来的一种暴力、激进和直白的行为艺术形式。——编者注

使用"单元"（unit）或"个案"（case）一词］。接下来，你必须确定总体。**总体**（population）是一组元素，你稍后可能会对其做出某些论断。比如，如果你有兴趣探索被社会行动主义吸引的大学生所具备的特质，那么你的研究的元素就是"参与社会行动主义活动的大学生个体"。你随后做出的某些论断所针对的总体就是"所有参与社会行动主义活动的大学生"。一旦确定了你感兴趣的元素和总体，你将需要确定研究总体［有时称为抽样框（sampling frame）］。**研究总体**（study population）是你实际从中抽取样本的一组元素。因此，如果你感兴趣的总体是"所有参与社会行动主义活动的大学生"，那么显然从这个庞大且分散的总体抽取样本是不可能的。因此，你需要创建一个研究总体。你的研究总体可能是你所确定的当地两所大学中在放学后参加特定俱乐部或项目活动的所有学生。然后，你从研究总体中抽取样本。**样本**（sample）是你最终抽取的个案的数量，而你的数据正是利用这些个案生成的。

你如何确定样本量的大小？你需要多少个案？从涉及单一个案的研究到涉及数千个案的研究，样本量差异很大。以下是确定合适样本量的指导性问题。

- 你需要多少个案来回答你的研究问题或假设？
- 你有哪些可用资源（资金和时间）？
- 你采用的是什么研究方法？
    - 使用这种特定方法时，相应的规范是什么？

定量研究倾向于较大的样本量。比如，在调查研究中，样本越大，精确度越高。但是，你还必须考虑通常与较大样本相关的额外成本。在线样本量计算器可用来确定某项特定研究的理想样本量（比如，http://surveysystem.com 和 http://fluidsurveys.com，也可以直接在浏览器中输入"样本量计算器"进行搜索）。你需要具备下面这几个值才能开始确定样本量。

- **总体大小**（population size）：是指你稍后将对其做出某些论断的那个总体中元素的总数。如果你不太确定的话，可以对总体的元素总数做个估算。
- **置信度**（confidence level）：以百分数表示，该值代表你对结果的确信程度。研究人员使用90%、95%或99%表示置信度。使用95%是标准做法，也是我所推荐的。
- **误差范围**（margin of error）**或置信区间**（confidence interval）：所有调查都有误差。置信区间用百分数表示，表示你愿意接受多大的误差。标准的做法是使用5%的误差范围，也是我所推荐的（这表明调查结果在±5%的误差范围内将是准确的）。

定性研究方法和艺术本位研究方法倾向于较小的样本量，对于样本量大小没有硬性规定。这是一个关于需要多少数据才能解决你的研究问题的问题。研究人员需要说明或证明其样本量足以满足其研究目的（Roller & Lavrakas, 2015）。在某些项目中，可能只需要一个案例（比如，在一些口述历史项目或自传式民族志项目中），而在其他情况下，你可能需要 20 个或更多的参与者（比如，在一些焦点小组访谈项目中）。

在自然环境中使用的研究方法，如民族志、实地研究，以及基于社区的参与性研究的一些实例，很少预先确定样本的大小。样本大小取决于有多少人选择参与到这些实验中。定量实地实验也是如此，定量实地实验为研究观察分配了一个预定的时间段，但你无法预测最终会有多少人参与到实验中来（实地实验将在下一章讨论）。

在访谈或焦点小组访谈研究中，人们通常会提前开始计划样本量，尽管这同样没有严格的准则。请考虑这个关于访谈研究的建议："访谈尽可能多的受试者，以获取你需要了解的信息"（Kvale & Brinkmann, 2008, p. 113）。尽管研究人员提出了一些非常宽松的指导方针［比如，斯文·布林克曼（Svend Brinkmann, 2013）建议定性访谈研究的参与者通常不超过 15 人］，但这些指导方针存在一定的错误，因为每项研究都会有所不同。玛格丽特·罗勒和保罗·拉夫拉卡斯（Margaret Roller & Paul J. Lavrakas, 2015）指出，应当在访谈研究的研究过程的两个阶段考虑样本量：研究设计阶段和数据收集阶段（他们的建议可应用于其他形式的定性研究，包括民族志和内容分析）。罗勒和拉夫拉卡斯建议在研究设计阶段考虑以下四个因素。

（1）研究主题或问题的广度、深度和性质。

（2）研究总体的异质性或同质性。

（3）实现研究目标所需的分析和解释水平。

（4）实际参数，如是否有受访者、是否能接触到受访者、财政资源预算、时间限制，以及与进行面对面访谈相关的差旅和其他后勤支持（p.73）。

除了考虑上述因素，避免生成不必要的数据也很重要。在收集数据的过程中，你需要重新考虑样本量的问题。你没有必要为了更多而"更多"。有价值的数据应当有助于获得新的知识。当额外的数据不能产生额外的见解时，表明你已经达到了**饱和点**，一旦你达到了饱和点，再收集额外的数据就会让你有被数据淹没和冗余的风险（Coffey, 1999）。当你从一个总体中选择了一组参与者来收集数据，然后又从该总体中选择了另一组参与者，而并没有从这个"另一组"的参与者那里获得任何新的信息的时候，**理论饱和**（theoretical saturation）就产生了（Agar, 1996）。通过任何方法来运用扎根理论的定性研究者经常使用"饱和点"来决定何时停止数据收集过程（Robson, 2011; Roller & Lavrakas, 2015）。扎根理论涉及数据收集和分析的循环，以适应新的知识（在第五章详细阐述）。

抽样的方法有许多种。所有抽样程序总体上分为两大类：概率抽样（probability sampling）和目的性抽样（purposeful sampling）。这两大类抽样方法具有不同的优势，因此适用于不同类型的项目。一个项目采用的抽样方式取决于其研究目的。

概率抽样

概率抽样基于概率论，所采用的抽样策略旨在确保总体中每个元素都具有已知且非零的被选中机会。这意味着，总体中的每个元素被选入样本的概率都可以通过统计确定，而被选入样本的概率，无论多小，都将是一个大于零的数字，每个元素都有被选入样本的机会。

概率抽样策略通常用于定量研究，也可用于混合方法研究的定量阶段[1]。当研究人员想要将他们的研究结果**推广**到更大的人群中时，这些样本是有用的。基于概率抽样的研究结果通常在本质上是**统计性的**。下面几个子小节描述了概率抽样策略的主要类型。

简单随机抽样（simple random sampling）

这是一种抽样策略，依照这种抽样策略，研究总体中的每个元素都有相同的被选中的机会。

系统抽样（systematic sampling）

这是一种抽样策略，依照这种策略，从研究总体中抽取的第一个元素是随机抽取的，然后抽取这第一个元素之后的所有第 k 个元素。比如，如果你的研究总体是由多所大学的学生组成的行动主义俱乐部的名单上的会员，你可以从该名单上随机选取第 18 号学生，然后，如果你确定 k=5，那么你将从名单上抽取第 18 号学生之后的所有第 5 个学生（即 23、28、33……以此类推，直到你到达名单的末尾）。

整群抽样（cluster sampling）

这是一种多阶段抽样策略。首先，从一个总体中随机抽取若干预先存在的群。接下来，对每个群中的元素进行抽样（在某些情况下，每个群中的所有元素都被抽取到样本中）。比如，如果你的总体是所有参加行动主义俱乐部的大学生，你可能会得到东北地区所有拥有这种俱乐部的大学的名单。然后，你将从这些大学中随机抽取几所学校，每个学校作为一个群，于是，被抽取的学校的行动主义俱乐部里的学生将构成你的样本。

分层随机抽样（stratified random sampling）

这是一种抽样策略，依照这种策略，研究总体中的元素依照其共有的特征被分成两个或两个以上的组（这些组被称为层）。然后对每一层进行简单随机抽样、系统随机抽样，或整群抽样。比如，如果你想进行行动主义的跨性别比较，你可以将元素分为三类：男性、女性和变性人。或者你想比较不同年级大学生的行动主义状况，可以将元素分为四类：大一、大二、大三和大四。

目的性抽样

目的性抽样［也称为立意抽样（purposive sampling）或判断抽样（judgment sampling）］基于这样一个前提，即为研究找到最

佳个案可产生的最佳数据，而研究结果则是抽样个案的直接结果
（Patton, 2015）。这是一种策略性的抽样方法，依照这种抽样方法
可寻找到"信息丰富的个案"，以便最好地达成研究目的，解决
研究问题（Morse, 2010; Patton, 2015, p. 264）。当我们采用目的
性抽样策略时，抽样就成为研究设计的一个核心特征，因为参与
者相对于研究主题的定位越合适，数据就越丰富（Morse, 2010;
Patton, 2015）。

目的性抽样策略通常用于定性研究、艺术本位研究和基于社
区的参与性研究项目。目的性抽样策略也可以用于混合方法研究
的定性研究阶段。从事定性研究、艺术本位研究和基于社区的研
究的研究人员常常寻求从一个小样本中获得**深度理解**，因此依赖
某种形式的目的性抽样程序（Hesse-Biber & Leavy, 2011）。研究
结果可以根据**拟合度**（案例之间的相似性）从一个案例**转移**到另
一个案例（Lincoln & Guba, 2000）。换言之，当案例相似时，我
们可以根据一个案例的研究结果来推断另一个案例的研究结果。

根据迈克尔·奎恩·巴顿（Michael Quinn Patton, 2015）的说
法，有 40 种目的性样本（此处无法讨论所有的类型），他将这 40
种目的性样本分成 8 个类别。

（1）单一重要个案。
（2）聚焦于比较的抽样。
（3）群体特征抽样。
（4）聚焦理论和概念的抽样。

（5）工具化使用（instrumental-use）的多个案抽样。

（6）实地调查期间的序贯和涌现驱动抽样策略。

（7）聚焦于分析的抽样。

（8）混合、分层和嵌套抽样策略。（pp. 264-272）

在此，我将介绍几种最常用的目的性抽样策略［有关这些类别和所有 40 种抽样类型的完整讨论，请参阅巴顿（2015）的著作］。

滚雪球抽样（snowball sampling）

滚雪球抽样，也称为链式抽样（chain sampling）。这是一种抽样策略，依照这种策略，个案会有机地引荐另一个案（Babbie, 2013; Patton, 2015）。在巴顿的框架中，这是一种序贯和涌现驱动的抽样形式，通常用于实地调查。比如，参与者可以推荐他们认为能够为项目提供重要数据的其他参与者。

研究现象之范例（exemplar of the phenomenon of interest）

这是一种抽样策略，依照该策略，可选择单一重要个案，因为它可以提供大量直接针对研究目的和问题的丰富数据（Patton, 2015, p. 266）。比如，1998 年我对一名大学生进行了关于神经性厌食症和身体形象的口述历史研究。我对一位化名为克莱尔（Claire）的女性进行了口述历史访谈，因为她表现出与大学适龄女性厌食症相关的所有"经典"问题，她是一名热心的参与者，可以提供阐明该主题所需的丰富数据。

同质抽样（homogeneous sampling）

这是一种抽样策略，即抽取具有共同特征的个案（Patton, 2015）。比如，我研究神经性厌食症和身体形象的另一种方法是找出几个年龄、性别和种族相同的参与者（这些都是关于进食障碍的文献中的关键因素）。这种方法的一个变体是异质抽样（heterogeneity sampling，一种抽样策略，旨在找出那些在关键特征上存在差异的个案）（Patton, 2015）。

💻　请访问配套网站，下载关于抽样的练习题。

复习站点 ③

1. _____ 是研究者从抽样总体中选择若干个案的过程。

2. 当收集额外的数据不能产生额外的见解时，你已经达到 _____。

3. 所有抽样程序分为哪两大类别？

　a. 请解释这两类抽样方式各自的前提。

4. 简单随机抽样是一种抽样策略，依照该策略，_____。

5. 滚雪球抽样是一种抽样策略，依照该策略，_____。

★　请到本章"复习题答案"部分核对答案。

结 论

本章介绍了一些基本的研究设计问题，包括选题、文献综述、研究目的陈述、假设和研究问题，以及抽样。第五章至第九章将详细阐述本章所提及的设计问题以及这些设计问题如何共同构成研究项目的基础。在后续的章节中，我们将对研究设计的五种主要方法逐一进行深度综述，包括对如何设计研究计划书或计划给予指导。

复习题答案

复习站点 1 答案

1. 研究项目的目的或目标

    a. 主要目的/目标/焦点、所调查的现象、所测试的变量、总体、参与者或合作者、环境、研究方法、开展研究的理由、论点、预测或假设。

2. 基于社区的参与性研究。

3. 可能会影响另一个变量

4. 自变量：安全性行为教育计划　因变量：意外怀孕率

复习站点 2 答案

1. 变量之间的关系。

2. 零假设、定向假设和非定向假设。

3. 定向假设。

4. 指导研究项目的核心问题。

5. 定量研究问题、定性研究问题和混合方法研究问题。

   a. 整合的

复习站点 3 答案

1. 抽样

2. 饱和点

3. 概率抽样和目的性抽样。

   a. 概率抽样基于概率论，所采用的样本抽取策略应确保总体中的每个元素都有一个已知的、非零的被抽中机会；目的性抽样是基于这样一个前提，即找到最好的研究个案，可产生最佳数据，并且研究结果是抽样个案的直接结果。

4. 研究总体中的每一个元素都有同等被抽中的机会

5. 单一个案有机地引荐另一个案

实操练习

1. 利用你为上一章编写的文献综述，设计你的研究的基本要素。

   a. 你将使用五种方法中的哪一种，为什么（请用一段文字说明）？

b. 编写研究目的陈述。

c. 创建 2 至 3 个示例研究问题或 2 至 3 个假设。

d. 你有意从谁或什么那里收集数据？要想回答这个问题，需要确定你的研究的元素、总体和研究总体。

e. 你将使用什么抽样策略？为什么（用几句话回答即可）？

资　源

Patton, M. Q. (2015). *Qualitative research and evaluation methods* (4th ed.). Thousand Oaks, CA: SAGE. (See chapter 5, Modules 30–40, pp. 264–315, for a review of qualitative and mixed methods sampling.)

Vogt, W. P., Vogt, E. R., Gardner, D. C., & Haeffele, L. M. (2014). *Selecting the right analyses for your data: Quantitative, qualitative, and mixed methods*. New York: Guilford Press.

注　释

1. 有时，采用定性研究方法、艺术本位研究方法或基于社区的研究方法的研究者也会使用概率抽样。然而，概率抽样在定量研究中更为常见。

第二部分

—

五种研究设计方法

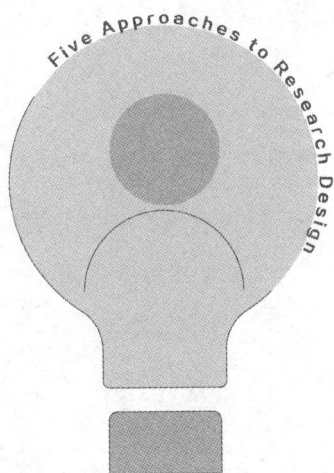

Five Approaches to Research Design

第五章

定量研究设计

定量研究重视广度、统计描述和可推广性。定量研究方法的核心是实现客观性、控制和精确测量。从方法论上讲，这些方法依赖于演绎设计，旨在反驳或建立支持特定理论和假设的证据。玛丽安娜·法伦将定量研究称为"自上而下的过程"（Marianne Fallon, 2016, p. 3）。定量研究方法最常用于研究因果关系、关联和相关关系的解释性研究。

研究计划书的结构

记得在本书的序言中，我曾指出，研究设计解决两个问题：我们想了解什么？我们如何实现我们的目标并建立一种方法论？后一个问题指的是建立我们的方法论，或者说是制订研究计划。请记住，如第一章所述，方法论是将方法和理论结合起来，以便制订一项关于研究如何进行的计划。研究计划可以分解为三个主要部分。

（1）基本介绍性信息。

（2）主题（涉及"我们想了解什么"的问题）。

（3）研究计划（涉及"我们将如何实现我们的目标并建立一种方法论"的问题）。

（请注意，研究计划的这三个基本组成部分不会在第六章至第九章中重复介绍，尽管它们同样适用于第六章至第九章介绍的研究方法。）

在教材所回顾的五种研究设计中，定量研究遵循最严格的线性设计，这并不意味着定量研究者在构建研究计划的方式上不存在差异。但是，由于差异较少，我在此仅介绍最常用的模板（见模板 5.1）。

模板 5.1

标题
摘要   基本介绍性信息
关键词

调查主题
  意义、价值或用途
理论视角   主题
研究目的陈述
研究问题或假设

文献综述
数据收集的设计与方法
总体、抽样和受试者
数据分析与评估
解释和表达   研究计划
先导测试（如果适用的话）
伦理声明
参考文献
附录

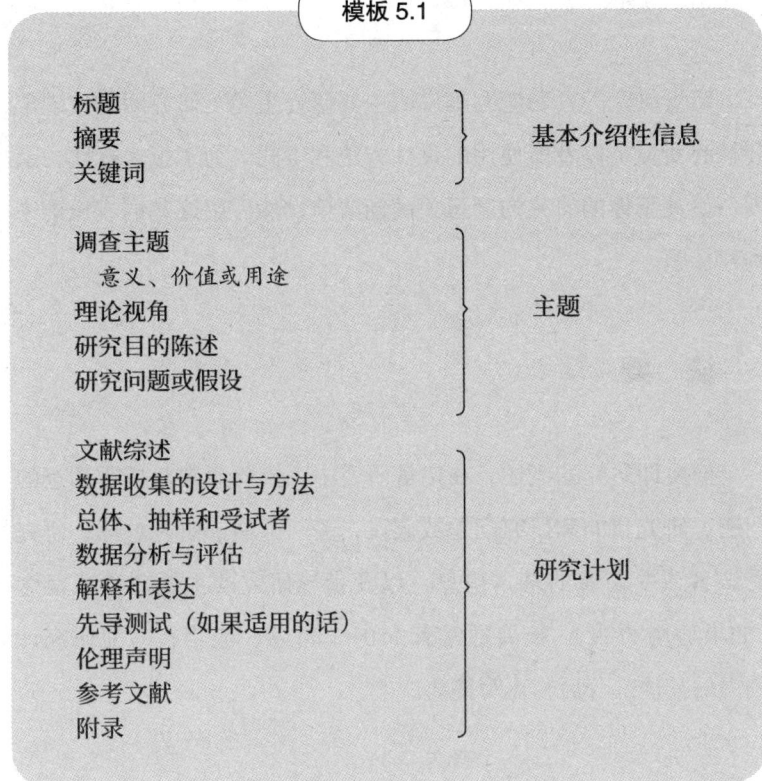

在本章的其余部分，我将详细介绍模板 5.1 所列内容。

基本介绍性信息

研究计划书的开头部分应包含基本介绍性信息，包括项目标题、摘要和关键词。

标　题

定量研究的标题应明确说明主要研究主题（研究问题或现象和核心变量）以及所使用的设计方法和方式。为了拟定标题，请列一份关于你的研究的简短关键词清单，然后用这些词或短语来构建标题。

摘　要

摘要即研究的概述。在定量研究中，摘要通常包括所调查的问题、研究目的和研究问题或假设，关于方法、研究总体、研究受试者或受访者的基本信息，以及指导研究的主要理论或概念（如果适用的话）。摘要通常有150—200字，应当在写完研究计划书的其他部分后，再写摘要。

关键词

关键词可以是单独的单词或短语。想一想如果有人想在网上检索与你的研究主题相关的文献，他可能会在搜索引擎中输入若干单词或短语进行检索，从中挑选5至6个单词或短语即可构成一个关键词清单。在定量研究中，关键词可以让读者了解主要问题或现象、核心变量、主要理论或概念（如果适用的话），以及关于总体和受试者或受访者的情况。

主 题

调查主题

清楚地说明被调查的现象，将该现象分解为可测量的变量。清楚地说明所测试的变量之间的关系。最好还能简要地讨论一下你是如何得到你的研究主题的，包括一些务实的议题。在此，你可以简明扼要地分享你对该主题的个人的和／或专业上的兴趣，你从研究总体中获取样本的能力和／或进行该主题研究所需的资助机会。

复制性研究

除了上一章讨论的选题方式（个人兴趣、以往的研究经验、资助机会）外，在定量研究中，你还可以决定复制以前的研究。**复制性研究**（replication studies）涉及"有目的地重复以前的研究，以证实或否定以前的研究结果"（Makel & Plucker, 2014, p. 2）。在定量研究中，复制性研究对于加强我们积累的知识和提高研究结果的可靠性非常重要（Funder et al., 2014; Makel & Plucker, 2014; Schmidt, 2009）[1]。根据斯特凡·施密特（Stefan Schmidt）的说法，复制性研究有两种类型：直接复制和概念性复制。在**直接复制**（direct replication）研究中，使用相同的方法来证实或否定以前的研究结果（Makel & Plucker, 2014）。在**概念性复制**（conceptual replication）研究中，则采用不同的方法来研究假设或理论（Makel & Plucker, 2014）。

复制性研究不成功的比率较高，这意味着研究否定了以前的研究结果（Makel & Plucker, 2014）。比如，一项对一些经常被引用的健康类出版物的综述研究发现，只有44%被复制的研究确证了以前的研究结果（Ioannidis, 2005）。这一发现表明，可能存在大量不可靠的研究，因此复制性研究对于建立对现有研究结果的信心和识别不可靠甚至欺骗性的研究是必要的。2013年2月成立的人格与社会心理学学会出版与研究实践总统特别工作组（The Personality and Social Psychology Presidential Task Force on Publication and Research Practices）发现，如果已发表的研究更加可靠，就可以节省大量时间和其他资源（Funder et al., 2014）。

有时，复制性研究可能部分证实先前的结果。比如，德博拉·普伦蒂斯、理查德·格里格和丹尼尔·贝利斯（Deborah Prentice, Richard Gerrig & Daniel Bailis, 1997）进行了实验研究，给参与者提供了虚构的叙事，其中包含经不起推敲的或缺乏证据的论断。虽然有一些喜忧参半的结果，但总体而言，参与者受到这些论断的影响，并接受了这些论断。克里斯蒂安·惠勒、梅拉尼·格林和蒂莫西·布洛克 (Christian Wheeler, Melanie Green & Timothy Brock, 1999) 复制了这个实验。他们没有获得喜忧参半的结果，但发现参与者受到了这些论断的影响，并接受了这些论断。

尽管复制性研究很重要，却很少有人进行这样的研究。一项对100种影响因子较高的心理学期刊的整个出版史的分析发现，这些期刊中只有 1.07% 是复制性研究（Makel, Plucker & Hegarty, 2012）。一项对教育期刊的研究发现，复制性研究占比仅为 0.13%（Makel & Plucker, 2014）。复制性研究占比低有两个主要原因：**专业抑制因素**和**数据共享不足**。

长期以来，一直存在偏爱原创研究的偏见，这使得人们发表复制性研究变得更加困难，动力也更小。偏见可能存在于投稿标准、出版政策（可能明确排除复制性研究）方面，编辑和审稿人也抱有偏见（Makel, 2014; Makel & Plucker, 2014; Spellman, 2012）。偏见还渗透到资助机会中（Makel & Plucker, 2014; Schmidt, 2009）以及机构聘用和晋升员工的过程中（Makel & Plucker, 2014）。根据其工作组的调查结果，丰德等人（Funder et al., 2014）建议"资助机构为高质量的复制性研究保留一定比例的资源"（p. 9）。他们还建议，发表过重要发现的期刊有"特殊义务"发表试图复制这些研究结果的研究（p. 9）。幸运的是，复制性研究在包括心理学和教育学在内的领域受到了相当大的关注，之前的态势可能正在逆转。在开源教育期刊《美国教育研究协会开源期刊》（*AERA Open*）的创刊社论中，编辑要求作者可以"直接复制已发表的研究的相关研究结果"，并在线分享附录，如研究工具和方案，以便他们的研究可以被他人复制（Warschauer, Duncan & Eccles, 2015）。

定量研究也有增长的趋势，这可能大大增加复制性研究的数量。**预登记**促使研究人员写下他们的分析计划，并在收集数据前通过独立的在线登记处公开该计划（Nosek, Ebersole, DeHaven, & Mellor, 2018; Vazire, 2018）。换言之，研究人员在知晓研究结果之前就分享了他们的研究方案。于是，该方案就可供其他研究人员进行复制性研究（有时研究方案的公开是在短暂的开放获取时滞期之后），这样就不会有因知道研究结果而产生的偏差

（Nosek et al., 2018）。预登记不仅鼓励复制性研究，而且通过三种方式使原始研究更加严谨、可信：一是明确哪些分析是事先计划好的，哪些是后来添加的；二是淘汰不合乎伦理的研究做法，比如有选择地报告研究结果或在知道研究结果之后提出假设；三是减少某些类型的发表偏倚（Nosek et al., 2019）。诺赛克及其同事（Nosek et al., 2019）告诫道，虽然预登记是非常值得的，但预登记还要求研究者具备经验才能对此进行明确的计划，包括应急计划。他们还建议，人们绝不能受到预登记的束缚。如果修改能提高研究质量，则应进行修改。如今，预登记已被用于多种研究中。比如，巴拉克·通卡（Burak Tunca, 2019）就根据预登记的研究方案，对社交媒体上的消费者品牌参与度领域中的一项里程碑式研究进行了复制研究。

这个主题将我们引入数据共享的议题上。在社会科学领域，尽管大型数据集经常被共享，这意味着它们可供其他研究人员使用，但小型数据集却经常丢失、隐藏或无法获得，因此这些研究无法被复制（King, 2011）。研究人员可以联系研究报告的作者，

以寻求获取和使用作者的数据集，然而目前尚无规定或指南要求作者提供这些数据集（King, 2011）。在丰德及其同事（2014）的工作组报告中，他们建议：一是，已发表的手稿应当包含一个在线补充附录，其中包含研究的所有程序的细节；二是，要求共享数据（所有原始数据和相关编码信息），以验证研究结果，或用于双方同意的其他用途（p. 8）。[2]

尽管复制性研究还面临一些障碍，但它是社会和行为科学定量研究的一个重要组成部分，而且可能有上升的趋势。如果你想找一项研究来复制，请考虑以下几点。

- 复制性研究所需的信息的可及性（方案、工具、数据集）。
- 在研究可以影响公共政策的领域，如教育科学领域，选择一项研究，确保复制这项研究所得到的研究结果可以推进政策的改变（Makel & Plucker, 2014）。
- 你所在领域的原始研究结果的重要性（如原始研究被广泛引用）。

意义、价值或用途

在你的研究计划书的这一部分，你有机会考虑对你的研究主题开展定量研究的社会价值或政治价值（无论是原创研究还是复制性研究）。概述项目的基本价值观体系和任何社会正义或政策倡议。比如，注意本研究如果复制了以前的研究，这次使用的就是代表研究不足的群体的样本。如果进行该研究的理由与当前的事件、社会问题或政策问题有关，那么请讨论拟议研究的时效性。许多资助机构要求进行"循证"研究，因此经常有机会对时效性强的主题进行定量研究。此外，请注意该研究可以如何用来影响政策（如果适用的话）。比如，如果你正在进行一项研究，该研究假设在中学参加音乐教育与数学课得高分相关，那么，你的研究结果就可以用来讨论关于资助公共教育中的音乐项目的政策。

⚖ 实践中的伦理

正如详细讨论的那样，定量研究可以基于对以往研究的复制（比如，在新的群体中复制以前做过的研究）。如果一个群体在你的研究主题的相关研究中被忽视了（如因社会阶层或种族而被忽视），则可以考虑对该群体开展研究的价值。请记住，其他人也可能复制你所做的研究。你将如何向其他研究人员提供你的数据集和方案，以便他们可以复制你的研究？你会预登记你的研究方案吗？此外，你的研究结果可能被推广到更大的研究总体，这项研究将如何使该总体受益？它能揭示所选总体的哪些有价值的东西？

理论视角

从历史上看，定量研究是由**实证主义**（positivism）哲学指导的，这种哲学最初是在自然科学中发展起来的。这一传统假定现实独立于研究过程而存在，并且可以通过客观应用**科学方法**来测量。因此，支配社会世界的法则是可以得到检验和证实的。如今，后实证主义（这些原则的改进版本）指导着定量研究。

后实证主义认为，有一个独立于研究过程而存在的客观现实。理性的研究人员可以通过使用基于测量、控制和系统观察的客观方法来研究这一现实。支配社会世界的法则可以通过假设来预测和检验，而假设则是研究变量之间的因果关系或关联的。然而，与实证主义不同的是，后实证主义不能提出绝对真理主张。后实证主义基于**概率检验和构建证据来拒绝或支持假设**（但并非确凿地证明假设）（Crotty, 1998; Phillips & Burbules, 2000）。此外，尽管研究人员的客观性和中立性仍然是这一哲学的核心，但后实证主义承认研究人员是"认识主体"，研究人员采用启发式方法来指导其研究（Haig, 2013, p. 9）。

虽然文献中也出现过实证主义／后实证主义、经验论、客观主义、批判现实主义和科学现实主义（scientific realism）[3]等术语，但我使用后实证主义这个术语，因为它经常被用于社会科学和行为科学。

在后实证主义传统中，有无数的理论可以指导你的研究。理论被以演绎的方式用作一种预测手段，来预测你期望发现的某些变量之间的相互关系。你采用的一个或多个具体理论将取决于关于你的研究主题的过往研究，这些具体理论很可能属于你的学科范围。约翰·克雷斯韦尔（John Creswell, 2014）建议，对你的理论视角的讨论应该包含以下内容：该理论的中心命题、过去的用途和应用，以及关于该理论与你提议的研究之间的具体关系的讨论（p. 61）。比如，如果你正在进行一项关于进食障碍和自尊的心理学研究，你的研究就会基于心理学领域中关于这一主题的特定理论。

研究目的陈述

简要说明拟议研究的目的，重点放在**主要目标或所调查的因果关系**上。为此，明确陈述主要问题或现象、研究变量（至少要包含自变量和因变量）、研究总体和被检验的理论（如果适用的话）。

研究问题或假设

定量研究通常采用研究问题或假设。**研究问题**是你的研究寻求解决的**核心问题**。定量研究问题是**演绎性的**。问题集中在所研究的变量如何相互关联，如何影响不同的群体，或者可能如何被定义。研究问题和假设可能使用**定向语言**，包括原因、结果、决定、影响、联系、关联和相关等词语。

如上一章所述，假设是**对变量之间的相互关系的预测**（你的

研究中的主要变量已在你的研究目的陈述中确定）。当你的目的
是测试或测量变量时，你可以选择编写一个或多个假设陈述。关
于不同类型假设的回顾，请参阅第四章：零假设、定向假设和非
定向假设。

　　请注意，无论你是进行实验研究还是调查研究，你都需要为
所调查的每个变量提供一个**操作性定义**（operational definition）
（如第四章的关于测量和变量的那一节所述）。这一主题将在下面
的文献综述的讨论中得以扩展。

文献综述

　　如第三章所述，文献综述综合了关于你的研究主题的最新研
究和具有里程碑意义的研究。文献综述应侧重于一次文献[①]。定量
研究的文献综述描述你在研究中复制或修改的研究。即便你在研
究计划书中单独设立了一节来论述研究的理论视角，你的文献综
述也通常还会指出你在研究中采用的主要理论的出处（作为预测
变量之间关系的一种手段）。尽管我在第三章深入讨论了文献综
述，但定量研究依然还有一些特有的问题。由于定量研究基于对
变量之间关系的研究，研究所调查的每个变量都必须进行操作性
定义。为此，请查找关于每个变量的过往的定量研究和那些考查

———————————

[①]　一次文献：也称原始文献。指作者以本人的研究成果为基本素材而创
作或撰写的文献。——编者注

你的研究所涉及的变量之间关系的研究。文献综述应明确地考查以往的研究对这些变量都有哪些了解，包括这些变量具体是如何被定义的。

在编写研究目的陈述、研究问题和 / 或假设时，你可以通过多种方式使用文献和理论，这些方式包括以下内容。

- 在现有研究的基础上复制问题、修改问题或开发新问题。
- 确定关键变量和概念。
  - ◎ 定义关键变量和概念。
- 预测变量之间的关系。
- 证明你是在检验某个理论。

复习站点 ①

1. 什么是复制性研究？

　a. 为何需要进行复制性研究？

　b. 复制性研究比率低的两个主要原因是什么？

2. 如今，_____ 是指导定量研究的理论视角。

3. 实验研究和调查研究要求对所研究的每个变量都进行操作性定义。研究者如何对变量进行操作性定义？

★ 请到本章"复习题答案"部分核对答案。

研究计划

数据收集的设计与方法

研究方法的选择应该基于它们的能力，即最好地实现你的研究目的并帮助你检验你的假设或回答你的研究问题的能力（牢记一些务实问题，如时间、资源和研究人员的技能）。主要的定量设计分为实验研究设计和调查研究设计。

实验研究

实验研究（experimental research）是最古老的定量研究形式。17 世纪的科学革命之后，研究中的实验意味着"采取深思熟虑的行动，然后进行系统观察"（Shadish, Cook & Campbell, 2002, p. 2）。然而，我们在日常生活中就能接触到实验的基本原理。比如，当你煮一锅意式番茄酱时，你可能会先尝一尝，接着加一点盐，然后再尝一下，你是在验证加盐是否提升了酱汁的味道。作为一名大学生，你可能会决定在某天逃一次课，确认这是否会影响你的课堂表现成绩，或者想确认你是否能够做到缺一次课，却不影响自己的平均学分绩点。一个十几岁的女孩可能会尝试化妆，有一天，她可能会试着涂抹眼线液，想看看她的朋友们在学校的反应，不管他们是否认为她看起来更好看。第二天，她可能会根据朋友们前一天的反应来调整自己的妆容。作为社会科学和行为科学的一种研究方法，实验是系统的和受控的，但依然涉及创建测试的基本方案，该测试旨在考察你预测的事情是否会发生，是否真的发生。

实验依赖于**假设检验**（hypothesis testing）（检验变量之间的关系）。实验的基本作用是测试引入一项干预措施（一个变量）如何影响所发生的事情。换言之，你选择研究受试者，对他们做点什么，然后观察你所做的事情产生的效果（Babbie, 2021）。为了确保你所测量的是你引入的干预措施（变量）所产生的效果，你需要**控制**所有其他因素。

实验环境（setting）包括自然环境、实验室和互联网。**实地实验**（field experiment）发生在**自然环境**中。如果你的研究依赖于观察从事正常活动的人，包括那些可能不知道研究正在发生的人，自然环境较为合适（本节末尾给出了一个例子）。**研究实验室或科学实验室**是最常见的实验环境。虽然它们是"人工"环境，即它们是因研究而存在的，但它们允许研究人员进行最大程度的控制。最后，实验可以在**互联网**上进行，互联网这种环境适合研究人们的信仰和态度（Babbie, 2013）。你的研究目的和假设将最终决定你的实验环境以及你所设计的实验类型。

实验用于**解释性研究**（explanatory research），基于**因果逻辑**（causal logic 或 cause-and-effect logic），这种逻辑着眼于识别变量之间的因果关系（比如，A 导致 B 或 A 在 C 情况下导致 B）。因果关系的存在需要满足一些**必要条件**。原因必须先于结果（时间顺序），原因必须与结果相关，而且结果不得有其他解释（Shadish et al., 2002）。如果用变量来解释因果关系的话，则有：

自变量先于因变量。

自变量必须与因变量相关。

因变量的变化不得有其他解释（没有无关变量）。

实验组（experimental group）是接受实验干预（experimental intervention）[也称为实验刺激（experimental stimulu）]的组。**控制组**（control group）不接受干预（在某些情况下，控制组可能接受安慰剂）。所有的实验都至少有一个实验组，但并非所有的实验都有控制组。控制组用于将实验组（其成员接受了干预）的结果与一个控制组（其成员未接受干预）的结果相比较。实验可能总共涉及一个、两个或四个小组，这取决于实验的类型。有些实验除了实验干预外，还包括前测和/或后测。在引入实验干预之前，**前测**（pretest）可以确定受试者的基线。**后测**（posttest）是在实验干预后进行的，以评估干预产生的影响。

比如，假设你想研究中年人对嘻哈音乐的偏见，因为之前的研究表明，人们认为嘻哈音乐会助长暴力。研究表明，一些持这种消极态度的人实际上并不熟悉嘻哈音乐。你创立了以下假设：人们对嘻哈音乐的消极态度会随着他们对嘻哈音乐的接触而减少。你对研究受试者进行一次前测，如问卷调查，来确定他们目前对嘻哈音乐的态度。然后，为了实施实验干预，你让受试者接触30分钟不同艺术家创作的嘻哈音乐。接着利用问卷进行后测，以确定受试者在接触嘻哈音乐后态度是否有所改变（见图5.1）。

前测　　　　　　　　后测

图 5.1　嘻哈音乐研究示例

这个实验有很多可能的变体，涉及控制组等因素，但该实验至少对前测、实验干预和后测意味着什么向你做了基本说明。

复习站点 ②

1. 在实验研究中，存在因果关系所需的三个条件是什么？
2. 请定义实验组和控制组。
3. 请解释前测的目的。
4. 请解释后测的目的。

★ 请到本章"复习题答案"部分核对答案。

实验主要有三类：前实验、真实验和准实验。每个大类中都有额外的设计。坎贝尔和斯坦利（Campbell & Stanley, 1963）确定了 16 种实验设计（在借鉴他们的研究的基础上，我只回顾最常用的类型）。无论实验设计是哪种类型，你都必须对自变量和因变量进行操作性定义。

前实验设计（preexperiment design）侧重于研究接受实验干预的单个组（仅限实验组）。坎贝尔和斯坦利（Campbell & Stanley, 1963）确定了三种类型的前实验。在**单次个案研究**（one-shot case study）中，对单个组实施实验干预，然后观察干预是否导致了任何变化。这些是最弱的实验形式。利用**单组前测−后测设计**（one-group pretest-posttest design），对单组进行前测（以确定受试者的基线），然后进行实验干预，然后进行后测。比较前测和后测分数，任何差异都归因于实验干预。最后，进行涉及两个组的**静态组比较**（static-group comparison）。首先，对单个组进行实验干预。然后选择一个控制组（类似于实验组的那个组）。然后对两个组进行后测。比较两个组的后测分数，任何差异均归因于实验干预（见表 5.1）。

表 5.1 前实验设计的类型

设计	组	操作
单次个案研究	单组	单组实验干预
单组前测−后测设计	单组	前测、实验干预、后测
静态组比较	两组	单组接受实验干预，两组均接受后测

　　真实验设计（true experiment design）［亦称经典实验（classical experiment）］基于随机化。研究受试者被随机分配到实验组和控制组。因为同时采用了随机化和控制组，真实验被认为是最强的实验形式。坎贝尔和斯坦利（Campbell & Stanley, 1963）确定了三种类型的真实验。一是**前测–后测控制组设计**（pretest–posttest control-group）涉及两个组，每个组都进行一次前测；只对其中一个组进行实验干预，然后对两个组都进行一次后测。接受实验干预的组为实验组，只接受前测和后测的组为控制组。二是**所罗门四组设计**（Solomon four-group design），所有组都接受后测，但每个组的前测和实验干预的组合不同。第一组接受前测、实验干预和后测，第二组接受前测和后测，第三组接受实验干预和后测，最后一组只接受后测。这一严格的设计既控制了前测对后测分数的影响，也控制了实验干预对后测分数的影响。三是**只接受后测的控制组设计**（posttest-only control-group design）涉及两个组。其中一组接受实验干预和后测，而第二组只接受后测。接受实验干预的组为实验组，仅接受后测的组为控制组（见表 5.2）。

表 5.2　真实验设计的类型

设计	组	操作
前测–后测控制组设计	两组随机分配	两组均接受前测，一组接受实验干预，两组均接受后测

续　表

设计	组	操作
所罗门四组设计	四组均随机分配	一组接受前测、实验干预和后测；一组接受前测和后测；一组接受实验干预和后测；一组只接受后测
只接受后测的控制组设计	两组随机分配	一组接受实验干预和后测；一组只接受后测

　　准实验设计（quasi-experiment design）涉及利用自然环境或群体，因此受试者不是随机分配的。比如，当研究人员可以进入特定的教育机构进行研究时，准实验设计常常用于教育研究；当研究人员可以进入特定的企业进行研究时，准实验设计常常用于管理研究；当研究人员可以进入特定的医疗机构进行研究时，准实验设计常常用于健康研究；等等。准实验设计可能只涉及实验组或实验组和控制组。坎贝尔和斯坦利（Campbell & Stanley, 1963）指出，当"更好的设计不可行"时，准实验是合适的（p. 34）。他们确定了 10 种类型的准实验（在这里我仅介绍三种常用的设计类型）。一是**时间序列实验**（time-series experiment）涉及对单个组进行预定时间段的测量，然后对该组进行实验干预，接着再次对该组进行预定时间段的测量。二是**多重时间序列实验**（multiple time-series experiment）涉及对两组受试者进行预定时间段的测量，然后对其中一组进行实验干预，接着再次对两组受试者进行预定时间段的测量。接受实验干预的组为实验组，未接受

实验干预的组为控制组。三是**不等同控制组设计**（nonequivalent control-group design）涉及两个组。其中一组接受前测、实验干预和后测，而第二组只接受前测和后测（见表5.3）。

表 5.3　准实验设计

设计	组	操作
时间序列实验	单个组	进行预定时间段的测量，然后进行实验干预，接着再次进行预定时间段的测量
多重时间序列实验	两个组	对两个组进行预定时间段的测量，然后对其中一个组进行实验干预，接着再次对两个组进行预定时间段的测量
不等同控制组设计	两个组	其中一组接受前测、实验干预和后测，另一组只接受前测和后测

💻　请访问配套网站，下载关于实验的习题。

　　研究受试者不知道他们自己是被安排在实验组还是控制组，而在**双盲实验**（double-blind experiment）中，研究受试者和研究人员都不知道哪些受试者在实验组，哪些受试者在控制组。这种设计消除了研究人员因希望看到实验组发生变化而产生观察偏差的可能性。

　　除了上述类型的实验设计外，还有**单受试者设计**（single-subject design，也被称为 N-of-1 设计）。单受试者设计涉及对单一个体的多次观察。首先，记录多次观察结果以确定该个体的基线；然后引入实验干预，并记录额外的观察结果（Creswell, 2014）（见表5.4）。

表5.4　单受试者设计

设计	受试者	操作
单一受试者	单一个体	记录多次观察结果，以确定基线，然后引入实验干预，再次记录多次观察结果

你无论采用哪种设计，都要在你的研究计划书中描述实验的每一个步骤，以及研究的任何前测阶段、实验干预阶段和后测阶段所使用的测量工具或材料（如果适用的话）。你还需要考虑如何防止你的研究受到一系列可能的偏差和错误的影响（会在接下来的关于数据分析和评估的那一节中回顾）。一般而言，所有实验研究都必须考虑"霍桑效应"（第二章首次讨论了该效应）。**霍桑效应**〔亦称**测试效应**（testing effect）〕是指参与研究这一行为本身可能如何影响受试者的反应。比如，在前面所举的嘻哈音乐的例子中，如果受试者被要求在实验干预之前完成一次前测，那么他们在进行后测时，就有可能认为研究人员希望看到他们的态度发生变化，所以他们的回答可能反映他们希望为研究者而做出"出色表现"的意愿。有好几种可采取的措施来防范这种研究效应。在实验中使用**控制组**是为了减轻实验本身的效应，这就是实验设计在可能的情况下最好不要依赖单个组的原因。前测也可能

是测试效应的一个可能的来源，这就是为什么有些设计（如只进行后测的控制组设计）干脆不做前测。

⚖ 实践中的伦理

欺骗问题可能是实验研究需要关注的一个方面。鉴于其研究主题，许多实验要求你在研究受试者完成其参与过程之前，先不要透露你本该与研究受试者分享的研究内容。比如，如果你正在研究人们对同性恋家庭的收养行为的偏见，并给受试者放映一部纪录片，对他们进行关于同性恋家庭和收养知识的教育，你不能告诉受试者你想了解他们恐惧同性恋的程度或对同性恋怀有偏见的程度。研究任何形式的偏见都可能要求研究者尽可能少地分享关于研究的信息。在某些情况下，人们可能根本不知道他们正在参与一项研究。正如我们将在下面的例子中看到的那样，在实地实验中确实如此，如果你在这些实地实验中想观察人们自然的行为，你就不能冒险告诉他们你的这个意图，以免他们调整自己的行为。

既然我们已经回顾了实验，让我们来看一个已发表的实例。以下内容摘自塔拉·戈达德、金伯利·卡恩和阿莉·阿德金斯（Tara Goddard, Kimberly Kahn & Arlie Adkins, 2015）的实地实验，该实验研究旨在研究种族偏见是否会影响司机在人行横道前礼让行人的行为。研究人员假设，司机礼让黑人行人的可能性要比礼让白人行人的可能性小。当参与者以受控的方式过马路时，两名训练有素的观察者站在距离人行横道约 9 米的地方，记录第一辆车是否让行了，多少辆车驶过之后才出现一辆让行的车，以及每个行人从走下路肩到完成横穿马路所需的总秒数。他们的假设得到了支持：黑人参与者需要更长的时间才能安全地横穿马路。

　　研究招募了 3 名白人参与者和 3 名黑人参与者作为过马路的行人参与研究。这 6 个人都是 20 多岁的男性，并根据他们的身高和体型进行匹配。每个研究参与者都能被明确识别为白人或黑人，并在表型上能代表他们的种族群体（Eberhardt, Davies, Purdie-Vauhns & Johnson, 2006; Kahn & Davies, 2011）。和种族偏见研究通常的做法一样，为了隔离种族效应，扮演行人的参与者都穿着相同的中性色调的套装：长袖灰色衬衫和卡其裤，这样安排是为了避免参与者显露出任何明显的社会经济地位或社会特征。参与者在早些时候的实地训练中接受了步行速度、身体姿态和安全规程方面的培训，以便他们能以相同的方式接近和穿过人行横道。让所有参与者都以相同的步行速度和身体姿态横穿马路，有助于控制行人行为方面的任何差异，这些差异可能会影响司机的让行决定（Goddard et al., 2015, p. 3）。

在前面的例子中，你可以看到起作用的那些实验原则。关于一个变量如何影响另一个变量的假设得到了检验（在本例中是检验种族偏见如何影响司机的让行行为）。通过控制参与者的体型、姿势和着装等因素，研究人员让种族成了唯一起作用的变量。此外，司机们并不知道自己正在参与一项实验，否则他们就会调整自己的行为，使得研究变得毫无用处。

复习站点 3

1. _____ 设计基于对实施了实验干预的单一组的研究。

2. 真实验设计被认为是最强的实验形式，因为真实验设计包括哪两个特征？

3. 研究者获准进入华尔街的一家特定银行进行一项实验。该研究者将采用哪种实验设计？

4. 请定义双盲实验。

   a. 双盲实验的优势是什么？

5. 请解释霍桑效应。

   a. 哪些措施可以减轻霍桑效应？

★ 请到本章"复习题答案"部分核对答案。

调查研究

调查研究是社会科学中应用最广泛的定量设计。你可能熟悉的调查研究的常见用途包括人口普查、关于政治议题或民意的调查，以及市场调查。在社会科学、教育和卫生保健研究中，你更有可能会使用**特殊用途调查**（specialpurpose survey）（Fowler, 2014）。调查依赖于向人们提出可以进行**统计分析**的标准化问题。调查允许研究人员从大样本中收集广泛的数据，并**推广**到更大的抽样总体。调查通常用来确定个体的态度、信仰、观点或他们对自己的经历和／或行为的报告。源于这些调查的数据被称为**主观数据**（subjective data）（尽管该术语存在争议），因为它们只能从受访者那里得到确定（Vogt, Vogt, Gardner & Haeffele, 2014）。调查还可能要求提供被称为**客观数据**（objective data）的事实，这些事实可以在其他地方得到确认（如年龄和出生地）（Vogt et al., 2014）。你很可能会寻求主观数据，不过，你还可以要求提供一些被称为客观数据的人口统计信息。

在调查研究中有两种主要的方法论设计：横向设计和纵向设计（Ruel, Wagner & Gillespie, 2016）。**横向设计**（cross-sectional design）是从同一个时间点的样本中获取信息。而**纵向设计**（longitudinal design）则是从多个时间点的样本中获取数据，以测量所考察的变量随时间发生的变化。纵向设计有三种类型：**重复性横截面设计**（repeated cross-sectional）、**固定样本同组设计**（fixed-sample panel design）和**同期群研究**（cohort study）（在同期群研究过程中，经历过相同事件或起点的样本会多次完成调查）

（Ruel et al., 2016）。在纵向设计中，**受访者的流失**（受访者退出研究）是一个潜在的问题。为了将受访者的流失降至最低，应将相应的策略融入你的研究设计，这类策略可能包括通过简讯定期向受访者传达最新信息，在简讯附信中告知受访者将以何种方式以及何时收到关于研究进展的信息（Ruel et al., 2016），或者给受访者赠送冰箱贴这样的礼物，以便他们给自己设置一个针对研究的视觉提醒（Bengtson, 2000; Ruel et al., 2016）。

问卷（questionnaire）是调查研究的主要数据收集工具。问卷又被称为**调查工具**（survey instrument）。问卷的编制过程和给受访者发放的过程非常复杂，我将详细讨论这两个过程。在调查研究中，这个阶段被视为"前期"工作，它决定了其他各个方面（Vogt et al., 2014, p. 24）。事实上，虽然我们通常认为编码发生在数据分析阶段，但在调查研究中，编码的第一阶段侧重于调查问题或调查项目的格式和内容（Vogt et al., 2014）。在调查研究中，当你编制数据收集工具时，你已经在明确地考虑测评和评估了。你的指标（问题）和你声称的正在测量的概念之间必须有明确、合理的关联，才能产生有效的调查工具（Vogt et al., 2014; 见图 5.2）。

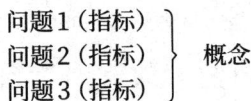

问题1（指标）
问题2（指标）　概念
问题3（指标）

图 5.2　将问题（调查项目）与所测量的概念关联起来

在广泛的研究主题上，已有许多**既有调查工具**，建议你查阅和你的研究主题有关的已发表的研究和可用的在线数据库，以确定是否存在可以被你使用或借鉴的既有调查工具来回答你的研究问题。通常你不需要设计全新的调查工具。在心理学领域，使用现有的调查工具比编制新的调查工具更常见（Vogt et al., 2014）。如果你正在使用一个或多个既有调查工具，或使用既有调查工具的某些部分，请务必获得必要的使用许可，并以适当的方式注明调查工具的来源。虽然使用既有调查工具很常见，但了解如何使用新问题或从既有调查工具中提取的问题来编制自己的调查工具或问卷也很有用。因此，接下来我将详细讨论这项工作。

设计**调查项目（问卷中的问题）**旨在帮助你检验你的假设或回答你的研究问题，假设或研究问题已经根据你想测量的变量编制完毕。要想开始考虑编制调查问题，你需要返回到这些变量，并定义研究中的每个变量的概念（这个过程在第四章回顾过）。设计调查问题旨在尽可能精

> **专家提示**
>
> 　除了既有调查工具，还可以获得与你的研究主题相关的二次数据[2]。芝加哥大学调查研究卓越中心（University of Chicago's Center for Excellence in Survey Research）的迈克尔·斯特恩（Michael J. Stern）博士建议你看看是否已有你感兴趣的问题的数据，因为有大量的可访问的二次数据，而且使用这些资源可以大大节省成本。他说，如果不是不得已，"不要重新发明车轮"[1]。

———————————

① 指从公开出版物收集到的定量或定性的数据。论文引用的文献数据都属于二次数据。——编者注

② 英语俗语，指当解决方案已经存在并且可能是你正在寻找的时候，你不需要从无到有地设计解决方案。——编者注

确地衡量你感兴趣的概念。围绕研究中的每个概念设计的问题关乎你如何**操作你的变量**，它们是表明一个变量是否存在的指标。

假设你想要进行一项研究，调查大学生对室友的满意度和他们对大学经历的总体满意度之间是否存在关联。首先，你必须定义"对室友的满意度"和"对大学经历的满意度"。两者都是多维概念。为了便于说明，让我们考虑一下"对室友的满意度"。根据你的文献综述，你确定对室友的满意度由三个概念组成（每个概念都是多维的）：尊重、整洁度和友谊。下一步，你需要确定每一个概念的维度，并再次借鉴既有的研究。让我们假设你提出了以下三个"整洁度"维度：个人物品摆放是否整齐有序、公共物品摆放是否整齐有序，以及个人卫生情况是否良好。然后你会想出好几个问题来测量"整洁度"的每一个维度，所有这些问题一起衡量"整洁度"这个概念。

按照沃格特和他的同事（vogt et al., 2014）的做法，我建议使用**两列表法**（two-column-table approach）来编写调查问题的**初稿**。如果使用这个方法，那么请列出所有变量，并将它们放在第一栏里。在第二栏里，请输入你将用来收集每个变量的数据的一个或多个问题的草稿。这些问题可能是你自己编制的，也可能是你从既有的调查工具中找到的。你要决定需要多少个问题才能获得足够的为每个变量收集的数据。一个变量的概念越是多维，你就越可能就该特定变量提出更多问题。可能需要许多问卷项目才能满足一个概念的需求。让我们回到室友满意度和变量"整洁度"的例子。表 5.5 说明了该研究的两列表法的开始部分。

表 5.5 两列表法示例

变量：整洁度	问题初稿（以想法的形式表述）
个人物品整齐有序	室友定期整理床铺； 室友将他/她/他们自己的衣服收进抽屉/壁橱； 室友将其个人物品置于房间的靠他/她/他们自己的那一侧
公用物品摆放 整齐有序	室友占用房间里的公用物品； 室友将公用物品放回指定位置； 室友清洁被其弄脏的公用物品
个人卫生	室友具有良好的个人卫生习惯； 室友定期清洗床上用品； 室友穿着干净的衣服

该表只是说明了你对问题的初步想法。提炼你的问题并将其以适当的格式表达出来则是一个漫长的过程。比如，"定期"（regularly）这个词是模糊的、有问题的，需要加以明确。此外，这些条目目前是以一系列陈述句的形式呈现的，需要将它们转化为问句。

问题的构建是调查研究的核心。永远不要忽视你的目标，这个目标就是尽可能精确地测量你感兴趣的现象（"得到"你真正想得到的东西）。创建有效的调查问题，需要在总体上明确哪些该做，哪些不该做。首先，我们来谈谈该做的事情，即**使用明晰、易懂的语言**，并尽可能使用**高度具体的语言**是至关重要的（Ruel et al., 2016）。其次，对敏感问题的措辞要谨慎，因为敏感问题更有可能导致受访者不予回应（Ruel et al., 2016; Tourangeau

& Yan, 2007）。在构建调查问题时，有许多要回避的问题，包括双管问题[①]，双重否定的问题，措辞消极的问题，有偏见的或引导性问题，带有内置假设、缩写、俚语和缩合词或模棱两可的短语的问题，以及要求受访者回忆过于久远的信息的问题（Ruel et al., 2016, pp. 51-56）。

你的问题的性质也部分取决于你创建的是开放式问题还是强制选择式问题。虽然也有使用开放式问题的调查实例，但绝大多数问题选择了强制选择的形式，这也正是我所讨论的（如果你有人力和财力来收集两种类型问题的数据，就可以实现交叉验证，但这通常只发生在资金非常充足的项目中）（Vogt et al., 2014）。**强制选择问题或固定选择问题**为受访者提供了一系列回答选项，受访者有一系列的回答选项可以选择，这种问题设计便于你收集广泛的数据，提供易于量化的数据，并且在使用大样本时具有较高的可推广性（Vogt et al., 2014）。不同类型的强制选择问题包括但不限于单选题、判断题、多选题和量表（评定量表、李克特量表）（Ruel et al., 2016）。

为了说明这些类型的强制选择问题，我又返回室友满意度这个例子。变量"室友满意度"的一个维度是"友谊"，而"友谊"又被进一步分解为三个维度：喜欢和他们共度时光，在宿舍之外共度时光，以及和他们谈论自己的私事（见图5.3）。让我们以最后这个维度为例。

---

① 双管问题（double-barreled questions）：是由两个以上不同的问题或主题组成的问题，但只有一个答案。——编者注

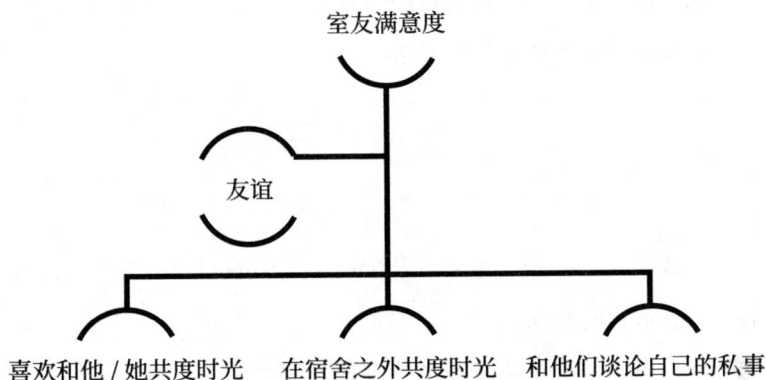

图 5.3　分解一个变量的维度的示意图

以下是如何使用不同类型的强制选择题来解决上述问题的例子。在这些例子中，我将重点放在友谊之"和他们谈论自己的私事"的维度上。

单选题：指有好几个回答选项的问题（通常有 4 至 5 个选项），受访者需要从这些选项中选择一个答案。

你什么时候最可能向你的室友吐露你的私事？

A. 当我遇到问题并需要建议时

B. 当有好事发生时

C. 当我有一个秘密要分享时

D. 从不

判断题：指有两个回答选项（是 / 否或对 / 错）的陈述句。

我和我的室友谈论我的私事。

A. 是

B. 否

多选题：指的是一个有好几个回答选项的问题，指引受访者勾选所有适合的选项。

我在以下情况下会和我的室友谈论我的私事（请勾选所有适合的选项）：

A. 当我需要向某人吐露秘密时

B. 当我需要就一个问题寻求建议时

C. 当我想分享好消息时

D. 从不

评定量表：指的是由一个陈述句或问句和不同程度的连续的几个回答选项构成，指导受访者从中选择一个回答选项。

你多久和你的室友谈一次你的私事？

A. 非常频繁

B. 有点频繁

C. 偶尔

D. 很少

E. 从不

李克特量表（Likert scale）：由一个陈述句和表明不同的同意程度的回答选项构成，要求受访者从中选择一个回答选项。通常有四个或五个回答选项，究竟是四个还是五个选项，取决于回答选项是包含一个中立或中点选项，还是强制受访者选择一个非中立选项。

当我遇到问题时，我非常重视室友的建议。

A. 非常同意

B. 有点同意

C. 不确定

D. 有点不同意

E. 非常不同意

在最后一个例子中，请注意**肯定和否定的回答选项个数相等**。还应注意**中立选项**的选择。人们可能很轻易地决定让量表不包含中立选项，迫使受访者做出有倾向性的选择。在这种情况下，可以看到中立选项的潜在问题。受访者选择中立选项究竟意味着什么呢？这是否意味着他们"有点"重视室友的建议，还是意味着他们从不寻求室友的建议（选项"非常不同意"也能表明这一点）？如你所见，构建调查问题是一个困难的过程（其中一些问题可以通过预测试解决）。

无论你选择哪种格式类型的回答选项（回答选项的格式类型远不止我在此所回顾的这些），都应遵循创建回答选项的一般准则。

如前所述，只要有可能**具体化**，那就具体化，避免使用容易产生多种解释的模糊词语。比如，我们可以以"我的室友们定期整理他们自己的床铺"这句话为例。句中的"定期（regularly）"一词就比较模糊。一种更具体的措辞方式应当是按"天数／周"的形式提供回答选项。

回答选项必须是互斥和穷尽的。**互斥**的意思是回答选项彼此互不重叠，而**穷尽**的意思是回答选项涵盖了受访者可能希望选择的所有可能的回答。让我们在实践中体会一下"互斥"和"穷尽"原则。

我的室友们整理他／她／他们自己的床铺：

A. 1—2 次／周
B. 2—3 次／周   } 未做到互斥
C. 4—5 次／周
D. 6—7 次／周
E. 从不

上述回答选项未达到互斥的要求。如果室友每周整理两次床铺，那么就会有两个可能的选项，而原本应该只有一个合适的选项。

我的室友们整理他们自己的床铺：

A. 1—2 次 / 周

B. 3—4 次 / 周

C. 5—6 次 / 周 　　　未做到穷尽

D. 7 天 / 周

上述回答选项未做到穷尽。如果室友们从不整理他们的床铺，则没有准确的选项供受访者选择。

现在让我们看看最后一个例子，在这个例子中，回答选项既是互斥的，又是穷尽的。

我的室友们整理他们自己的床铺：

A. 1—2 次 / 周

B. 3—4 次 / 周

C. 5—6 次 / 周

D. 7 天 / 周

E. 从不

调查工具（问卷）的**编排**对于研究设计也至关重要。我们的目标是让问卷易于被受访者理解，并便于你随后处理数据（Ruel et al., 2016）。**版式**应当简单、明晰、不凌乱（Fowler, 2014）。要考虑字体和字号，以及问卷各项目间的行距。从对调查的简短**介绍**开始，提供总体的指导语。接下来谨慎考虑**问题**的顺序，从引人人胜的问题开始，将高度敏感的问题放在中间位置，对问题和问题的子集进行逻辑排序，将人口统计学问题放在最后，以降低受访者在回答实质性问题时的疲劳感（Ruel et al., 2016, p. 42）。最后，提供一个简短的**结论**，感谢受访者的参与，如果可能的话，请留出一定的空白，供受访者就他们的体验发表评论（Ruel et al., 2016, p. 37）。

当你通过确定项目的数量、问题的内容、问题和答案选项的格式，以及测量工具的编排来创建调查工具时，请将受访者的体验时刻牢记在心。当受访者感到参与研究的压力太大或耗时太多时，就会出现**受访者负担**（Biemer & Lyberg, 2003; Ruel et al., 2016）。高负担会导致**受访者疲劳**，而受访者疲劳又会导致较高的无应答率和质量较低的应答（Ruel et al., 2016）。在以下情况下，应当认真考虑"受访者负担"和"受访者疲劳"的问题：在你决定问卷需要设置多少个问题才足以获取你需要的数据时；在你决定还需要多少"烦琐"的问题时，如那些涉及高度敏感话题或私人话题的问题，那些要求受访者回忆过去发生的事件的问题（Ruel et al., 2016），以及有着供受访者阅读的长句或短文的问题。

调查问卷的发放是另一个重要的决定。要在实现**应答率**最大化的愿望和一些务实问题（如时间和预算）之间找到平衡。可用的问卷发放方式包括面对面调查、在线调查、邮寄问卷调查和电话调查。**面对面调查**通常是在小组环境中进行，应答率最高。然而，面对面调查需要一名研究人员来实施调查，而且受访者的地理分布也是一个问题。**在线调查**可以通过电子邮件或基于网络的软件进行，如"调查猴"（Survey Monkey）在线调查系统。这些都是调查问卷的受访者自我施测方式（没有研究人员在场），并便于你调查在地理上分散的受访者。**邮寄问卷调查**是受访者自我施测，通常应答率较低。现如今，相对于"慢如蜗牛"的邮寄问卷调查方式，大多数人更倾向于使用在线调查方式。然而，邮寄问卷的形式在人口普查研究中有着悠久且成功的历史，当受访者地理位置分散，而且可能无法上网时，邮寄问卷调查方式还是合适的（如不怎么上网的年长受访者）。在邮寄调查问卷时，一定要附上一个贴有邮票的回邮信封，以便受访者答完问卷后将其寄回。**电话调查**是由研究人员实施的，这与在线和邮寄问卷调查有所不同。电话调查通常应答率也比较低。当受访者在地理分布上比较分散，而且可能无法上网时，电话调查也可能是合适的。

最后一个要考虑的问题是创建一份**受访者清单**（respondent inventory），也被称为*受访者审核*（respondent audit），利用这份清单，你可以记录受访者，降低单个受访者多次作答的风险（Ruel et al., 2016）。为了达到匿名的目的，可以为每位受访者分配一个编号。

💻 **请访问配套网站，下载关于调查研究的练习题。**

⚖ 实践中的伦理

在调查研究中，问题的编制是伦理实践的一个重要组成部分。在表述问题时，要考虑许多议题（敏感话题、内置假设、偏见）。比如，根据受访者对某个词语的熟悉程度来衡量偏见（使用内涵丰富的词语）。我们来看看"二手车"（used car）和"旧车"（previously owned car）这两个词语。"二手车"这个词语更为常用，但它也可能有负面的含义。

既然我们已经回顾了调查研究，那就让我们来看一个已经发表的例子吧。凯瑟琳·惠特德和戴维·杜珀（Kathryn Whitted & David Dupper, 2007）通过书面问卷调查的方式，对替代学校（alternative school）环境中的学生进行了调查研究，以调查学生报告的在学校受到老师或其他成年人的心理或身体欺凌的程度，以及学生自我报告的"最糟糕的学校经历"是否牵涉到同龄人、教师或其他成人。惠特德和杜珀使用了一个现成的调查工具，并根据他们的研究需要，对其进行了修改。

我们最令人惊讶的发现之一是，几乎有两倍的学生报告说，恰恰是成年人，而不是同龄人，牵扯进了他们最糟糕的学校经历中。看来，校园欺凌已经超出了我们目前对同伴欺凌的关注或专注的范围，表明老师对学生

的欺凌在很大程度上是一个隐匿的问题，需要得到比目
前更多的关注。尽管在这一新兴研究领域的一些过往研
究表明，教师对学生的欺凌，就其性质而言，主要是心
理上的，但我们的研究结果表明，教师对学生的身体欺
凌形式比开展本研究之前预期的要多得多。(p. 338)

复习站点 4

1. 社会研究调查通常侧重于主观数据，为什么？

2. 如果有现成的调查工具可用，使用它们是否可取？

3. 问题的编制是调查研究的核心。以下哪个选项对于编制
合格的问题是合适的，或者是"该做的事项"？

   a. 双重否定问题

   b. 缩略语

   c. 高度具体化的语言

   d. 模棱两可的短语

   e. 明晰易懂的语言

   （1）_____问题意味着为受访者提供了一系列可供选
   择的回答选项。

   （2）研究者如何创建李克特量表？

   （3）使用李克特量表时，研究者必须决定是否包含一
   个_____选项。

   （4）回答选项必须符合哪两个标准？

4. 高受访者负担会导致受访者 _____，从而导致较高的不应答率和质量较低的应答。

5. 以哪种方式发放的问卷获得的应答率最高？

★ 请到本章"复习题答案"部分核对答案。

总体、抽样和受试者

你对探究哪类人群感兴趣？你将如何接触该人群的成员？谁将是你的受试者或受访者？你将抽取多大的样本？你的抽样策略将如何使你的研究结果的信度和可推广度最大化？

应根据你的研究目的和假设或研究问题来确定和招募受试者或受访者。定量研究通常依赖于**概率抽样**。如第四章所述，概率抽样是以概率论为基础的，涉及使用任何策略来抽取样本，依照这种抽样策略，总体中的每个人（元素）都有已知的非零的概率被抽中。总体中的每个元素都有机会被纳入样本，这可以通过统计来确定。对于所有元素而言，被纳入样本的概率无论多么小，都将是一个大于零的数字。

在确定总体和研究总体之后，你需要确定样本的大小（需要多大样本，取决于你的研究设计和你想要推广你的研究结果的程度；要想获得指导，请参阅第三章内容）。图5.4说明了从总体到样本的过程（稍后你将看到，如果你选择了合适的样本，并实施了精心构思的研究设计，那么当你将样本获得的研究结果推广到你感兴趣的更大的总体时，此过程将反向发生）。

图 5.4　从总体到样本的过程

　　一旦确定研究总体并选择了抽样策略，你就可以使用计算机程序来确定样本。虽然概率抽样策略已在第四章中介绍过，但为方便读者，在此我重复介绍概率抽样策略。

　　简单随机抽样（又称随机选择）允许研究总体中的每个元素都有同等的机会被抽中。

　　系统抽样是一种抽样策略，即从研究总体中随机选取一个元素作为被选取的第一个元素，然后依次选取第一个元素之后的每第 k 个元素。从潜在受试者所属的研究总体列表中随机选择第一个受试者，然后根据你最终想抽取的样本的大小来确定 k 值。所以，如果你的研究总体有 1000 个名字，而你希望样本中有 250

个名字，则 k=4。你可以随机选择你名单上的第 3 个人，那么研究受试者将是编号为 3、7、11、15 的人，以此类推。

整群抽样是一种多阶段抽样策略。首先，从总体中随机抽取先前就存在的群。然后，从每个群中抽取元素（在某些情况下，每个群的所有元素都被抽取到样本中）。

如果你想基于某些特征（如性别、种族、年龄、政治派别）对总体中的群进行比较，那么**分层随机抽样**比较合适。研究总体中的元素根据共同的特征被分成两组或更多组（这些组被称为层）。然后对每一层进行简单随机抽样、系统抽样或整群抽样。

值得注意的是，虽然通常在定量研究中首选概率抽样法，但在有些情况下，也采用**目的性抽样**。比如，**方便抽样**（convenience sampling）是指研究者根据可及性来确定研究受试者（Hesse-Biber & Leavy, 2005, 2011）。当研究人员可以接触到特定机构、组织、企业、团体中的研究受试者时，通常会使用这种方法。准实验设计通常使用这种抽样程序。

在涉及实验组和控制组的实验研究中，还有其他问题需要考虑。重要的是，不同的组之间要真正具有可比性，这样才能对实验干预的效果做出推断。实现可比性的两种方法是随机化和匹配。**随机化**（randomization）是指将受试者随机分配到实验组和控制组。**匹配**（matching）是基于预先确定的特征（如性别、种族、年龄）或前测分数，对相似的受试者进行配对的过程。然后，将已配对的相似受试者分到不同的组（每对受试者中的一名成员被分配到试验组，另一名成员则被分配到控制组）。

在调查研究中，在抽样时考虑抽样误差是很重要的。当样本有偏差时，就会出现**抽样误差**（sampling error）。比如，如果你正在对 18—65 岁的受访者进行基于网络的调查，但 55 岁以上的人不太可能对互联网调查做出应答，那么该年龄组的受访者最终可能在你的样本中代表性不足，当你后来试图将基于该样本的研究结果推广到更大的抽样总体时，就会产生偏差（Fowler, 2014）。在设计你的研究和制定你的抽样方案时，请记住这些问题。

⚖ 实践中的伦理

尽你所能地避免抽样误差，这是定量研究之伦理实践的一部分。

数据分析与评估

数据分析程序允许你确定研究结果。假设得到了支持还是反驳？研究问题的答案是什么？在定量研究中，分析过程会产生数据的统计结果，其通常以一组表格或图表的形式呈现，并附有讨论。我建议借助一本关于统计方法的书来帮助你完成整个数据分析过程。

首先是**准备数据**，具体而言，就是将数据输入电子表格或统计软件。你需要进行"数据清洗"，该过程可能涉及澄清变量或类别标签，剔除无应答、重复应答等问题（Ruel et al., 2016）。统计软件包可协助你完成此过程，你需要保留一份电子记录，该记录中包含你对原始数据做出的所有更改。在实验和调查研究中，通常首先报告描述性统计数据，然后进行推断性统计测试来检验研究问题或假设（在调查研究的某些情况下，你只能报告描述性统计数据，这取决于你的研究目的和问题）。在调查研究中，在进行统计数据分析之前，重要的是要报告完成和未完成调查的样本成员，并注意**应答偏差**（response bias）（无应答对结果的影响）（Creswell, 2014; Fowler, 2009）。你可以对你的数据集进行许多种统计检验，这取决于你想从数据中了解什么。

描述性统计（descriptive statistics）是对数据进行描述和总结（Babbie, 2013; Fallon, 2016）。描述性统计有三种类型（Fallon, 2016, pp. 16-18）。

（1）**频次**（frequency）：计数某个类别出现的次数。频次通常以百分比的形式呈现。比如，在有 100 名女性受访者的样本中，你数一下报告正在节食的人数，每 100 人中有 67 人报告正在节食。你可以报告说，有 67% 的女性受访者报告正在节食。

（2）**集中趋势的测度**：用单个值代表样本。

　　a. **均值**（mean）：平均值。

　　b. **中位数**（median）：位于"中间"的数值。

　　c. **众数**（mode）：样本中出现次数最多的数值。

（3）**离散测度**（measures of dispersion）：说明个体分数的分布情况以及它们之间的差异。

a. **标准差**（standard deviation）：最常用的离散度指标，它让你了解"个体分数与该分布中的所有分数之间的关系"（p. 18）。

一旦完成数据分析，所有这些描述性统计数据都可以直观地呈现（将在关于数据解释与表达的下一节中讨论）。

推断性统计（inferential statistics）检验研究问题或假设，并对抽样总体做出推断（Adler & Clark, 2015）。推断性统计的一种常见方法是**零假设显著性检验**（null hypothesis significance testing）（Vogt et al., 2014）。**零假设显著性检验**或**统计显著性检验**（statistical significance test）用于检验零假设（零假设表示假设变量之间不相关）。即使你实际上对备择假设（变量之间确实相关，在某些情况下，还存在这些变量之间相关性的方向）感兴趣，但为了避免第一类错误，你也需要检验零假设（Fallon, 2016）。当你对一个本不存在的关系做出存在的推断时，就会出现**第一类错误**（type I error）（Adler & Clark, 2015）。显著性检验生成 p 值（p 表示概率）。你正在寻求小于 0.05 的 p 值，表示为：$p < 0.05$。p 值为 0.05 意为 5/100。如果 p 值高于 0.05，则不应推断变量之间存在关系［如果你没有推断出确实存在的关系，则会出现**第二类错误**（type II error）］。

通常，你会根据你的研究问题/假设和你希望检验的变量之间关系的类型，对零假设进行显著性检验和任意数量的推断性统计检验。你可以进行多种的统计显著性检验，因此请解释你的决定。关于常用统计检验的概述，请参阅表 5.6。

表 5.6　推断统计检验概述

统计检验	测度类型	概述
t- 检验	比较	用于比较两组的结果（组间均值差异的统计显著性）（Babbie, 2013）
方差分析（ANOVA）	比较	用于比较两个以上小组的结果（组间均值差异的统计显著性）（Babbie, 2013）
协方差分析（ANCOVA）	比较	用于比较两个以上小组的结果，控制协变量（Creswell, 2014）
卡方检验（X^2）	关联	基于零假设的显著性检验（Babbie, 2013），用于检验两个分类变量之间的关联（Creswell, 2014）
克莱姆相关系数（Cramer's V）	关联	用于检验两个变量之间关系的强度。分数介于 0 和 1 之间（0 表示完全不相关，1 表示完全相关）（Adler & Clark, 2011）
皮尔逊积差相关系数（Pearson product-moment correlation）	相关	用来确定两个变量之间关系的强度和方向（Adler & Clark, 2011）
多元 r 回归（multiple r regression）	相关	用来关联三个或多个连续变量

复习站点 5

1. 在抽样过程中，哪两种技术增加了实验组和控制组的可比性，从而可以推断实验干预的效果？

2. 一位研究人员使用固定电话对 18—65 岁的受访者进行了一项电话调查，但 30 岁以下的人不太可能拥有固定电话。由于样本可能存在偏差，因而可能会出现 _____。

3. 描述性统计的目的是什么？

   a. _____ 用单个值来代表样本。

4. _____ 统计检验研究问题或假设，并对抽样总体做出推断。

   a. 这种形式的统计的常用方法是什么？

5. 究竟是当你推断存在某种关系时，会出现第一类错误，还是当你推断不存在某种关系时，会出现第一类错误？

★ 请到本章"复习题答案"部分核对答案。

　　评价定量研究的两个主要标准是效度和信度。**效度**（validity）是指一个测度实际上在多大程度上挖掘了我们认为它应该挖掘的东西。**信度**（reliability）是指结果的一致性。一个好的测度应该既有效度（测量它应该测量的东西）又有信度（结果是可靠的）

（Babbie, 2013, p. 153）。效度和信度有好几种形式。

效　度

虽然不可能确凿地证明一个测度是有效的，但我们可以尝试实现不同类型的效度，从而使我们的测度更具可信性（Adler & Clark, 2015）。**表面效度**（face validity）是我们做出的主观判断，即从表面上看，基于常识，这个测度正在挖掘我们声称它正在挖掘的东西。如果你向街上的行人介绍这个测度，他们就会知道该测度应该考查或考虑的对象是什么。**内容效度**（content validity）是由特定领域的专家做出的主观判断，即该测度是有效的。如果你向一组专家介绍这个测度，他们会赞同该测度是合理的。**结构效度**（construct validity）是指测度正在挖掘我们建议它挖掘的概念和一些相关概念。实现结构效度要求我们创建高度具体的操作性定义（Fallon, 2016）。**统计效度**（statistical validity）是指所选择的统计分析是否合适，得出的结论是否符合统计分析和统计法规则。**生态效度**（ecological validity）是指研究结果可以推广到现实世界的环境中。换言之，结果不仅会出现在实验室或其他人工环境中，还可以应用于现实世界。

除了以上这些特定类型的效度，还有两种主要的效度形式：内部效度和外部效度。**内部效度**（internal validity）聚焦于"影响自变量和因变量之间内在联系的因素，这些因素支持对因变量变化的替代性解释"（Adler & Clark, 2011, p. 188）。内部效度面临许多可能的威胁。比如，在实验组和控制组中是否存在可能解释因变量差异的先前差异？实验组和控制组的受试者是否相互分享了信息？是否已经包含可能会以特定方式对实验刺激做出反应的受试者？所有这些威胁均指向一种可能性，即某个无关变量（某个不在测试范围内的额外因素）可能会影响结果。为了对抗对内部效度的威胁，研究人员可以使用前测和后测，将实验组和控制组的受试者分开，并将受试者随机分配到实验组和控制组。

外部效度（internal validity）的核心是我们是否已经推广到了我们的测试所支持的总体之外的总体。比如，如果环境或研究受试者具有非常独有的特征，则不能推广到其他环境或群体。要确定研究结果是否可以推广，需要对其他受试者和 / 或环境进行额外的研究。表 5.7 汇总了各种类型的效度。

表 5.7　效度类型

效度类型	描述
表面效度	由普通人做出的主观判断，即从表面上看，该测度正在挖掘我们普通人认为它应该挖掘的东西
内容效度	由专家做出的主观判断，即该测度正在挖掘专家们认为它应该挖掘的东西
结构效度	正如我们所提议的，该测度正在挖掘概念和相关的一些概念，这需要我们制定高度具体的操作性定义
统计效度	所选择的统计分析方法是恰当的，得出的结论符合统计分析和统计法规则
生态效度	研究结果可以推广到现实世界的环境中

效度类型	描述
内部效度	已采取预防措施，防止无关变量影响研究结果
外部效度	研究结果仅推广到了测试所支持的总体

信　度

如果一个测度、一个调查工具或一项实验干预是可靠的，它将产生一致的结果。**项目间信度**（interitem reliability）是指使用测量单个变量的多个问题或指标（Fallon, 2016）。比如，在一项关于身体形象的调查中，可能会有很多旨在评估"负面身体形象"的问题，与该变量相关的若干问题应该从同一个受试者那里获得一致的回答。如果这些问题不能获得一致的回答，则表明其中一个或多个问题存在瑕疵。在调查研究中，通常用于检验量表内部一致性的信度检验手段是克隆巴赫系数（Cronbach's alpha）和因子分析（factor analysis）。**重测信度**（Test–retest reliability）涉及对那些相同的受试者进行两次测试，看结果是否一致（Fallon, 2016）。比如，在一项关于某个主题的调查中，你期望在一定的时间跨度内得到一致的结果（受试者的回答不会随着时间的推移而改变），则重测信度是合适的。在一项研究中，由于情绪或成熟的因素，受试者的应答可能会随着时间的推移而自然改变，如在一项关于幸福感的研究中，这种类型的信度就不值得关注。**评分者信度**（interrater reliability）旨在抗衡某个特定研究者或观察者对结果的影响。比如，如果通过让多个研究人员记录他们在实验期间的观察结果，那么即使是在部分时间段，研究人员的观察结果也可以进行比较。两组观测值之间的一致性越强，数据就越可靠（Fallon, 2016）。评分者信度有助于防止不良或不当的培训、研究者疲劳和无意的偏见。表 5.8 汇总了三种类型的信度。

表 5.8　信度类型

信度类型	描述
项目间信度	用来测量单个变量的多个问题或指标所得出的结果的一致性
重测信度	同一组受试者的两次测试结果的一致性
评分者信度	两个或两个以上研究者或观察者得出的结果的一致性

解释和表达

分析完数据后，你需要提出两个问题：这一切意味着什么？这项研究的意义是什么？在解释研究结果时，重要的是要密切关注数据。运用逻辑来理解数据，并利用证据（数据）和你所运用的逻辑来支持每一项主张。研究结果通常发表在期刊文章上或在会议上宣读。

定量研究通常**用表格或图表直观地描述**。有四种主要的直观描述统计数据的方式（Fallon, 2016, pp. 91-96）。

（1）**表格**（table）：适合清晰呈现任意数量的变量的数据，可用于描述性统计或推断性统计。

（2）**直方图**（histogram）：用于呈现单个变量的分布。

（3）**散点图**（scatterplot）：说明两个连续变量之间的关系，帮助你了解：

　　a. 关系是否是线性的

　　b. 关系的方向（从左到右向上的趋势表示正相关，从左到右向下的趋势表示负相关）

　　c. 关系的强度

　　d. 离群点

　　e. 是否有一个中介（调节）变量

（4）**柱状图和折线图**：适合说明一个或多个作为自变量的分类变量和一个作为因变量的连续变量。通常，自变量在 x 轴（横轴）上，因变量在 y 轴（纵轴）上。

最后，按照惯例，应包含对关于你的研究主题的**未来研究的影响**（包括你个人是否计划在该领域做进一步的研究），你的研究结果对其他想研究这个主题的人有何启示。

先导测试（如果适用的话）

先导测试（pilot test）是对你的研究的一次完整的演练。如果你正在进行你所提议的研究的先导测试，请详细描述方法，包括数据收集工具、抽样方法，以及研究结果。如果你正在根据先导测试更改研究设计，包括更改任何数据收集或测量工具，请说明你这样做的理由。

伦理声明

首先阐明指导你开展研究的**价值观体系**。可能涉及的主题（如果适用的话）包括促使你选题的价值观或时效性，以及使用代表性不足的群体（如使用更具包容性的样本复制以前的研究）。

接下来，详细讨论你对**伦理实践**的关注。要讨论的主题（视情况而定）包括必要的机构审查委员会的批准状态，知情同意（解释参与研究的风险和好处、参与的自愿性、保密性，以及参与者提问的权利），你是如何将你的数据集和方案开放给其他研究人员的（以便他人复制你的研究），以及在完成数据收集后与受试者或受访者打交道（听取受试者或受访者汇报他们的感受，并向他们开放研究结果）。如果使用了欺骗手段（在实验中，尤其是在实地实验中往往是必要的），都应该予以解释并给出正当的理由。最后，请描述为减少或消除霍桑效应或测试效应和抽样误差所做的一切努力。

复习站点 6

1. 为什么生态效度很重要?

2. 对_____效度的威胁都集中在无关变量可能对研究结果产生的影响上。

3. 请定义信度。

4. 通常如何描述定量研究结果?

5. 什么是先导测试?

★ 请到本章"复习题答案"部分核对答案。

参考文献

研究计划书应包含完整的参考文献列表,正确地注明所有引文的出处。确认你所在机构对参考文献的格式要求(如 APA、MLA、芝加哥格式),如果没有提供参考文献的格式要求,请遵循你所属学科的相关规范(无论采取哪种研究设计,所有的研究计划书都需要包含参考文献,所以第六章至第九章将不再重复介绍本节的内容)。

附 录

研究进度安排

提供项目的拟议进度安排，注明分配给研究过程每个阶段的时间段。做事情花费的时间通常比你预期的要长，所以要记住这一点，这样你才能制定出一个合理的时间表，并且能够避免不必要的压力。

拟议预算（如果适用的话）

如果你的研究得到了资助，或者你正在寻求资助，你的研究计划书需要包含一份详细的拟议预算。你的预算可能包括设备成本（数据分析软件）、向受试者或受访者支付的款项（包括报销差旅费用），以及任何其他预期费用。在资金充足的研究中，你可能会聘请专家或助理（如顾问）来帮助你设计调查工具，或者聘请统计师来分析数据；然而，学生和新手研究者通常会自己做这些工作。

招募函和知情同意书

如果你正在和研究受试者或受访者合作，请将招募函和知情同意书纳入研究计划书。

工 具

研究计划书要包含用于研究的所有调查工具和方案的副本

［如前测、调查工具（问卷）、实验干预方案、测量工具、后测 ］。

结 论

如本章所述，定量研究对于以演绎的方式了解变量之间的关系尤其有用。定量研究使我们能够建立对现象的统计描述，反驳或支持现有的理论，并检验关于变量之间关系的假设。这种方法重视广度、控制和精确测量。随机抽取的大样本通常更受青睐。

以下是定量研究设计计划书模板的简要总结。

标题：包括你的主要主题（如果可能的话，包括核心变量）和所使用的方法。

摘要：这篇150至200字的概述应该放到最后撰写。包括所调查的问题、研究目的和假设或研究问题、基本方法、你感兴趣的总体、研究受试者或受访者、指导研究的主要理论或概念（视情况而定）。

关键词：提供5至6个关键词，以便读者能根据这些关键词在搜索引擎上检索到你的研究，包括主要现象、变量，以及指导研究的概念和理论（视情况而定）。

研究主题：讨论你的研究要调查的现象，所检验的变量关系，一些务实问题，以及研究的意义、价值或用途（包括时效性——视情况而定）。

理论视角：讨论你所使用的具体理论。正如克雷斯韦尔

（Creswell, 2014）建议的，本节应包括该理论的中心命题、过去的用途和应用，以及对该理论与你提出的研究之间的具体关系的讨论。

研究目的陈述：概述主要研究目的或所研究的因果关系。包括主要问题、（至少包含）自变量和因变量、研究总体，以及所测试的理论。

研究问题或假设：你可以提供一系列你的研究试图回答的核心演绎性问题，或者提供那些能够明确地确定你的研究变量的问题，并提供一个或多个预测自变量如何影响因变量的陈述（如果还研究了某些中介变量，也请一并予以说明）。

文献综述：综合与你的研究主题最相关的研究，聚焦于主要文献，展示你的项目是如何通过复制或修改以前的研究来丰富现有文献的，还包括对变量的精确定义。

数据收集的设计和方法：详细描述收集数据的策略，说明你将如何解决与你所采用的方法相关的主要问题。

总体、抽样和受试者：描述你感兴趣的总体、研究总体和抽样程序（即概率抽样或目的性抽样）。讨论实验设计中使用的任何其他策略，如随机化或匹配。

数据分析和评估：描述你将用于准备数据的策略，以及你将运行的描述性和推断性统计测试。指出你将采取的旨在提高研究结果之效度和信度的措施。

解释和表达：说明你将如何解释和表达结果，包括预期的数据的可视化描述。

先导测试（如果适用的话）：描述数据采集工具、抽样程序，以及研究结果。如果你正在根据先导测试对研究做出更改，请在此予以说明。

伦理声明：讨论你对伦理的关注，包括你的价值观体系、伦理实践，以及为最大限度地降低测试效应和抽样误差所做的努力。

参考文献：研究计划书应包含完整的引文列表，妥当地注明你借鉴过或引用过的所有文献的出处。遵循你所在大学的参考文献格式指南（如果适用的话）或你所属学科的参考文献规范。

附录：包括你所提出的研究进度时间表和预算、招募函和知情同意书的副本，以及所有研究工具［如前测、调查工具（问卷）、实验干预方案、测量工具、后测］的副本。

✅ 复习题答案

复习站点 1 答案

1. 有目的地重复过往研究，以支持或否定过往研究结果的研究。

   a. 建立对现有研究的信心，识别不可靠或欺骗性研究。

   b. 专业上的抑制因素（如更难发表、更难获得资助、更难获得工作机会和晋升）和数据共享不足。

2. 后实证主义

3. 通过文献综述。

复习站点 2 答案

1. 自变量先于因变量（时间顺序）、自变量必须与因变量相关、因变量的变化不得有其他解释（没有无关变量）。

2. 实验组：接受实验干预　控制组：不接受实验干预

3. 在实施实验干预前确定受试者的基线。

4. 评估实验干预的影响。

复习站点 3 答案

1. 前实验

2. 随机化和控制组。

3. 准实验设计。

4. 受试者和研究者都不知道哪些受试者在实验组，哪些受试者在控制组。

　a. 消除了因研究人员希望看到实验组发生变化而导致其观察结果出现偏差的可能性。

5. 参与研究本身可能如何影响受试者的反应。

　a. 控制组和省略前测。

复习站点 4 答案

1. 因为数据只能从受访者那里获得。

2. 是。

3. c 和 e

（1）强制选择 / 固定选择

（2）提供一个陈述句，该陈述句下面附有表明不同的同意程度的若干回答选项，受访者从中选择一个回答选项。

（3）中立

（4）互斥且穷尽。

4. 疲劳

5. 面对面调查。

复习站点 5 答案

1. 随机化和匹配。

2. 抽样误差

3. 描述和总结数据。

   a. 集中趋势的测度

4. 推断性

   a. 零假设显著性检验。

5. 不存在某种关系时。

复习站点 6 答案

1. 为了让研究结果在现实环境中具有相关性。

2. 内部

3. 产生可靠或一致结果的测度。

4. 以表格或图表形式直观地描述。

5. 对一项研究的完整演练。

实操练习

1. 从你所属学科的同行评审期刊中选择一篇已发表的调查
研究，并根据以下几项提示对该研究的方法进行评价：

   a. 表 5.7 和表 5.8 分别所回顾的效度和信度类型。

   b. 采取了哪些措施来最大限度地降低抽样误差？

   c. 该研究在哪些方面做得比较好，哪些方面尚需改进
   （一至两段文字）？

2. 如果你想设计一项实验，来研究一部关于变性人的纪录
片对大学生对于这个话题的看法的影响，你会怎么做？
简要说明你的理由（一段文字）。

3. 选择一个你感兴趣的研究主题，并找到两个关于该主题
的既有调查问卷。你会如何将两个调查问卷中的问题结
合起来，编制一个新的调查问卷（至多一页）？

资　源

Fallon, M. (2016). *Writing quantitative research*. Leiden, The Netherlands: Brill/Sense.

Field. A. (2022). *An adventure in statistics: The reality enigma* (2nd ed.). Thousand Oaks, CA. SAGE.

Hayes, A. F. (2022). *Introduction to mediation, moderation, and conditional process analysis: A regression-based approach* (3rd ed.). New York: Guilford Press.

Johnson, R. L., & Morgan, G. B. (2016). *Survey scales: A guide to development, analysis, and reporting*. New York: Guilford Press.

推荐期刊

《美国教育研究协会开源期刊》赛吉出版公司

http://ero.sagepub.com

《教育与行为统计学杂志》（*Journal of Education and Behavioral Statistics*）赛吉出版公司

http://jeb.sagepub.com

《多元行为研究》（*Multivariate Behavioral Research*）劳特利奇出版社

www.tandfonline.com/loi/hmbr20#.VsC2e5XQCM8

《组织研究方法》（*Organizational Research Methods*）赛吉出版公司

http://orm.sagepub.com

《心理学方法》（*Psychological Methods*）美国心理学会（American Psychological Association）

www.apa.org/pubs/journals/met

《社会学方法与研究》(*Sociological Methods Research*)赛吉出版公司

http://smr.sagepub.com

注　释

1. 尽管复制研究很重要，但有些人认为它们对于理论建设的作用可能没有我们预期的那么大。有关该主题的讨论，请参见欧文的相关文献（Irvine, 2021）。

2. 还有研究界目前正在争论的关于数据共享的其他问题。具体而言，商业实体（通过社交媒体帖子、客户购物和在线点击模式等途径）收集了大量的可用数据资源（King, 2011），商业公司通常能够购买这些数据，但社会学研究者却不能购买。如果研究人员能够以确保隐私和保密的方式访问这些数据，那么将省去大量数据收集工作，并有可能开辟新的研究（因为这些数据是综合数据，即群体数据，而不是个人数据，所以似乎会有保护隐私的方法）（King, 2011）。参阅加里·金（Gary King）对该话题的精彩讨论。

3. 值得注意的是，尽管我认为这些术语都是相似的，可以互换使用，但有些人认为后实证主义和经验论不同于科学实在论（scientific realism）（Greenwood, 1992; Haig, 2013; Manicas & Secord, 1983）。黑格（Haig）提供了科学实在论的详细概述，确定了该传统的七个特征。同样，有些人认为批判现实主义哲学（critical-realist philosophy）不同于实证主义（参见 Cook & Campbell, 1979）。

第六章

定性研究设计

定性研究方法重视意义的深度和人们的主观体验，以及主观体验的意义形成过程。这些方法使我们能够对一个主题的建立产生深刻的理解，解读人们赋予生活的意义，即人们赋予活动、情况、环境、人和物的意义。从方法论上讲，这些方法依赖于旨在生成意义并产生丰富的描述性数据的归纳性设计。定性研究方法最常用于探索性研究或描述性研究（尽管它们也可用于具有其他目标的研究）。

研究计划书的结构

定性研究范式在方法论和理论上都极具多样化。此外，定性研究项目通常采用可塑性设计，随着研究的展开，方法会根据所掌握的新信息得以修改。所有上述原因导致模板存在很大问题。每个研究计划书看起来都有些不同，正如每个项目都遵循不同的计划一样。然而，在某种程度上，即使顺序和权重有所不同，研究计划书通常都包含模板 6.1 建议的大部分内容。切记，你可以对该模板大刀阔斧地修改或重新进行设计以适应你的具体项目。

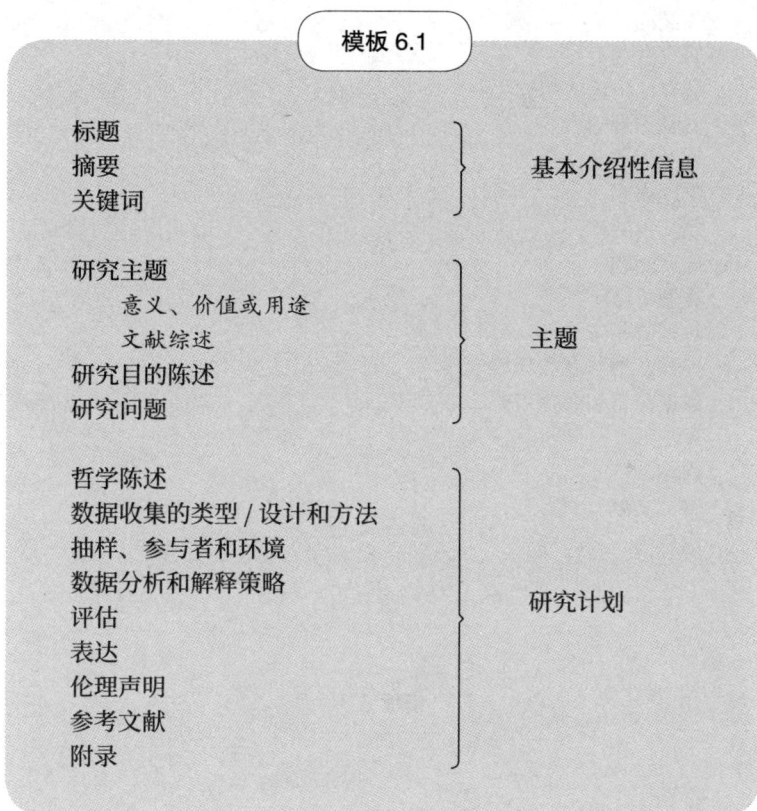

模板 6.1

标题
摘要 ⎫
关键词 ⎬ 基本介绍性信息
 ⎭

研究主题
　意义、价值或用途 ⎫
　文献综述 ⎬ 主题
研究目的陈述
研究问题 ⎭

哲学陈述 ⎫
数据收集的类型 / 设计和方法
抽样、参与者和环境
数据分析和解释策略
评估 ⎬ 研究计划
表达
伦理声明
参考文献
附录 ⎭

　　接下来，我会介绍两种常见的备选模板（模板 6.2 和模板 6.3），在这两种模板中，信息的排序有所不同。然而，我再次强调，在定性研究中，研究项目的计划会有所不同。

模板 6.2

标题
摘要
关键词
研究主题
意义、价值或用途
文献和理论
哲学陈述
伦理声明
研究目的陈述
研究问题
类型 / 设计
数据收集方法
抽样、参与者和环境
数据分析和解释策略
评估
表达
参考文献
附录

模板 6.3

标题
摘要
关键词
研究主题
意义、价值或用途
文献综述

哲学陈述
伦理声明
研究目的陈述
研究问题
类型 / 设计
抽样、参与者和环境
数据收集和分析方法
理论和解释策略
表达
评估
参考文献
附录

本章的其余部分将逐项介绍模板 6.1 的各组成部分。

基本介绍性信息

标 题

定性研究标题要明确说明主要主题（主要现象、方法和所采用的设计方法）。如果你已经收集了数据，并通过访谈、实地笔记等途径获得了一个精妙的措辞，你就可以把它用到标题里，让你的标题引人注目。

摘 要

在定性研究中，摘要这个150—200字的项目概述通常包括你正在研究的现象，研究目的，关于研究方法、参与者和环境的基本信息，以及需要进行这项研究的理由（如该研究如何填补以往研究的空白）。

关键词

关键词让读者了解主要问题或现象、理论框架，以及指导该项目的核心概念。

主 题

研究主题

> **专家提示**
>
> 关于研究主题的寻找，斯坦福大学的戴维·费特曼（David M. Fetterman）博士和费特曼评估咨询联合公司（Fetterman and Associates Evaluation Consultations）给出了这一非常重要的建议：找一位导师和几位同事，征求他们的意见。

明确说明所调查的现象或你的研究将聚焦于哪个维度。让读者了解你是如何找到这个主题的（包括一些务实的问题）也很重要。简要分享你对这一主题的个人兴趣，你所拥有的将你吸引至这一主题的任何特殊技能，研究该主题所获得的资助机会，和／或你是如何使自己处于有利位置，让自己接触到研究该主题所需的参与者或数据的。

在撰写关于该主题的论文时，还有两个问题需要解决：一是研究该主题的意义、价值或用途；二是现有文献如何影响你对该主题的理解，以及拟议研究将如何丰富现有文献。你可以在"研究主题"一节的若干子小节中，或在该研究计划书的若干独立小节中讨论与你的研究主题相关的研究具有的意义。

意义、价值或用途

本节是一个考虑开展拟议研究的社会价值或政治价值的机会。你需要概述项目的基本价值观体系和任何社会正义的必要性。比如，要注意该研究是否侧重于目前在该主题的研究中代表性不足的群体，关于代表性不足的群体的研究就是现有文献中的一个空白。如果研究的理由与当前的事件、社会问题或政策问题相关联，请讨论该拟议研究的时效性。比如，如果你提议对公立学校的艺术整合规划进行研究，而此时联邦政府正提议削减公共教育或更确切地说是削减艺术课程，你应该讨论项目的时效性及其可能的用途。

⚖ 实践中的伦理

该研究主题的社会意义直接关系到你的价值观体系，因此社会意义是该项目哲学基础的一部分。在权衡和阐述你设想的针对该主题的研究的好处时，要考虑这样一个问题："作为一位研究者和公民，我的价值观如何体现在本次选题中？"

文献综述

定性研究的文献综述为读者提供了一个坚实的基础，读者通过你对该领域最新的和具有里程碑意义的研究的综述，了解关于你的主题的已知研究成果。通过文献综述，你可以指出现有研究的不足，以及你的研究将如何填补空白或丰富我们的知识体系。指出哪些先前的定性研究促进了我们对该研究主题的了解，若不存在此类研究，则应指出此类研究的缺失，以及你的研究将为先前的定量研究补充哪些内容。文献综述可能包括相关理论或概念框架（相关理论和概念框架有助于我们编写研究目的陈述和研究问题），或者你可以稍后在研究计划书中回顾理论框架，将其作为你的哲学陈述的一部分。

研究目的陈述

通过关注**主要焦点或目标**，简要陈述拟议研究的目的。为此，请明确说明主要主题、问题或现象、参与者和环境、方法（数据收集方法、如何运用研究方法，如果适用的话，还有指导研究的理论框架），以及开展该研究的主要理由。就你开展该项目的理由而言，你的主要目的可能是探索、描述或解释。

研究问题

在定性研究中，尽管可能有若干辅助性问题，但通常要编写1—3个**核心研究问题**。在研究问题的数量上没有硬性规定，因此，设计一个具有更多研究问题的研究是可能的。请记住，研究问题必须是可研究的，也就是说，研究问题可以由你提出的研究来解答。研究人员，尤其是学生或处于职业生涯早期的专业人士，最好聚焦于较少的问题，并将它们研究透。

定性研究问题是**归纳性**（开放式）问题，通常以"什么"（what）或"如何"（how）开头。这些问题可能使用**非定向语言**，包括探索、描述、说明、挖掘、解读、生成、构建意义和寻求理解等词语和短语。

研究计划

哲学陈述

定性研究以研究过程的整体方法为中心，据此，方法和方法论的选择受哲学信仰体系的影响。因此，有必要进行哲学讨论。定性哲学陈述提供对指导研究项目的**范式或世界观的讨论**。通常，该陈述聚焦于对你的研究视角和设计选择有巨大影响的**理论学派**（亦称为理论框架）。

如第一章所述，定性研究者通常采用两种主要范式：解释主义范式或建构主义范式和批判主义范式 [1]。每一种范式都是众多理论学派的总称。

解释主义范式或建构主义范式

这一范式考察**人们如何通过日常互动参与意义的建构和重构过程**。在这一范式下工作时，人们会注意到人们的互动模式及解释过程，人们正是通过该解释过程赋予事件、情境等以意义。如果你在这个范式下工作，你会在研究过程中优先考虑人们的主观理解和多重意义。这一范式中的主要理论学派是符号互动论、现象学、民族方法论和拟剧论。

由乔治·赫伯特·米德（George Herbert Mead, 1934/1967) 和赫伯特·布鲁默（Herbert Blumer, 1969）开创的**符号互动论**，研究了个人和小团体在互动过程中如何使用共享符号，如语言和手势，来传达意义（Bhattacharya, 2017; Hesse-Biber & levy, 2011）。符号互动主义者认为，我们赋予互动、人或物的意义不是固有的，而是从"正在进行的社会互动"中发展出来的（Hesse-Biber & levy, 2011, p. 17）。共享的意义帮助人们懂得如何"恰当地"行事（Hesse-Biber & Leavy, 2011, p. 18）。在不同的人面前，在不同的情境下，在不同的物品面前，我们都会表现出不同的行为，因为我们赋予它们的意义是不同的。比如，医生对待病人的方式与对待家人的方式不同，大学生对待教授的方式与他们对待同龄人的方式不同，人们对待他们视为传家宝的物品的方式与对待承载较少情感的其他物品的方式不同，以订婚戒指的形式被赠予的钻石将被赋予另一颗钻石（如吊坠形式的钻石）不具备的意义。

现象学领域是由埃德蒙·胡塞尔（Edmund Husserl, 1913/1963）、马丁·海德格（Martin Heidegger, 1927/1982）、莫里斯·梅洛·庞蒂（Maurice Merleau-Ponty, 1945/1996）和阿尔弗雷德·舒茨（Alfred Schutz, 1967）发展起来的。现象学家"对人类意识感兴趣，认为它是理解社会现实的一种方式，尤其是对人们如何'思考'经验感兴趣，换言之，意识是如何被体验的"（Hesse-Biber & levy, 2011, p.19, 原文强调）。如果你询问人们对研究主题的体验如何，那么你可能正在从现象学的视角开展研究。比如，你调查的是人们如何经历欺凌、悲伤或流产。为了证明研究人员的哲学信仰体系如何影响他们对方法的选择，现象学家经常使用民族志和访谈法。

哈罗德·加芬克尔（Harold Garfinkel, 1967）是**民族方法论**领

域的领军人物，民族方法论借鉴现象学来研究人们通过与他人的互动来协商意义的具体策略，从而研究人们如何理解自己生活的意义。其假设是"社会生活得以创造和再创造"是"个体对日常社会环境的微观理解"的结果（Hesse-Biber & Leavy, 2011, p.20）。同样，为了证明研究人员的哲学信仰体系如何影响他们对方法的选择，民族方法论学家经常使用民族志和访谈法。

拟剧论是由欧文·戈夫曼（Erving Goffman, 1959）开创的。该理论学派利用戏剧之隐喻来理解社会生活。拟剧论认为，正如戏剧一样，社会生活中也有前台和后台。前台是我们在参与他人能看到和评判的互动时，扮演公共角色或展现公众面孔的地方。当我们在后台时，因为我们没有摆出一副社交或公众面孔，所以我们能够以不同的方式行事。比如，"脸书"是一个公共平台，或前台，人们倾向于以相应的方式使用它，展示自己最讨人喜欢的照片之类的东西。而在后台，他们可能拍了很多照片，并对它们进行了编辑，以便得到他们公开分享的那张照片。

批判主义范式

构成批判主义范式的理论框架产生于理论发展、学术变革（包括众多跨学科研究领域的发展）和社会正义运动之间的相互作用。社会正义运动已在第二章讨论过，所以在此我仅简要地指出，它的其中一个结果是"在批判中锻造"的领域研究的发展（Klein, 2000）。换言之，领域研究，如黑人研究或非洲裔美国人研究、妇女研究或性别研究、墨西哥裔美国人研究和同性恋研究等，都是在对更广泛的社会中存在的**不平等权力关系的批判**中发展起来的。这个范式的主要理论学派包括后现代主义理论、后结构主义理论、女权主义理论、批判性种族理论、土著理论和"酷儿"理论等理论框架。

批判主义范式中的理论主体都以不同的方式考虑社会生活和研究过程中的**权力**问题。在定性研究中，这些理论框架经常被用来**考虑权力的微观政治**（micro-politic）、权力是如何被小团体或在小团体内部被协商、维持和抵制的。此外，这些观点认为人们是在权力丰富的环境中运转的，这意味着权力总是在发挥作用。

后现代理论家研究主流意识形态。更确切地说，后现代理论家批评那些**将主流意识形态正常化的话语**——也就是说，那些思维方式变得如此"理所当然"，以至于人们可能没有意识到它们是充满权力的话语。其论点是：主流意识形态以及创造和维护它的话语并非偶然。该领域的早期引领者安东尼奥·葛兰西（Antonio Gramsci, 1929）认为，人们通过对主流意识形态的内化，在某种程度上同意对他们自己的压迫，而主流意识形态则伪装成似乎能够理解世界的"常识性"思维方式。这一理论框架将我们的注意力吸引至在权力丰富的环境中构建起来的**符号和话语语境**（图像、物体、语言、措辞），通过这些符号和话语语境，权力得以运作，常态的观念得以创造（Hesse-Biber & Leavy, 2011, p. 21）。斯蒂芬·福尔（Stephen Pfohl, 2008）警告说，社会结构总是将另类的想法和观点推向边缘。因此，举例来说，在媒体上流传的图像和故事都受到它们所排除的内容的困扰。比如，维纳斯·埃文斯–温特斯（Venus Evans-Winters，脸书帖子，2015年4月29日）将可能用来描述"黑人的命也是命"（Black Lives Matter）抗议活动的语言与媒体反复使用的煽动性和种族化语言进行了对比：

"抗议" vs. "骚乱"

"公民" vs. "暴徒"

"青年" vs. "黑人群体"

　　依照后现代理论方法，研究主张必须被置于其特定的社会历史背景下，不能假定其代表"真理"，研究主张只能代表**片面的和情境化的真理**。

　　后结构主义也关注对**主流意识形态**的质疑。后结构主义先驱雅克·德里达（Jacques Derrida, 1966）倡导**批判性解构**（critical deconstruction）策略，以此来打破统一性，揭露被掩盖的东西。后结构主义注重分解统一的叙事，以看到主流意识形态是如何运作的。比如，从后结构主义的视角来看，定性研究者可能会对"黑人的命也是命"抗议活动的媒体表达进行批判性内容分析，以解构媒体如何使用描述骚乱的语言而非描述抗议的语言来创作和再创作一个连贯的叙事，以及这种叙事如何强化了主流意识形态，而这种主流意识形态系统地将有色人种置于不利地位，并使他们的行为非政治化。

　　女权主义理论、批判性种族理论、土著理论、去殖民化理论

和"酷儿"理论框架分别关注针对妇女、有色人种、土著居民，以及女同性恋、男同性恋、双性恋、变性人和"酷儿"人群的**平等、不平等、等级制度、正义、特权、权力和压迫**等问题。这些视角考虑了包括制度和文化在内的所有层面的不平等，并研究了个人和小群体之间的互动可能如何强化或抵制维护白人至上和父权制的主流意识形态。比如，从女权主义的视角来看，一位定性研究者可能会在大学校园进行一项民族志实地研究，以揭示和描述强奸文化的各个维度，以及这些维度如何对男生、女生和非二元性别学生的校园生活产生不同的影响。此外，这些理论主体包含具体的理论，这些理论也考虑了交叉性（intersectionality）问题［金伯莉·克伦肖（Kimberlé Crenshaw）于 1989 年首次创造了这个术语］，即这些身份特征是如何交叉形成"特权和压迫的载体"的（Hill-Collins, 1990）。受这些观点影响的研究者可能会从代表性不足的群体中寻找参与者，并且编写研究目的和问题，该研究目的和问题旨在获取那些被剥夺权力的人们的经历，或者可能产生可以为社会正义服务的研究。

　　每个批判主义理论框架都是跨学科的，多样化到难以置信的程度，并且包括许多不同的理论和实践者。因此，每个批判主义理论框架都可能成为一本专著的主题，而有限的篇幅不允许我们对其进行充分的阐述。然而，我还是简要地提一下女权主义理论和批判种族理论的一些先驱者。

　　女权主义理论早在 19 世纪末就初露端倪，有时被称为"第一次浪潮"。女权主义理论在 20 世纪 60 年代和 20 世纪 70 年代的社会正义运动中迅猛发展，引发了"第二次浪潮"。女权主义内部有非常多不同的思想流派，快速回顾关键人物较为困难。如果你有兴趣了解更多关于女权主义理论及其核心人物，请参阅利维和哈里斯（Leavy & Harris, 2019）的文献。

批判种族理论（critical race theory）最初源于宪法研究。小德里克·贝尔（Derrick Bell Jr., 1973）以其开创性的著作《种族、种族主义和美国法律》（*Race, Racism, and American Law*）创立了这一领域，并继续撰写了其他重要著作。理查德·德尔加多（Richard Delgado, 1984），也是批判种族理论发展的核心人物，其研究工作在第三章关于引用伦理的讨论中已被介绍。

表 6.1 汇总了主要范式及其相关理论学派。

表 6.1　范式和理论学派

范式	理论学派	焦点
解释主义范式或建构主义范式	符号互动论	个人和小团体在互动过程中使用共享符号来传达意义
	现象学	个体如何体验
	民族方法论	人们在互动中协商意义所采取的策略
	拟剧论	人们在社会生活的"前台"和"后台"的自我展示
批判主义范式	后现代主义理论	主流意识形态与权力符号和话语

范式	理论学派	焦点
批判主义范式	后结构主义理论	解构统一叙事,揭示主流意识形态的运作方式
	土著理论和去殖民化理论	抵制殖民化研究实践,重视土著知识
	批判性种族理论	基于种族的不公正和差异
	"酷儿"理论	基于性取向和性认同的不公正和差异
	女权主义理论	基于性和性别的不公正和差异

⚖ 实践中的伦理

　　指导你的项目的世界观与你的哲学信仰体系相关联,包括你的价值观体系。即使出于好意,也要谨慎践行你的信仰体系。比如,如果你正在应用批判性种族理论框架,该框架可能会影响你的抽样选择。作为你的理论承诺的一部分,你可能会寻找来自少数种族群体的参与者。然而,需要谨慎的是,你要避免仅仅为了服务你自己的研究议程而利用这些社区。在2015年美国教育研究协会的年会上,学者唐娜·福特(Donna Y. Ford)和艾沃里·托德森(Ivory Toldson)曾就"路过式学术研究"的危害性提出了警告——他们所说的"路过式学术研究"指的是你接受资助进入有色人种社区，不是出于别的目的，而只是为了收集数据，然后离开（从而将研究参与者物化）。

复习站点 ①

1. 选题为何是一项关乎伦理的决策？

2. 以下哪些研究问题是归纳性的？

　　a. 你会如何描述你的童年？

　　b. 你有一个美好的童年吗？

　　c. 你最喜欢的童年记忆是什么？

　　d. 你还记得你童年的很多事情吗？

3. _____范式考察人们如何通过日常互动来参与意义的建构和重构过程。

　　a. 将理论学派与其描述相匹配：

　　　　拟剧论

　　　　符号互动论

　　　　民族方法论

　　　　现象学

　　　（1）考察个人和小团体如何在互动中使用共享符号（如语言和手势）来传达意义。

　　　（2）考察人们通过与他人的互动来协商意义时所采用的具体策略，从而考察人们如何理解自己的生活。

（3）用戏剧的隐喻来理解社会生活。

（4）考察意识是如何被体验的。

4.批判主义范式中的理论学派都以不同的方式考虑_____。

★ 请到本章"复习题答案"部分核对答案。

数据收集的类型 / 设计与方法 [2]

如前所述，方法的选择应始终基于能最好地满足研究目的并帮助回答研究问题的原则（牢记时间、资源和研究者的技能等务实问题）。在定性研究中，当特定的理论传统有助于使用特定的研究方法时，你的哲学观点就会发挥作用。比如，现象学和民族方法论的原则与民族志和访谈的方法论技术是一致的，因此你的哲学观点可能会像你的研究目的和研究问题一样影响你对方法的选择。

定性研究的特点是有许多可用的研究方法（参见第一章的表 1.2）。本书不可能包含所有研究方法，所以我只介绍了四种流行的类型和相应的方法。

实地研究（民族志）

投资银行分析师的办公空间，字面上称作开放式办

公室。我在 DLJ（Donaldson, Lufkin & Jenrette）投资银
行看到的开放式办公室是一间长长的门厅，大约 150 英
尺长，20 英尺宽，被划分成两个区域，位于中央的区
域是摆着高办公桌的行政人员办公区，另一个区域则是
员工的若干间小办公室。开放式办公室的入口实际上是
一扇塑料门，既是一个笑话，也是银行生活的写照。在
大门内，狭窄的桌子、架子和地板上都堆满了项目建
议书、PPT 演示文稿和放有以往交易记录的旧活页夹，
更不用说汽水罐、足球、健身袋、哑铃、换洗衣服、
除臭剂和挂在那里应急用的备用西装。美林（Merrill
Lynch's）公司的企业财务楼层的开放式办公室是一个 U
型区域，具有相似的居住体验，到处都是工作产生的废
弃物和让人在工作时分心的东西——吸力篮圈、纸飞机
和一堆外卖餐盒。（Ho, 2009, p. 90）

上面这段内容摘自卡伦·霍（Karen Ho）的华尔街民族志。
这个简短的例子说明丰富的描述是实地研究的突出特点。此外，
我们能够从这些详细的描述中了解多少不同环境或群体中人们
的日常生活。比如，在上面这段摘录中，我们不仅了解了物理环
境，还了解了情绪和一些与环境中的更大的问题有关的意想不到
的活动。

实地研究（民族志）是最古老的定性研究类型，源于文化人
类学。实地调查和民族志这两个术语在文献中经常互换使用，然

而它们的含义略有不同。**民族志**（ethnography）是关于文化的著作。**实地研究**发生在被称为实地（field）的自然环境中。实地研究的结果是民族志。这些研究方法依赖于研究者在人们的**自然环境**中对他们进行**直接观察**，以便从**参与者的角度了解社会生活**（Bailey, 2007）[3]。民族志学者的目标在于**描述**研究参与者处于什么样的**文化**之中。这些研究方法促成了对社会生活的"深度描述"（Geertz, 1973）。

这一研究类型的主要研究方法有参与式观察和非参与式观察。**参与式观察**（participatory observation）要求研究者参与到他们所研究的对象从事的活动中去，并记录系统的观察结果。通常，民族志学者会在实地待很长时间，有时甚至与他们的研究参与者住在一起。**非参与式观察**（nonparticipatory observation）通常也会持续很长一段时间，但研究者只是在参与者所处的环境中观察参与者，并不参与他们的活动。在实践中，研究者的参与水平可能在一个连续体上变动，该连续体一端为非参与式观察，另一端为完全参与式观察（见图 6.1）。

非参与式观察 ⬅━━━━━━➡ 完全参与式观察

图 6.1 研究者的参与水平连续体

民族志研究的成功与研究者进入所观察的环境，并在实地建立富有成效的关系的能力密不可分。首先要考虑的问题是获准进

入你所要观察的环境。你有权进入参与者所在的环境吗？可能会
有正式和非正式的**守门人**（gatekeeper）阻止你进入现场。私人
场所和公共场所都可能有正式的守门人把守。比如，如果你希望
在私人或会员专用的环境中进行研究，如乡村俱乐部或健身俱乐
部，除非你已经是一名会员或认识可以帮助你的会员，否则你不
太可能获准进入这样的场所。如果你想在公立学校进行研究，那
么你需要得到许多守门人的正式许可才能进入学校。此外，每个
场所都有非正式的守门人。你所研究的环境中的每一个人都可以
决定他们自己是否将参与研究，从这个意义上讲，每个人都至少
是他们自己的知识的守门人。如果一个场所中的多个参与者都不
希望你待在那里，那么即使他们无法让你离开这个空间，他们仍
然可以拒绝你获得研究所需的那种访问权限。民族志研究需要在
实地建立关系。因此，即使在公园这样的公共场所，依然是有守
门人的。

当你试图进入现场，并且着手培养关系时，**局内人-局外人
身份**（insider-outsider status）就开始发挥作用。你可能有一些和
参与者相同的身份特征，如性别、种族和年龄，而根据一些不同
的特征，如教育背景和工作等，你又是个局外人。在建立关系
时，要意识到这些相似之处和不同之处，这一点很重要。为了收
集数据，有必要与你所在的环境中的参与者建立**融洽的关系**——
这就是你在实地建立关系的方式。一些参与者可能会成为**关键信
息提供者**（key informant），他们不仅会分享自己的经历，还会将
你介绍给其他可能的参与者，和 / 或提供该环境中人员和活动的

概况。除了遵循知情同意协议，在这类研究中，对你在该环境中的角色**设定期望**也很重要，包括你打算在那里待多久，你离开这个环境后是否打算继续和研究参与者保持关系，如果是的话，以什么身份保持关系。和你正在与之建立关系的参与者一起设定期望也很重要，这样当你离开实地的时候，参与者就已经为你的离开做好充分的准备。

就数据收集而言，采用参与式和非参与式数据收集方法的研究人员都参与了一个系统的笔记记录过程——实地笔记记录过程。**实地笔记**（field note）是你实地观察的书面记录或录音笔记，

> **专家提示**
>
> 汉密尔顿学院（Hamilton College）的尤金·托宾杰出社会学教授（The Eugene M. Tobin Distinguished Professor of Sociology）丹尼尔·钱布利斯（Daniel F. Chambliss）博士提醒我们："当你做这件事的时候，不要害怕去注意显而易见的东西。人们对自己的原创力感到如此恐惧，以致于忽略了显而易见的东西。有时候显而易见的才是最重要的。"

它们就是数据。重要的是要记录你的实地笔记的日期和时间，以保持一个按时间顺序排列的记录。记录观察地点也是很好的做法。应当系统地记录实地笔记。通常，民族志学家会在一天中留出一个或若干个时间段来记录大量的笔记。

最好备有一个小记事本或有录音功能的智能手机，以便"记下"你想记住的单词或短语，这些简短的笔记被称为**即时笔记**（on-the-fly note）。你可能会收集许多类型的实地笔记，包括那些被标记为**深度描述**（thick description）、**摘要式笔记**（summary note）、**自反性笔记**（reflexivity note）、**对话和访谈笔记**（conversation and interview note），**以及解释性笔记**（interpretation note）等（Bailey,

1996, 2007; Hesse-Biber & Leavy, 2011）。表 6.2 汇总了不同种类的实地笔记（并非详尽无遗的清单）。

表 6.2　实地笔记类型

即时笔记

记录你想记住的单词或短语

深度描述

对观察到的环境、参与者和活动进行非常详细的描述。当描述环境时，用你的感官来描绘其场景，当描述参与者和活动时，尽可能使用他们的原话和其他具体细节

总结性笔记

每日或每周总结你在实地了解到的信息，以及你打算寻找或跟进的内容

自反性笔记

对你在这个过程中作为研究者的角色进行持续的评价或定期的全面检查；评论你的感受、伦理困境或问题，以及在实地调查过程中的各种关系

对话和访谈笔记

关于每个正式或非正式话题的对话和访谈的笔记，其中包括所说内容的细节（尽可能使用原话），还包括后续问题或者其他你想与之交谈的人

解释性笔记

关于你的理解过程的笔记（包括你认为某件事意味着什么）

　　尽可能多地捕捉细节，包括参与者的原话。鉴于你将要收集的数据的广度，给你的笔记**搭建一个良好的组织体系并定期对你的实地笔记进行编目**是至关重要的。手写的笔记应该定期打字归档，或者扫描并存入电子数据库。虽然你在收集数据时可以用手写或录音的方式记录实地笔记，但在分析和解释的过程中，使用电子版的数据会更容易一些——这就是为什么我强烈建议将你的实地笔记录入电脑。

　　谈到分析和解释的主题时，有必要提及备忘录笔记。在民族志研究中，记备忘录笔记也是数据生成的一个重要部分。**备忘录笔记**（memo note）帮助你形成对数据（实地笔记）的想法，综合你的数据，整合你的想法，并辨别数据内部的关系（Hesse-Biber & Leavy, 2005, 2011）。备忘录笔记将在数据分析和解释一节中详细介绍；然而，因为定性研究（尤其是实地研究）是一个递归的过程，在这个过程中，一些数据被收集和分析，然后又收集新的数据，如此反复，所以你很可能会在实地写备忘录笔记。

　　除了观察结果（实地笔记）、分析和感想（备忘录笔记）之外，研究人员还可以对参与者进行**非正式或正式访谈**。最好随身携带一台小型录音机或一部带录音功能的智能手机，以便对访谈进行录音（需要征得参与者的同意）。这样做便于你在电脑上逐字输入访谈记录，而这个逐字的记录将成为数据的一部分。

　　实地研究通常产生大量数据，这些数据的具体形式有实地笔记、备忘录、访谈笔记，或由录音转录而来的文本。由于这类研究持续时间长，因此当数据达到**饱和点**时，你就会知道是时

专家提示

诺丁汉特伦特大学（Nottingham Trent University）代理副校长兼学术理事会主任，克里斯托弗·波尔（Christopher Pole）博士建议，我们应当"问愚蠢的问题"，即那些可能看起来幼稚且质疑理所当然的假设的问题。比如，他建议如果你处于一个陌生的环境，问问人们"为什么会这样"以及"为什么总是这样做"。

候退出现场并停止数据收集了。正如第三章所讨论的那样，这意味着你不再能获取新的信息，甚至可能会丧失数据的明晰度。如果你正在进行数据收集和分析的递归过程（recursive process）[有时被称为**数据分析循环**（data analysis cycle）]（Tenni, Smith & Boucher, 2003），该过程可以帮助你明白何时已经达到数据饱和点了（Coffey, 1999）。

复习站点 2

1. 实地研究发生在 ＿＿＿＿＿ 环境中。

2. 实地研究人员如何收集数据？

3. 实地研究的目的是什么？

4. 请定义实地笔记。

　　a. 写出我们介绍的六种实地笔记中的任意两种。

　　b. 备忘录笔记和实地笔记的关系是什么？

★ 请到本章"复习题答案"部分核对答案。

访谈

以下内容摘自我和两名身份是大学生的研究人员针对异性恋男女大学生样本进行的一项关于身体形象和吸引力标准的深度访谈研究。以下摘录的是一些女性参与者不得不说的话。

当被问及："你对你的身体有什么不满意的地方？"时，女性参与者很快就用具体的例子做出了回应。她们一致表达了对自己身体的许多部位的不满。几乎所有参与者都有以下摘录中所包含的常见的挫败感。

"嗯，我的腰腹部算一个，我认为这是一个很大的问题，我认为很多女性都有腰腹部发胖的问题。毫无疑问，如果可能的话，我的大腿、臀部和腰腹部绝对是我要改善的部位，哪怕只有一丝希望。"

几乎所有参与者都强调他们身体的某些特定部位令他们感到沮丧，他们认为这些部位令他们感到担忧、不满和缺乏安全感。参与者所指出的每个身体部位恰恰是他们不断尝试想瘦下去的部位。

"呃……我的大腿！因为我的大腿很胖！我讨厌它！我想，我觉得无论我去健身房多久，我的大腿都不会变瘦，这让我很恼火。"

另一位参与者指出：

"如果我要穿一件露肚子的衬衫，我就该做点运动或锻炼腹肌。"

即便是那些没有指出自己身体特定部位的参与者，也承认自己想要变得更瘦更苗条。

"我们房间里有一面让人看起来显瘦的镜子，我和我的室友凝视着镜子里的自己，对镜子里的自己品头论足，当我能照镜子并喜欢镜子里的自己时，我真的喜欢这种感觉……能在镜子里看到令自己满意的身材，会让我觉得我所做的一切都是完全值得的，同时让我感到几个月没有吃通心粉和奶酪也无关紧要了。"

另一位参与者补充道：

"我的意思是我依然……喜欢身材苗条，我做这事儿（健身）是为了保持身材和看起来更体面。"（Stiman, Leavy & Garland, 2009）

访谈是各学科常用的研究类型。定性研究人员可使用的访谈方法很多，包括深度访谈、半结构化访谈、口述历史或生活史访谈（oral history or life history interview）、传记式极简访谈（biographic minimalist interview）和焦点小组访谈（多名参与者在一个小组中同时接受访谈）。访谈法**将对话作为一种学习**

工具。人们天生就会交谈，所以访谈法借鉴了人们习惯参与的活动，即便访谈通常不是在正式场合中进行（Brinkmann, 2012, 2013）。作为一种研究方法，访谈很可能是事先计划好的**一个事件**（Brinkmann, 2012, 2013）。近年来，叙事方法有所增加，并将"讲故事视为一种交流活动"，讲故事这种活动便于人们赋予他们的经历以意义（Bochner & Riggs, 2014, p. 202）。

不同的访谈方法有着不同的**结构层次**。访谈结构从**非结构化到半结构化，再到高度结构化**，后者类似于第五章所讨论的调查研究。这些层次的结构存在于一个具有无数可能性的连续体上（见图 6.2）。

半结构化

非结构化 ◀━━━━━━▶ 高度结构化

图 6.2 访谈的结构层次连续体

我专注于深度访谈，这种访谈很常见，每一次深度访谈都是发生在一名研究者和一名参与者之间的一对一访谈。**深度访谈是归纳式或开放式的**，其结构层次在非结构化到半结构化这个范围内。换言之，访谈问题不附带预先确定的一组可供选择的回答选项，如判断题中的对或错选项。相反，如果参与者愿意的话，他们可以使用他们自己的语言，可以提供篇幅较长、内容详细的回答，而且可以朝着自己喜欢的方向回答问题。以下是一些例子：

- 你的宿舍好吗？（封闭式问题）

- 请描述一下你的宿舍。（开放式问题）

- 你喜欢你的室友吗？（封闭式问题）

- 你觉得你的室友怎么样？（开放式问题）

为了做好数据收集的准备工作，研究人员需要创建访谈指南，其范围从研究人员打算涵盖的一般性**调查线索**清单或主题清单到开放式问题的详细清单（Weiss, 1994）。在最具归纳性的研究中，访谈指南提供了一般性的调查线索，也许会穿插几个问题，以应对卡壳的局面。建议新手研究人员创建更详细的访谈指南。即使你在数据收集过程中不看该指南，但手里有一份指南，你也可以在需要的时候看一下。在编制访谈指南时，要考虑问题的顺序。在他们讨论焦点小组访谈的过程中，玛格丽特·罗勒和保罗·拉夫拉卡斯（Margaret Roller & Paul Lavrakas, 2015）建议进行"漏斗"式的访谈，即从较为宽泛、笼统的问题开始，然后过渡到更具体的问题（p. 140；见图 6.3）。这种形式的访谈让参与者在你与其建立融洽关系的过程中，有时间让自己更加放松，这种形式的访谈还可以让你了解一些事情，这些事情可能会影响你之后提出的更具体的问题。

一般性问题

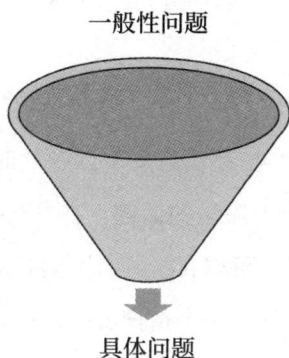

具体问题

图 6.3　归纳性访谈问题编排形式

　　在设计你的研究时，应当考虑你将采用的**结构化层次**。你会问所有参与者同样的问题吗？你会以相同的顺序问这些问题吗？你会在多大程度上允许参与者朝着不同的方向回答问题，并且跟随他们的方向？如果你打算实施高度结构化的访谈，你需要事先创建一个详细的访谈指南，以便你能以相同的顺序问每位参与者同样的问题。

　　成功的访谈研究取决于通过**积极倾听**来与参与者建立**融洽的关系**。眼神交流和手势可以在很大程度上向参与者表明：你对他们说的话感兴趣，你希望他们继续说下去。**追问**也可以用来展示积极的倾听，从而收集更丰富的数据。追问可以像下面几个问句一样简单，比如"你能给我举个例子吗"或者"你有这方面的故事吗"或者"请告诉我更多的信息"，追问甚至可以是一种非言语的手势，如点头表示你希望参与者继续讨论他们正在讨论的问题。积极倾听也能帮助你捕捉到一些线索，这些线索可能是获取重要信息的钥匙。

参与者在谈论其他事情时，常常会留下一些**线索**（Weiss, 1994）。换言之，当参与者谈论某个话题的时候，他们会提到另一个你认为值得返回去探索的话题。在参与者回答完问题之前，请不要打断他们，但你可以在听到有关话题的线索时，将其在笔记上记下来，最好只记下一个单词或短语来提醒你自己，这样就不会分散参与者的注意力，你也不会因此听不见他们在说什么。然后，在参与者结束他们当前的谈话时，你可以返回你记下线索之处。比如，在一次关于婚姻的访谈中，你可以向参与者询问她的婚礼情况。在向你讲述她的婚礼时，她描述了食物，并说："每个盘子看起来都像一件艺术品，我很高兴我们在三文鱼上大肆挥霍，因为它的酱汁棒极了，每个人都喜欢，除了我母亲，她抱怨一切，但婚礼真的很棒。婚礼上有香槟和鱼子酱……"当你的参与者讲话时，你可以记下她无意中留下的关于她母亲的线索标志，你可以在小记事本上用母亲一词将这个线索标志记下来。一旦她描述完食物，你就可以说："这听起来很棒。当你谈到食物时，你提到了你妈妈有抱怨的习惯，你能和我讲讲吗？"虽然并非所有线索标志都能指向对你的项目比较重要的信息，但通常这类线索标志的确能够做到这一点。在这个例子中，参与者可能会继续描述她与母亲的不稳定关系，或者描述她母亲是一个难以相处的人，这甚至影响了她父母的婚姻，或者其他许多事情。在这些情况下，所揭示出来的信息可能直接关系到婚姻这一更大的话题，以及你的参与者如何看待和体验人际关系。简而言之，可能有一些重要数据，因为你不知道去问与之对应的问题，而与你失之交臂。

除了"直接提问"外，在访谈情境中，还有其他获取数据的方法。"赋能技术"（enabling techniques）是一种修改问题的方式，使参与者更容易表达自己。这些策略在社会研究中非常有用（Roller & Lavrakas, 2015, p. 140）。罗尔和拉夫拉卡斯（Roller & Lavrakas）提到的例子包括以下几种类型。

- 完成句子/填空（比如，"在我的婚礼上，我感到＿＿＿"）。
- 词语联想（比如，"当你听到婚礼一词时，你想到的第一个单词是什么？"）。
- 讲故事（比如，"给我讲一个发生在你的婚礼上的故事"）。

你运用这些不同技术的能力，从某种程度上讲，取决于你的**访谈方式**。**面对面访谈**的一个好处是有机会建立融洽关系、捕捉到视觉线索，以及使用手势。然而，面对面访谈并非总是可行的（由于资源、地理位置、疫情等原因）。访谈也可以通过视频会议、电话或电子邮件进行。尽管和面对面访谈的体验不同，但**视频会议访谈**具备面对面访谈的许多好处，还便于你与那些可能无法与你见面的人交谈，由于他们位于离你很远的地方。**电话访谈**剥夺了你通过手势交流的能力，然而，你依然可以通过电话问一些探索性问题，捕捉一些语言线索标志。**电子邮件访谈**是书面访谈，不允许你捕捉口头语言或肢体语言线索。然而，书面访谈的好处是让你能够访谈位于不同地点的人，让参与者有更多的时间深思熟虑地回答问题，并且因为参与者在私下回答关于敏感主题的问题会感到更自在，所以书面访谈可能适合针对敏感主题的研究。通过电子邮件进行的书面访谈会使访谈更为高度结构化，在高度结构化的访谈中，你对每个参与者都使用相同的访谈指南。使用此方法时，你可以在阅读参与者的初始回答后，向他们提出后续问题，甚至可能有不止一轮的后续问题。

一旦你收集到访谈数据，通常要把访谈内容**转录**下来。许多研究人员逐字转录每一次访谈，以保存一份完整的访谈记录。在其他情况下，研究人员决定只转录他们认为与研究相关的那些访谈内容。虽然这种方法节省了时间，但在该过程的早期确实存在丢失有价值数据的风险。书面访谈的一个好处是，你可以避免单调的转录过程（尽管仅凭这一理由还不足以让你选择书面访谈法）。重要的是，要**清楚地标记和标注你的转录稿**，使其处于易于分析的形态。比如，一致使用粗体和斜体（当研究人员讲话时，或者当参与者强调某件事时，都要做标记）。你在数据准备过程中付出更多的努力，数据分析和解释过程就会变得更加容易。转录是一个单调而乏味的过程，因此研究设计应当为访谈数据的转录留出充足的时间。我们可以使用转录软件来帮助我们完成转录过程，但这个过程依然是劳动密集型的。如果你正在为你的研究申请经费，那么你可以考虑将聘用转录员的费用包含到预算中去。如果你确实聘用了转录员，那么必须告知他们要保守参与者的秘密。当你请聘用的转录员进行转录工作时，我强烈建议你至少听一听录音，以了解数据、参与者的声音，以及他们是如何强调重点的。

你需要决定是否**编辑或美化**你的转录稿。比如，人们经常会反复说"嗯"或"比如"之类的话。人们还会使用口语体。你是保留还是省略这些语言元素呢？此外，还需要考虑伦理方面的影响。你有义务谨慎地呈现参与者，你还有义务不抹去文化差异，不将参与者的声音同质化。如果你聘请了一位转录员，那么你需要给他们提供关于编辑的具体指导。

备忘录写作不仅对于实地研究很重要，同样也是访谈研究的数据生成和后期分析的一个重要组成部分（在关于分析的那一节中有更详细的讨论）。

复习站点 3

1. 深度访谈是归纳性的。下面哪个问题是归纳性的？

   a. 在一个典型的工作日，你都做些什么？

   b. 你喜欢你的工作吗？

   c. 你有梦想的工作吗？

   d. 你觉得你的老板怎么样？

2. 在设计访谈研究时，研究人员会考虑是否所有参与者都会被问到同样的问题，是否会按照同样的顺序提问，以及参与者在回答问题和引导访谈的走向上是否具有自由度。这些都涉及研究者所施行的 _____。

3. 在访谈中有哪些方式可以展现积极的倾听?

4. 通过电子邮件进行访谈的优点和缺点有哪些?

★ 请到本章"复习题答案"部分核对答案。

自我数据(自传式民族志)

以下内容摘自罗宾·博伊洛恩(Robin Boylorn, 2017)的自传式民族志散文《解读特权(或无特权)或肤色、红骨和棕褐色》[*Unpacking (Un)Privilege or Flesh Tones, Red Bones, and Sepia Shades of Brown*],通过她作为黑人的成长经历(后来她成为大学教授),探索了概念和危险或色盲。她最终利用自己的经历探索了种族、肤色歧视、色盲和文化等更大的问题[4]。

1985 年,八支装绘儿乐蜡笔盒里只有原色和二次色的蜡笔。而我妈妈买给我的普通品牌蜡笔也有类似但不那么华丽的颜色,除了蜡笔,妈妈还给我买了一本涂色书,作为在我姐姐九岁生日那天给我的安慰礼物。尽管我和姐姐相差两岁五个月零两天,我妈妈还是会在我们庆祝对方生日时,给我们每个人一份小礼物,让我们打开。这些姿态对于外表和举止截然不同的两个女儿是必要的。这在 1985 年尤其重要,因为这一年我从学校的同龄人那里了解到，对于有着一位浅肤色姐姐的我而言，深肤色意味着我不那么漂亮，不那么聪明，不那么受重视，因此不那么受人喜爱。

开始上学之前，我出于各种常规原因嫉妒我的姐姐。她比我大，所以她先于我经历了所有的第一次。在她的成就、智慧和淡淡的肤色的阴影下，我退缩了。虽然当时我还不具备语言表达能力，但我还是注意到了成年人和陌生人宠爱她的方式。他们会对她与生俱来的姣好肤色和漂亮的卷发赞不绝口。甚至连学校的同学们也经常说我姐姐天生善良，坚持认为我和我姐姐不是一个爹生的，因为我姐姐"肤色浅、聪颖、近似白种人"。而我的皮肤却只是黑色。这种对比非常强烈，并且黑皮肤之重压又好像永远挥之不去。(p. 9)

基于**自我数据**（self-data）[也称为**自传式数据**（autobiographical data）**或个人数据**（personal data）]的定性研究类型，在过去25年间发展迅速。随着对身份、身份政治和个人与公众之间关系的研究的扩展，这种类型的定性研究也得以发展。这一研究类型的研究方法依赖于**研究者将他们自己视为认知主体**，并重视他们自己的经历，将其视为研究更大文化的起点。

自传式民族志（autoethnography）已成为这一研究类型的主要研究方法。自传式民族志（auto-ethnography）这一术语于1975年首次出现在卡尔·海德（Karl Heider）的著作中，并在20世纪 80 年代被改为不带连字符的自传式民族志（autoethnography），于 20 世纪 90 年代流行起来（Adams et al., 2015）。与民族志一样，自传式民族志也是一种**著述文化**的方法。为了著述文化，自传式民族志将**研究者的个人经历**作为一种方法，将个人与更大的文化背景或现象联系起来（Adams et al., 2015）。换言之，自传式民族志重视研究者的个人经历，将其视为研究文化的一种方式。当研究人员在所研究的主题方面有过亲身经历，并愿意将其个人经历作为研究的起点深入研究时，这种方法是有用的。比如，如果你有意研究与慢性疼痛或疾病、离婚、家庭暴力、性侵犯、悲伤、同性恋恐惧症或种族主义相关的生活经历，而且你正好在这个研究主题上有过亲身经历，那么你可以严谨地研究自己的经历，将其与更大的文化、社会或政治进程联系起来（Ellis, 2004）。

重要的是要明白，并非所有描述个人的作品都是自传式民族志。斯泰西·霍尔曼·琼斯、托尼·亚当斯和卡罗琳·埃利斯（Stacy Holman Jones, Tony Adams, & Carolyn Ellis, 2013）提供了一份清单，列出了自传式民族志的四个突出特征，你可以将它们纳入你的研究设计，也可以用它们来评估你的研究："一是有目的地评论和 / 或批评文化和文化习俗，二是丰富现有研究，三是有目的地接纳脆弱性，四是与受众建立互惠关系，以迫使他们做出回应"（p. 22）。

从方法论上讲，自传式民族志项目必然涉及**严谨的写作实践**（如每天写日志和备忘录）。捕捉经历的细节和描述经历都很重要，包括你在情感方面的经历。制订一个系统的写作计划。在特定的项目中，这种方法还可能包括**实地调查、正式或非正式访谈和内容分析**（content analysis）（对日记、历史文献和照片等文本的研究）。自传式民族志项目通常始于个人经历、顿悟或变革时刻（Adams et al., 2015）。比如，亚当斯（Adams, 2011）利用他作为男同性恋者出柜的亲身经历，探索美国文化中的性行为，以及文化和制度规范如何影响同性恋者的生活、关系和出柜过程。德里克·博伦（Derek Bolen, 2014）指出，通常以平凡为中心的"美学时刻"可以激发一个项目的灵感。亚当斯和他的同事（Adams et al., 2015）建议通过在故事中找到你自己来开始你的项目。关于这个主题你有什么样的经验？一旦你在故事中找到了自己的位置，你就可以开始建立你的方法论，除了写作实践，这可能还包括实地调查、与他人交谈、访谈他人，以及协作性对话（Adams et al., 2015）。

在关于实地研究那一节所讨论的**局内人-局外人身份**，在自传式民族志中比较复杂。你显然是以**局内人的身份**和运用局内人的知识开展研究工作的（Holman Jones et al., 2013），使用这种方法时，你可以使用自己的"内幕消息"来应对"外部力量"（Adams et al., 2015, p. 27）。做这种工作需要研究人员具备**脆弱性**。你需要能够深入挖掘自己的经历，这可能会释放出意想不到的情绪。你还需要准备好分享你的个人经历，以引起受众的反应。但是，你无法控制他们的反应的性质，因此在从事此类研究工作之前，要确保你自己在进行这一层次的分享时感到舒适，这一点很重要。在自传式民族志的实践中，**自我关怀**伦理是必要的。在项目中跟踪你自己的一些策略包括：记录你在项目中的经历，并与值得信赖的同行分享。

最后，自传式民族志使用**文学写作的惯例**，以使研究**引人入胜并通俗易懂**（Ellis, 2004）。你对数据的收集和分析越深入，你就愈发能够整合你的叙事。归根结底，自传式民族志具有**讲故事**的特质，这种特质可以通过多种方式实现。比如，我们可以看一下罗宾·博伊洛恩（2017）的散文节选。

非介入方法（内容分析）

以下是阿什莉·梅里亚诺斯、丽贝卡·维杜雷克和基思·金（Ashley Merianos, Rebecca Vidourek & Keith King, 2013）进行的一项研究的节选，该研究分析了 3 家整容中心的 21 本小册子的内容。在这段节选中，我们可以看到定性内容分析是如何揭示这些小册子中用来创建特定形象的语言和概念的，以及专门用来描述这些与整容步骤相关的身体风险的文字的字体大小和篇幅。

该［研究］还揭示，小册子是以女性为目标，目的是让她们将医疗美容视为可以提供治疗的美容服务。所有包含无创医疗美容和有创医疗美容的宣传册，都从医学的视角，以及有治疗性的健康替代方案和安全操作的视角，将整容手术描述成提升女性身体形象的途径。比如，大多数小册子通过将自然的衰老过程描绘成可以通过治疗来解决的医学问题，从而将女性身体医疗化。值得注意的是，与医疗化相关的身体风险仅得到了最低限度的讨论，而且通常仅以小字体出现在小册子里。因为这种描述使得整容手术似乎是必要的，而不是选择性的，所以也许从医学角度描述选择性女性整容手术可以将相关风险最小化。(p. 11)

内容分析是在传播学领域发展起来的，但现在广泛应用于各个学科。内容分析有定性和定量两种方法；在这里，我仅介绍定性内容分析。内容分析或文件分析是一种**系统的文本研究**方法。有些人将内容分析称为一种研究记录下来的人类交流的方式(Adler & Clark, 2015; Babbie, 2021)。定性研究者使用内容分析来理解文本传播的意义。比如，这种方法已被广泛用于研究广告和其他媒体对性别的描绘、历史教科书对少数群体的描述，以及新闻和政治节目的内容，包括公开和隐含的信息。定性研究者不仅分析"文本内容"，还分析产生文本内容的背景。罗勒和拉夫拉卡斯(Roller & Lavrakas, 2015)将定性内容分析定义为"对内容的系统简缩……分析时要特别注意创建的内容的背景，以确定主题并提取对数据有意义的解释"(p. 232)。与本章介绍的其他方法不同，内容分析依赖于**无生命数据**。因为数据是无生命的，所以它们具有两个鲜明的特征：一是**非交互性的**，二是**独立于研究而存在**(Reinharz, 1992, pp. 147-148)。因为无论研究是否发生，数据都存在于世界上，所以数据被认为是**自然存在的**(Reinharz, 1992)。定性内容分析便于研究人员研究文本蕴含的意义。

　　许多不同类型的**文本**和资料可以通过内容分析加以研究，包括（但不限于）历史文献、转录而来的演讲稿、报纸、杂志、书籍、博客和日记。**视觉数据**用于视觉研究领域。所研究的视觉图像通常包括来自广告的照片或图像。文本还可能包括**音频数据**，如音乐。最后，**视听数据**被认为是**多领域**的，因为它们包含视频和音频，或文本成分（Rose, 2000）。视听数据的实例可能包括电影、电视、视频或互联网内容。重要的是要仔细考虑如何抽取你要分析的内容（选择你要分析的文本）。比如，如果你正在研究历史教科书，你将如何选择它们？你将选取多少本历史教科书？选取哪个时期的历史教科书？

　　内容分析通常涉及对内容的初始沉浸，以获得"全局感"，还涉及确定分析单位、编码、分析和解释环节（通常有多轮编码和分析）。在初始沉浸过程中，或在罗勒和拉夫拉卡斯（Roller & Lavrakas, 2015）所说的"吸收内容"的过程中，记下你的整体印象和想法，以便你根据看到的内容进行编码。接下来是确定你将要研究的分析单位，并开始编码。

　　分析单位可以被视为**数据块**。比如，在报纸之类的书面文本中，你可以将分析单位定义为单个故事、每一列文本、每一段文本或每一句文本。或者，你可以按主题来界定分析单位，而不是根据文本的"量"预先确定分析单位。因此，每当提到某个主题（你的研究中的某项内容）时，都可将其视为一个分析单位。比如，如果你正在进行一项内容分析，以了解电视媒体如何在婚姻、母亲身份和性别表现（如身体、衣着、女性气质）方面描述

女性政治家，你可以判定，每当这些主题中的一个主题被一大段
报道提及，就会构成一个"分析单位"。

一旦确定了分析单位，就可以开始数据编码过程。一些研究
人员使用计算机辅助定性数据分析软件（CAQDAS），该软件因
出色的效率、可靠性和处理大量数据的能力而备受赞誉。计算机
辅助定性数据分析软件具备编码、组码、备忘录、折叠代码等
功能（Roller & Lavrakas, 2015; Silver, 2010）。罗勒和拉夫拉卡斯
提到以下用于内容分析的程序：ATLAS.ti、MAXQDA、NVivo、
HyperRESEARCH、ethnograph 和 Qualrus（p. 248），而我则会在
这些程序后面补充推荐 NUD*IST 和 Dedoose 这两个程序。其他
研究人员则选择手动编码，不使用软件程序。计算机辅助定性数
据分析软件可能会忽略重要的细微差别或潜在含义，此外，每个
程序的效用也彼此不同（Roller & Lavraka, 2015）。罗勒和拉夫拉
卡斯提醒我们，即便使用了计算机辅助定性数据分析软件，该软
件也只是一个"工具"而已，研究人员依然可以通过他们所提出
的问题、他们编码的方式，以及他们探索潜在或隐含的意义的方
式，来对研究结果及其质量发挥重要作用（p. 252）。

无论是通过计算机辅助定性数据分析软件，还是以人工方式
进行内容分析，在最初沉浸于数据的过程中，都会习惯上为每个
分析单位生成一个**编码**（code）。因此，如果你将句子作为你的
分析单位，你要给每个句子分配一个能够抓住这个句子本质的单
词或短语。通常，这个过程始于文字编码（确切的词语、具体的
想法）。当你接着分析或再分析数据时，你可能会优化编码，将

几个文字代码折叠成更大的类别或更抽象的编码。最终，确定主题。在这个过程中，撰写备忘录可以助你一臂之力。编码过程将在后面关于分析的一节中予以更详细的描述。然而，由于内容分析的独特性，我现在简要地提出这些议题，以便你在定义分析单位时能够更好地理解其中的利害关系。

定性内容分析是**归纳性的**，编码和主题是在**数据收集和分析的递归过程**中形成的（Hesse-Biber & Leavy, 2005, 2011）。一种可以采用的归纳性方法是扎根理论。由巴尼·格拉泽（Barney Glaser）和安塞尔姆·施特劳斯（Anselm Strauss）于 1967 年创立的**扎根理论**（grounded theory）指的是一种方法，人们可以通过这种方法收集和分析数据，形成新的见解，然后用这些见解来指导下一轮数据收集和分析。这些步骤不断重复，直至达到饱和点。代码、概念和见解直接从数据中产生，因此它们扎根于数据。定性研究者使用扎根理论来发展直接从数据中产生的概念和想法。基于扎根理论的内容分析法涉及一个归纳性编码过程，在这个过程中，数据通常是被逐行分析的，编码类别直接从数据中产生（参见 Charmaz, 2008）。使用这种方法时，你对一小部分数据（内容）进行抽样，分析生成数据的编码，随后根据你所了解到的信息，收集和分析更多的数据，优化你的代码并创建备忘录笔记，然后继续，直到你达到数据饱和点。

> 🖥 请访问配套网站，下载关于不同定性分析方法的练习题。

关于主要定性方法的比较，请参阅表 6.3。

表 6.3　数据收集之定性方法

方法	环境	侧重点
实地研究或民族志	自然环境	在自然环境中观察（并可能采访）参与者，以便从他们的角度理解社会生活，并对文化进行著述
访谈	人工环境	使用对话和讲故事的方式，从参与者那里获得开放式的回答
自传式民族志	研究者选择的环境	以对研究者自身经历的严谨叙述为出发点来著述文化
非介入方法或内容分析	文件所在场所（如图书馆馆藏和在线内容）	系统地研究任何形式的文本（非生命数据），以理解文本所传达的意义

复习站点 ④

1. 请定义自传式民族志。

2. 从方法论上讲，自传式民族志涉及什么？

3. 请定义内容分析。

　a. 因为数据是无生命的，所以它们具备哪两个鲜明特征？

4. 一位研究者对女性杂志如何通过"情爱关系文章"描绘

性行为感兴趣，该研究者收集了这类文章的一个小样本，并对其逐行编码，以便直接根据数据形成编码类别。根据其所获得的见解，研究者选择了更多的文章，并多次重复这一过程，从而优化了编码过程。其结果是形成了一个新的概念框架，通过这个框架可以理解该主题。研究者采用了哪种内容分析方法？

★ 请到本章"复习题答案"部分核对答案。

抽样、参与者和环境

谁将参与你的研究？你将如何找到他们？你打算与参与者建立什么样的关系？研究将在哪里进行？

应该根据研究目的和研究问题来确定和招募参与者。定性研究通常依赖于**目的性抽样**，如第四章所述，目的性抽样基于这样一个前提，即为研究寻找最好的个案可以产生最好的数据（Patton, 2015）。因此，重要的是抽样时要有策略性，以便找到最符合研究目的和研究问题的"信息丰富的个案"（Morse, 2010; Patton, 2015, p. 264）。

下面是定性研究人员常用的抽样程序概述。

滚雪球抽样是一个过程，通过这一过程，每一位参与者都能帮助研究者找到另一位参与者（Adler & Clark, 2015; Patton,

2015）。比如，在访谈的情况下，你可以直接请参与者向你推荐其他可能成为合适受访者的人（Babbie, 2021）。因此，如果一个参与者是一个特别好的信息源，或似乎与你感兴趣的更大群体的成员关系良好，你可以请他们推荐更多的参与者。

方便抽样基于参与者的可及性来确定参与者（Hesse-Bibe and Leavy, 2011）[5]。比如，如果你有意研究大学生对某个特定主题的体验，而且你恰好就在大学里工作，就可以在你自己的校园里开始你的抽样过程。你可以在能接触到的更大群体中寻找最合适的个案。

配额抽样（quota sampling）是一种策略，通过这种策略，你可以确定感兴趣的总体的相关特征以及具有这些特征的元素在总体中所占的比例。然后，你选择个案（参与者）来代表每个相关特征，其比例与它们在总体中的比例相同。

在某些项目中，你可能会寻找单一个案。比如，口述史或生活史访谈、个案研究，以及自传式民族志可能涉及选择一个稳健的个案。有许多选择单一个案的策略，我简要介绍其中两个。首先，你可以寻找**单一重要个案作为范例**（Patton, 2015, p. 266），换言之，你找到了一个特别可靠的个案，该个案有望产生丰富的数据。其次，就自传式民族志而言，你可能会**根据自我研究寻找单一重要个案**（p. 266），这意味着你将自己当作调查的个案。

还有**混合抽样策略**（Patton, 2015）。除了直接的目的性抽样策略外，一些定性研究人员选择两阶段抽样程序，即要么将两种目的性抽样策略结合起来，要么将概率抽样和目的性抽样相结合。

除了寻找参与者，你还需要考虑在这个过程中你打算培养什么样的**关系**。当你在定性研究中与参与者合作时，有必要建立融洽的关系，但是在建立职业性融洽关系和发展友谊以帮助研究（后者经常发生在实地研究和自传式民族志研究中）之间存在很大差异。你与参与者的合作程度如何？你们将共同设置哪些边界？你们将如何澄清和设定期望？

除了确定参与者或内容分析中的"数据"，你还需要确定研究**环境**。首先要决定研究是在自然环境还是人工环境中进行，这一决定通常是在你选择数据收集方法的时候间接做出的。比如，民族志研究或实地研究的数据收集过程发生在**自然环境**中，访谈研究可能发生在**人工环境**中，而内容分析发生的环境则可能取决于所需文件所处的场所（比如，你可能需要访问特殊的图书馆或档案馆）。

当研究发生于自然环境时，你会将参与者（至少最初是这样）和环境关联起来进行选择。本质上，你所选择的环境可以让你获得能接触到的最佳参与者（请记住前面讨论过的守门人／获准进入的议题）。

数据分析和解释策略

数据分析和解释的过程帮助我们回答"这一切意味着什么"的问题。这一过程使我们能够对我们的数据进行"可理解的描述"（Wolcott, 1994, p. 1）。重要的是要记住："数据不会为自己说话。我们必须替它们说话"（Vogt et al., 2014, p. 2）。

艾伦·特伦特和吉西克·丘（Allen Trent & Jeasik Cho, 2014）将分析定义为"总结和组织数据"，将解释定义为"发现或创造意义"（p. 652）。这些阶段之间的界限可能模糊不清，因为分析和解释通常是一个**递归过程**，即分析导致解释，解释又导致分析，以此类推。为了明确说明分析和解释过程，这里特呈现分析和解释的一般阶段：一是数据准备和组织，二是初始沉浸，三是编码，四是分类和主题化，五是解释。

数据准备和组织

你需要做的第一件事是为分析准备数据。根据你所生成的数据的类型，你将需要**转录**数据（如转录访谈录音）或**扫描**数据（如历史文献）（Hesse-Biber, 2016; Hesse-Biber & Leavy, 2011）。

应将数据**组织到存储库中**，以便于访问，并对所有文件进行备份（Saldaña, 2014）。因为定性研究会产生大量数据，所以作为数据组织流程的一部分，你还需要对数据进行**整理**以便于分析。整理过程的性质将取决于你收集了多少数据。萨尔达尼亚（Saldaña）建议为每个数据"块"建立一个独立的文件，如一天的实地笔记、一次访谈等。如果你是一位视觉思考者，可以考虑使用颜色编码系统（不同的文件采用不同的颜色，还可以采用高亮显示的办法，等等）。

初始沉浸

在开始系统分析过程之前，从整体上了解数据至关重要。阅读、查看和思考数据（Hesse-Biber, 2016; Hesse-Biber & Leavy, 2005, 2011）。花点时间慢慢思考，让你的想法得以酝酿。对数据的初始沉浸有三大好处。

首先，沉浸有助于你"感受"**数据的脉搏**（Saldaña, 2020）。日常辛苦的数据采集工作和数据准备工作很容易让我们忽视全局。要回到数据的核心，请让你自己沉浸于数据中。萨尔达尼亚完美地解释道，这种沉浸让你"对你所研究的社会世界以及作为人类意味着什么有了深刻的情感洞察"（2014, p. 583）。

其次，沉浸可以帮助你**形成初步的想法**（Creswell, 2014）。在审阅数据的过程中，简要记录你的想法、观点和想提醒自己的一些要点（Hesse-Biber & Leavy, 2005, 2011; Saldaña, 2014, 2020）。无论你记的是手写笔记还是电子笔记，你都可以使用便利贴，在页边空白处记笔记，或圈出、用下画线或高亮显示单词或短语。

最后，由于你可能要处理大量的数据，初步探索可能帮助你开始**数据简缩** (Hesse-Biber & levy, 2005, 2011)。你可以通过注意哪些数据最有助于你实现研究目的和回答研究问题，来确定数据分析的先后顺序 (Saldaña, 2020)。

编　码

编码（coding）过程允许你对所生成的数据进行**简缩和分类**。编码是**给数据段分配一个单词或短语**的过程。所选择的编码应该能够概括或抓住该数据段的本质（Saldaña, 2009）。编码可以通过手工或使用计算机辅助定性数据分析软件完成。正如内容分析一节所指出的那样，有许多可用的程序［如需有关可用程序及其网址的详细讨论和列表，并想了解这些程序是否可供购买、租用或免费使用，请参阅克里斯蒂娜·西尔弗和安·列文的文献（Christina Silver & Ann Lewins, 2020）］。

　　无论你是手工编码还是使用计算机软件编码，都有许多方法可以对定性数据进行编码，以下仅列出了其中的一部分。

- **实境编码**（in vivo coding）：这种策略依赖于使用参与者的原话来生成编码（Strauss, 1987）。实境编码受到许多定性研究者的青睐，因为它优先考虑并保持参与者的语言。一些采用这种策略的研究人员会结合扎根理论方法［在非介入方法（内容分析）那一节中进行了讨论］。当有疑问时，我建议使用这一策略，因为它不会限制你的注意力，并且允许你保留参与者的语言，从而有机地形成编码。

- **描述性编码**（descriptive coding）：该策略主要使用名词来概括数据段（Saldaña, 2020）。

- **价值观编码**（values coding）：该策略聚焦于冲突、斗争和权力议题（Saldaña, 2020）。

你的编码方法应当与你的研究目的和研究问题相关联。换

言之，应根据你想从数据中了解的信息来选择编码程序。表 6.4
呈现的是一个编码实例，即使用介绍的三种方法对同一访谈记
录进行了编码［访谈对象是一位 60 岁的妇女，主题是身体形象
（Leavy & Scotti, 2017）］。

表 6.4　分析编码策略示例

访谈记录	实境编码	描述性编码	价值观编码
我不喜欢照着镜子，却觉得自己不漂亮的那种感觉。我是一位主持人，很想对自己的长相感到满意。让我痛苦的部分原因是，我在我心目中的模样和镜子里的不一样	不喜欢 镜子 不漂亮 主持人 因不匹配而痛苦 我的感受 镜中容貌产生的冲突	镜子 主持人 镜子	不喜欢 觉得不漂亮 外表对工作很重要 因心中容貌和镜中容貌不匹配而痛苦 镜中容貌产生的冲突

分类和主题化

　　一旦完成了对数据的编码，寻找编码的模式和编码之间的关
系就很重要了。**分类**（categorizing）是**将相似或看似相关的编码
组合**在一起的过程（Saldaña, 2020）。

　　在处理已编码数据时，你可能还会对数据进行**主题化**
（theming）。当你研究代码和类别时，会出现哪些主题？与短编码

不同，主题可能是一个**扩展了的短语或句子，表示一个编码或一组编码背后的更大含义**（Saldaña, 2020）。

在可能循环发生的编码、分类和主题化的过程中，定性研究者会进行**备忘录写作**。备忘录写作包括思考和系统地描述你已经编码和分类的数据。**备忘录是连接编码和解释的纽带**，记录了你的印象、想法和新的理解［备忘录还有助于你后续撰写研究报告（Hesse-Biber & Leavy, 2011），见图 6.4］。

图 6.4　将编码和解释关联起来的过程

每份备忘录都进一步阐明了你对特定主题或概念或数据的理解，从而让你能更深入地认识数据（Saldaña, 2020）。你可以撰写不同类型的备忘录，包括（但不限于）详细的描述或概述、数据中的关键引用、关于不同编码的分析备忘录、你对编码和类别之间关系的解释性看法、你对某事的意义的解释性看法，以及关于一个理论或一篇文献与一段编码数据的关系的解释性看法（Hesse-Biber & Leavy, 2011, p. 314）。

解　释

解释解决的是"那又怎样？"的问题（Mills, 2007）。你如何理解你所获取的信息？这一切意味着什么？

为了从编码数据中挖掘意义，请**使用你的备忘录笔记**，从你的数据中寻找**模式**，记录**异常数据**，寻找**不同类别、概念和主题之间的关联**。你还可以借助三角互证策略，来建立对你正在形成的总结性研究结果的信心。**三角互证**（triangulation）是使用多种方法或数据源解决同一问题的常用策略（Greene, 2007; Greene, Caracelli & Graham, 1989; Hesse-Biber, 2016; Hesse-Biber & Leavy, 2005, 2011）。有多种类型的三角互证。**数据三角互证**（data triangulation）是指使用多个数据源来考察某个论断（Hesse Biber & Leavy, 2011, p. 51）。明确地使用文献或理论，以便从数据中获取意义，并将其置于一个可理解的框架中。**理论三角互证**（theoretical triangulation）是指透过多个理论视角来观察数据，以便产生不同的解释（Hesse Biber & Leavy, 2011, p. 51）。**研究者三角互证**（investigator triangulation）是指让两个或两个以上的研究者研究同一主题，并比较他们的研究结果（Hesse Biber & Leavy, 2011, p. 51）。当你解释数据并创建意义时，请回到研究目的和研究问题上，问自己以下几个问题。

- 类别、主题和概念之间的关系是什么？

- 出现了什么模式？

- 数据中什么似乎最突出？数据的本质在告诉我什么？

- 通过将数据放在现有文献的背景下，我能了解什么？

- 通过一个以上的理论视角来考虑数据，我能了解什么？

- 运用我所了解到的信息，我将如何回答我的研究问题？

复习站点 ⑤

1. 定性研究通常依赖于_____抽样。

   a. 这种抽样的前提是什么？

2. 在哪两种环境中可以进行定性研究？

3. 请定义定性数据分析。

   a. 分析的四个阶段是什么？

4. 请定义数据解释。

5. 什么是数据三角互证？

★ 请到本章"复习题答案"部分核对答案。

评 估

对于那些阅读或消费你的研究结果的人而言，能够理解你做的事情和你这样做的理由是非常重要的。**明确性**（explicitness）意味着你已经清楚说明了采用的方法论策略，以及你自己作为研究者的角色（Leavy, 2011b; Whittemore, Chase & Mandle, 2001），换言之，方法论已被披露。

定性研究也可以依据彻底性和适配性进行评估。**彻底性**（thoroughness）是指项目组成部分的全面性，包括抽样、数据收集和表达（Whittemore et al., 2001）。**适配性**（congruence）是指项目的各个组成部分如何适配，包括问题、方法和研究结果之间的适配，数据收集与分析的适配，以及你的项目与之前的关于该主题的研究之间的适配（Whittemore et al., 2001）。为了评估彻底性和适配性，你可以问自己以下问题。

- 你能看到你做了什么，并知道为什么吗？（Leavy, 2011b, p. 135）
- 项目的组成部分彼此适配吗？（Leavy, 2011b, p. 138）

同样重要的是，要考虑读者在多大程度上能够信任这个过程，并最终信任研究结果。

在定性研究实践中，**效度**是指项目、论断和结论的可靠性（credibility）和可信度（trustworthiness）（Leavy, 2011b）。有些研究者更喜欢**可靠性**这个术语（Agar, 1986），而其他人则更喜欢使用**可信度**这个术语（Mishler, 1990, 2000; Seale, 1999）。无论使用什么术语，效度或可信度都体现项目的质量、方法的严谨性，以及

你的研究结果的读者是否认为你已经建立了可信度（Aguinaldo,
2004; Lincoln & Guba, 1985）。读者对你的研究结果有信心吗
（Hesse-Biber & Leavy, 2011）？读者信任你的数据和解释吗？为
了树立信心，你付出了哪些努力？伊冯娜·林肯和埃贡·古贝
（1989）对此做出了如下解释。

> 与可信度相关的基本议题很简单：调查者如何才能
> 说服他/她的受众（包括自己）去相信调查的结果值得
> 关注，值得考虑？可以提出什么论点？援引了什么标
> 准？提出了哪些问题？在这个议题上什么才是有说服力
> 的？（p. 398）

验证（validation）是通过形成主体间判断（Polking-Horne,
2007），从而在团体中建立信心的**过程**（Koro-Ljungberg, 2008）。
对一个特定项目的验证，要求将研究方法恰当地用于特定的研究
目的，还要求确定所收集的数据和源于研究结果的结论也是适当
的（Maxwell, 1992）。前面介绍的三角互证策略有助于确立效度。

定性研究没有千篇一律的方法，因为每个项目都各有不同，
所以判断一个项目是否经过精心设计也很重要。**工艺**（craft）是
指项目的构思、设计和执行的方式（Leavy, 2011b, p. 155）。有好
几种具体的做法可能会对工艺产生影响。当我们以新的方式（这
些新的方式使我们能够研究原本一直不可见或无法触及的东西）
运用数据收集或分析的方法来形成一种独特的方法论时，**创新**

性或创造力就可能会发挥作用（Hesse-Biber & Leavy, 2006, 2008; Leavy, 2009, 2011a, 2015, 2020b; Whittemore et al., 2001）。在关于表达的下一节，我们将看到**艺术性**（包括以优雅的方式呈现项目），也是定性研究工艺的一部分，也是对定性研究进行评估的一个标准（Leavy, 2011a）。

也可以依据其**生动性**（vividness）来评估你的项目。提供详细而丰富的描述并突出数据的细节都能产生生动性（Whittemore et al., 2001）。你能看到场景、听到对话、想象出互动的情境吗？生动性不仅有助于建立研究结果的可信度，而且还可以用来建立适切性，继而成就可转移性（Leavy, 2011b; Lincoln & Guba, 1985）。**可转移性**（transferability）是将研究结果从一种情境转移到另一种情境的能力（Lincoln & Guba, 1985）。换言之，可转移性是可使研究结果用于其他情境的一种途径，从而将研究结果扩展到你自己的数据以外的环境。你能在多大程度上将研究结果从一种情境转移到另一种情境，取决于这两种情境的相似性，或者取决于林肯和古贝（Lincoln & Guba, 1985）所称的两种情境之间的"**拟合度**"（fittingness）。也就是说，两个情境越是彼此相似，你能将研究结果从一种情境转移到另一种情境的程度就越高。因此，你的叙述（通过详细的描述达成）越生动，你就越能证明你的研究结果的拟合度。

总之，在你的研究计划书中，你需要讨论用来评估项目的适当标准，以及你将采用的实现这些标准的策略（见表6.5）。

表 6.5 定性研究评价标准

明确性

方法得以披露

彻底性

项目的全面性

适配性

项目的组成部分彼此适配

效度 / 可靠性 / 可信度

项目质量和建立对论断的信心

三角互证

采用多种文献资料解决同一问题

工艺

项目是如何构思、设计和执行的，包括创新性、创造力和艺术性

生动性

可以看到、听到和想象的详细而丰富的描述

可转移性

能够根据"拟合度"（由数据的生动性明确表明的不同情境之间的相似性）将研究结果从一个情境转移到另一个情境

表 达

研究计划书通常要求你谈谈你打算如何表达研究结果。在定性研究中，研究结果能以多种**形式**呈现，包括期刊文章、会议报

告、专著（书籍）或通俗的写作形式，如故事或博客。**确定目标**
受众，同时确定选择的表达形式如何让你接触到其对应的受众。
参与者的声音是定性研究的主要内容（Gilgun, 2020），所以，请
说明你打算如何强调他们的观点（如通过大量摘录访谈记录）。
成功的定性研究以产生引人入胜的、描述性的、有趣且令人难忘
的作品而著称（Gilgun, 2005, 2014, 2020）。这是一个讲故事的过
程。你可以简要地谈谈你的写作方法，包括你将在多大程度上借
鉴文学惯例（如叙事、描述、细节和对话）来创建你的叙述。当
你真正将你的研究结果写成报告时，请记住，定性研究允许丰富
的描述、讲故事和叙述，换言之，正是这些特征使得研究报告更
加精彩。定性研究报告应当具有说服力，可使用文学工具来增强
你的写作效果。定性研究的写作方法有很多，而这些写作方法本
身就足以构成一册册的书籍，因此请参考本章末尾的资源清单中
推荐的参考书目。

⚖ **实践中的伦理**

　　表达阶段在三个主要方面对伦理实践至关重要。首先，
你触及真正重要的事情的核心了吗？也就是说，你是否表
达了你所了解的信息的本质，并公正地对待了参与者和研
究主题？其次，你是否仔细考虑过相关受众，并努力让他
们能够接触到你的研究？最后，你是否与参与者分享了你
的研究结果？

伦理声明

定性伦理声明提供对项目的**伦理基础的讨论**，阐述你的价值观体系、伦理实践和自反性。

首先，阐明指导你的研究的**价值观体系**。可能涉及的主题包括（如适用的话）：促使你选题的道德或社会正义要求；对代表性不足的群体进行研究；在与参与者的所有互动过程中和在研究结果的表达中，都要特别关注易于理解且具有文化敏感性的语言；利用该项目促进积极的社会变革或影响公共政策的意图。因为价值观是定性研究的核心，所以要提供关于价值观的深入讨论。

其次，应当详细讨论你对**伦理实践**的关注。所涉及的主题包括（如适用的话）：必要的机构审查委员会的批准状态，知情同意（解释参与研究的风险和好处、参与的自愿性、保密性和参与者提问的权利），许可权限（内容分析所涉及的权限问题），关系伦理（你打算与参与者发展什么样的关系，以及你将如何发展关系，包括设定适当的期望），在数据收集过程结束后与参与者打交道的方式（听取参与者的反馈、分享资源），研究结果的表达和传播（表达形式、与参与者分享、与所研究的社区分享、促进公共学术研究的努力，以及资料归档）。

最后，描述你将如何践行**自反性**。由于定性研究者已经在研究实践中促进提升了自反性的作用，讨论伦理的这个最后的维度是惯常且明智的做法。涉及的主题包括（如适用的话）你在研究项目中的位置（记录你的感受、印象、假设），以及你对研究过程中的权力议题的关注（试图与参与者建立非等级关系，以及分享权力并处理"发言权"的议题）。

复习站点 6

1. 如果研究人员未能解释他们的方法策略，读者就无法理解研究人员所做的事情，也无法理解研究人员是如何得出结论的，那么研究人员就没有达到 _____ 评价标准。

2. _____ 是一个建立对项目和结论的信心的过程。

3. 请解释可转移性。

4. 请说出研究结果的表达对伦理实践的至关重要的三个方面。

★ 请到本章"复习题答案"部分核对答案。

参考文献

见第五章。

附 录

研究进度时间表

见第五章。

拟议预算（如适用的话）

如果研究获得了资助，或者你正在寻求资助，那么你的研究计划书中应当包含一份详细的拟议预算。预算可能包括设备成本（录音机、磁带、笔、纸、计算机辅助定性数据分析软件），支付给参与者的费用（包括报销差旅费）、复制文件的费用、获准接触特别图书馆馆藏或档案馆馆藏的费用，以及任何其他预期费用。在资金充足的研究中，你可能会聘请专家或助理，如聘用转录员来转录访谈录音资料；然而，学生和新手研究者通常会自己做这项工作。

招募函和知情同意书

如果你需要和参与者合作，请在研究计划书中包含招募函和知情同意书。

许 可

如果你研究的是文本 / 资料数据（如在内容分析中），那么应在研究计划书中包含必要的许可，并适当标明文献出处。

工具（如果适用的话）

如果你已经创建了一份访谈指南，哪怕只是一份包含笼统的提问线索的提纲，都应将其包含在研究计划书中。

结　论

正如本章介绍的，定性研究对于从个人和小群体的角度来归纳性地了解一种社会现象特别有用。定性研究让我们便于解读人们赋予活动、情境、事件、人或人工制品的意义，允许我们深入了解社会生活的某个方面（Leavy, 2014, 2020a），或者允许我们研究文本中蕴含的意义。这种方法重视人们的主观体验和意义形成过程。信息丰富的小样本通常更受青睐。

以下是定性研究设计计划书模板的简要总结。

标题：包含关键词和引人注目的词语。

摘要：这篇 150 至 200 字的概述应该放到最后来写。包括你所研究的现象，研究目的，关于方法、参与者和环境的基本信息，以及开展这项研究的理由。

关键词：提供 5 至 6 个关键词，以便读者能根据这些关键词在搜索引擎上检索到你的研究，关键词涵盖主要问题或现象、理论框架，以及指导该项目的主要概念。

研究主题：描述你的研究所调查的现象，开展此项研究的个人原因和务实原因，以及研究的意义、价值或用途（伦理要求）。

文献综述：提供与你的研究主题最相关的研究的综述，展示你的项目将如何为丰富文献做出贡献。

研究目的陈述：概述你研究的主要目的、所采用的方法、参与者和开展这项研究的理由。

研究问题：提供你的项目要回答的 1 至 3 个开放式问题。

哲学陈述：讨论指导你拟议研究项目的范式或世界观，通常侧重于选定的理论思想流派（理论框架）。

数据收集的类型 / 设计和方法：详细描述你用来收集或生成数据的策略，指出你将如何解决与你所采用的方法相关的主要问题。

抽样、参与者和环境：描述你理想的参与者（人口统计学资料和特定经历）、将要采用的目的性抽样策略，以及该抽样过程将如何帮助你找到能够产生丰富数据的参与者。还要讨论研究将在哪里进行。

数据分析与解释策略：详细描述你将用来分析和解释数据的策略，如你的编码和备忘录写作过程，以及你运用理论和文献来理解你的数据的过程。

评估：解释你的方法的基本原理，包括为达成效度 / 信度而采取的步骤、你对工艺的关注，以及你的研究结果的可转移性（如果适用的话）。

表达：确定你的目标受众，同时确定你将以何种格式，通过生动而引人入胜的作品向该受众展示你的研究结果。指出该研究将在公共学术研究方面做出的贡献（如适用的话）。

伦理声明：讨论你的项目的伦理基础，阐述你的价值观体系、伦理实践和自反性。

参考文献：提供一套完整的引文列表，妥当地注明你借鉴过的或引用过的所有文献的出处。遵循你所在大学的参考文献格式指南（如果有的话），或你所属学科的参考文献规范。

附录：提供拟议研究的进度时间表、预算，附上招募函、知情同意书和许可的副本，以及访谈指南（如果适用的话）之类的所有测量工具的副本。

✓ 复习题答案

复习站点 1 答案

1. 因为研究者要考虑主题的社会意义，而这会直接影响他们的价值观体系。

2. a 和 c。

3. 解释主义或建构主义

　a. 拟剧论与（3）　符号互动论与（1）　民族方法论与（2）
　　现象学与（4）

4. 权力

复习站点 2 答案

1. 自然

2. 直接观察。

3. 从参与者的角度了解社会生活。

4. 实地观察的书面笔记或录音笔记（数据）。

   a. 即时笔记、深度描述、摘要式笔记、自反性笔记、对话和访谈笔记、解释性笔记。

   b. 备忘录笔记有助于研究人员形成他们对实地笔记的想法（综合和整合研究人员的想法）。

复习站点 3 答案

1. a 和 d。

2. 结构层次

3. 眼神交流和手势、追问、线索标志。

4. 优点：可以访谈不同地点的人，让参与者有更多时间回答问题，不需要转录。　缺点：没有口头或肢体语言线索。

复习站点 4 答案

1. 一种利用研究者本人的经历著述文化的方法。

2. 严谨的写作实践，该实践可能还包括实地考察、访谈和内容分析。

3. 一种系统的文本研究方法。

   a. 数据具备非交互性和独立于研究而存在这两个鲜明特点。

4. 扎根理论。

复习站点 5 答案

1. 目的性。

   a. 找到最好的个案能产生最好的数据。

2. 自然环境或人工环境。

3. 总结和组织数据。

   a. 数据准备和组织、初始沉浸、编码、分类和主题化。

4. 解读数据的意义。

5. 使用多种方法或数据源来检验一个论断的策略。

复习站点 6 答案

1. 明确性。

2. 验证。

3. 根据两个环境的"拟合度"（或相似性），将研究结果从
   一种情境转移到另一种情境的能力。

4. 公正地对待参与者和主题（触及了问题的核心）、确定了
   相关的受众并向该受众开放了研究，以及与参与者分享
   了研究结果。

实操练习

1. 选一个你感兴趣的研究主题进行一次访谈研究。

   a. 进行一次简短的文献综述，以进一步了解关于该主题
      的现有研究（6 至 8 篇文献）。

　　　b. 写一篇研究目的陈述，拟定 1 至 3 个研究问题。

　　　c. 确定你理想的参与者和抽样策略。

　　　d. 按照本章介绍的"漏斗"模型创建访谈指南（两页
　　　　 篇幅）。

2. 进行一次小型的模拟内容分析。选一个你感兴趣的研究
　主题，选取小样本文献来提取你所需的数据（比如，3 至
　4 种杂志和报纸）。

　　　a. 确定分析单位。

　　　b. 对你的数据进行编码，并在此过程中不断完善编码。

　　　c. 写下关于你的印象和想法的备忘录笔记。

3. 从某个同行评审学术期刊中选择一项已发表的定性研究，
　并根据以下要求对其方法进行简要评价：

　　　a. 表 6.5 中概括的评价标准。

　　　b. 确定哪些方面做得好，哪些方面还可以改进（两个
　　　　 段落）。

资　源

Bhattacharya, K. (2017). *Fundamentals of qualitative research: A practical guide*. New York: Routledge.

Gullion Smartt, J. (2021). *Writing ethnography* (2nd ed.). Leiden, The Netherlands: Brill/Sense.

Leavy, P., & Harris, A. (2019). *Contemporary feminist research from theory to practice*. New York: Guilford Press.

Roller, M. R., & Lavrakas, P. J. (2015). *Applied qualitative research design: A total quality framework approach*. New York: Guilford Press.

Saldaña, J. (2021). *The coding manual for qualitative researchers* (4th ed.). Thousand Oaks, CA: SAGE.

推荐期刊

《国际定性方法杂志》（*International Journal of Qualitative Methods*）阿尔伯塔大学（University of Alberta）

https://ejournals.library.ualberta.ca/index.php/IJQM

《定性健康研究》（*Qualitative Health Research*）赛吉出版公司

http://qhr.sagepub.com

《定性研究》（*Qualitative Inquiry*）赛吉出版公司

http://qix.sagepub.com

《定性心理学》（*Qualitative Psychology*）美国心理学会

www.apa.org/pubs/journals/qua

《在线定性报告》（*The Qualitative Report Online*）NOVA

https://nsuworks.nova.edu/tqr/

《定性社会工作》(*Qualitative Social Work*)赛吉出版公司

http://qsw.sagepub.com

注　释

1. 如第一章所述，虽然许多当前的研究教材在对定性研究的讨论中也包含变革性范式，但在这些情况下，作者将基于社区的参与性研究方法归类为一种定性研究方法。第九章将详细介绍变革性范式。

2. 一些定性研究学者反对使用数据收集这一术语，因为这个术语意味着数据就在那里等着被收集，而实际上数据是在研究过程中与他人合作构建的（通常是与参与者合作）。所以，一些研究人员使用其他术语，如"生成数据"或"构建数据"。我之所以使用数据收集这一术语，是因为该术语使用最广泛。然而，术语承载着意义，所以我鼓励你在选择术语时仔细斟酌。

3. 数字或虚拟民族志侧重于观察数字社会环境中的人。研究发生于媒介或在线环境中。

4. 摘自由 Brill/Sense 出版社出版的博伊洛恩的著作《透过镜子的特权》(*Privilege through the Looking-Glass*, 2017, p. 9)。版权所有 ©2017 帕特里夏·利维。经许可转载。

5. 有些人不认为方便抽样是真正的目的性抽样策略，因为它涉及选择最方便的个案，却不一定是最佳个案。

第七章

混合方法研究设计

混合方法研究（mixed methods research）涉及在单个项目中收集和整合定量和定性数据，因此可以更全面地了解所调查的现象。这是一种以问题为中心的研究方法，其中的方法和理论基于它们对本研究的适用性被作为工具加以使用。混合方法设计既重视定量研究方法，也重视定性研究方法。在方法论上，混合研究方法依赖于（1）结合演绎和归纳设计来生成定量和定性数据，（2）以某种方式整合数据集。当你的目的是描述、解释或评估时，这些方法是合适的，并且对研究复杂的问题或议题尤其有用。

值得注意的是，多方法研究涉及在单个项目的一个研究传统中使用两种或多种方法（即结合两种定量方法或两种定性方法）。多方法研究不是本章的重点，但是，在阅读第五章至第七章之后，你将拥有构建多方法研究设计所需的所有工具。基于社区的参与性研究通常依赖于多方法研究设计，因此你也可以参考第九章中的示例。

研究计划书的结构

　　混合方法范式在方法论和理论上是极其多样化的。每个研究计划书看起来都会有所不同，就像每个项目都要遵循各自不同的计划一样。然而，从某种程度上讲，即使顺序和权重不同，研究计划书也通常都包含模板 7.1 中建议的大部分内容。请记住，你可以对模板做大量修改或重新构思，以适合你的特定项目。

模板 7.1

标题
摘要　　　　　　　　　　　　　基本介绍性信息
关键词

研究主题
研究目的的陈述
研究问题和假设　　　　　　　　主题
哲学陈述和理论视角

文献综述
数据收集的设计与方法
抽样和参与者
数据分析和解释策略
表达　　　　　　　　　　　　　研究计划
伦理声明
参考文献
附录

在本章的其余部分，我将逐项介绍模板 7.1 中的各项内容。

基本介绍性信息

标 题

混合方法研究的标题明确说明主要研究问题和混合方法设计。

摘 要

在混合方法研究中，这个 150 至 200 字的研究概述通常包括你所研究的问题或现象、研究目的、研究方法的基本信息（指出混合方法设计）、参与者，以及为什么需要对这个主题进行混合方法研究。

关键词

5 至 6 个关键词，以便让读者了解主要问题、指导理论（如果适用的话）和混合方法研究设计。

主　题

研究主题

混合方法研究**以问题为中心**，研究问题指导研究设计的各个方面。请明确说明你研究的现象。你可以根据需要来确定主题的不同维度。

让读者了解你是如何选题的也很重要，包括基于价值观的问题和实际问题。你的价值观体系包括研究该主题的**社会、政治或正义的必要性**。是什么社会原因促使你研究这个主题？该主题的研究有什么益处？对谁有益处？任何数量的实际因素也可能会引导你选择该**主题**，包括你的**学科背景、个人兴趣，以及先前的研究经历或专业经历**。就先前的研究经历或专业经历而言，你所获得的技能将会发挥作用。混合方法研究需要定量数据及定性数据收集和分析方面的经验（或者至少对团队研究环境有一般性的了解）。你的**专业关系网**也可能将你引向某个主题。专业关系网可能包括教授、同行、研究人员、同事，以及相关组织的合伙人，在这方面，你可能有机会加入采用混合方法进行研究的团队。如果你的专长体现在你的研究主题的某个维度上，或者体现在某种研究方法上（定量或定性），那么与研究团队合作的机会可能让你有机会对感兴趣的主题进行研究，否则对该主题的研究对你而言就是遥不可及的。由于混合方法研究对资助机构的吸引力越来越大，**资助机会**也可能引导你选择研究特定问题。有两个策略可以借鉴，一是搜索可用的资助，二是联系你的专业关系网里的人，看看他们是否正在酝酿有可能将你纳入其中的经费申请。**时效性**也可能影响选题。当前的事件或热点话题，如那些举国关注的事件或话题，可能会很有吸引力。资助机会和时效性往往是相互关联的。

研究目的陈述

简要说明研究的**主要目的或目标**。包括研究主题（现象）、参与者和环境、方法论［定量和定性数据收集方法，所选择的混合方法设计，以及指导研究的理论框

> **专家提示**
>
> 波特兰州立大学（Portland State University）教授大卫·摩根（David Morgan）博士提醒我们，如果我们想要将研究中的定量和定性成分适配在一起，我们必须将定量和定性研究设计成能够彼此适配的样子，而这需要提前计划。

架（视情况而定）］，以及开展这项研究的主要理由。你研究这个项目的主要目的可能是描述、解释或评价。研究的不同组成部分（定量研究和定性研究）可能有着不同却相互关联的目的，如果确实如此，请予以解释。比如，定性访谈可以用来探索主题并形成旨在解释的实验干预措施。

研究问题和假设（如果适用的话）

混合方法研究必然至少涉及一个定量研究问题或假设，以及

一个定性研究问题，而且通常至少涉及一个混合方法问题（尽管有些已发表的研究不包含混合方法问题，我依然强烈建议包含一个混合方法问题）。请记住，为了有效地进行混合方法研究分析，需要有**经过整合的研究问题**（Branen & O'Connell, 2015; Yin, 2006）。整合可以采取多种形式，并根据诸多因素，包括特定的研究目的，所采用的设计类型，以及研究的不同组成部分是否使用相同的参与者。定量问题和定性问题将相互关联，但关联的程度和方式有所不同。比如，可以编写定性问题来解释或情境化前面的定量问题的答案，或者可以根据解决定性问题所获得的知识来编制定量问题。混合方法研究具有"解决研究问题的不同方面的能力"，因此定量问题和定性问题通常只是调查同一主题的不同方面（Brannen & O'Connell, 2015, p. 259）。

正如第五章所讨论的，定量研究要么采用假设，要么采用研究问题。假设是**关于变量之间的相互关系的陈述**，该陈述随后会得到检验（至于如何编写假设，请参阅第五章）。定量研究问题是**演绎性**的，问题聚焦于所调查的变量如何相互关联，如何影响不同的群体，或者变量可能如何被定义。问题可能使用**定向语言**，包括原因、结果、决定、影响、有关、关联和相关等词语。

正如第六章所讨论的那样，定性研究的问题是**归纳性的**（开放性的），通常以"什么"或"如何"这样的词开头，它们可能使用**非定向语言**，包括探索、描述、阐明、揭示、解读、生成、构建意义和寻求理解等词语和短语。

混合方法研究问题通过询问"结合定量数据和定性数据能了

解到什么信息"，或者可能通过提出"混合方法设计如何帮助研究项目"这样的问题，来直接探究该研究的混合方法之特性。为了探索研究的定量阶段和定性阶段之间的关系，这些问题可能会采用**关系语言**，包括协同、整合、联系、全面、更充分地理解和更好地理解等词语和短语。

考虑到在混合方法研究中编写问题较为复杂，特举例说明。

- 研究：一项关于大学生对性别角色[①]态度的混合方法研究（结合调查研究和深度访谈）。
- 定量研究假设：男本科生对性别角色的态度比女本科生更传统。
- 定性研究问题：男本科生和女本科生如何描述他们对性别角色的看法？
- 混合方法研究问题：调查研究和深度访谈的结合如何帮助我们更全面地了解男女大学生对性别角色的态度？

正如你在上面这个示例中所看到的，定量成分和定性成分是相互关联的。调查研究将用来确定是否如预测的那样，男大学生对性别角色的态度更为传统。访谈研究便于参与者用他们自己的语言描述他们的观点。混合方法问题可能揭示人们在调查中自我报告的内容与他们对自己态度的描述之间存在的不一致现象（他

---

① 性别角色：是个体在社会化过程中，通过模仿学习获得的一套与自己性别相适应的行为模式。——编者注

们可能认为自己的观点比他们在调查中给出的回答更传统或更不传统），或者两个数据集可能相互印证，其中定性数据可产生对定量数据意义的深度解读。这些只是可能获得的信息的可能情况。我们得到的启示是：三个问题（定量、定性和混合方法）的主题应该被整合。你不是在简单地收集更多的数据，而是在添加能够共同加深对主题理解的有价值数据。

如果你不清楚为什么、何时会选用混合方法设计，而不是定量或定性的单一方法设计，阿巴斯·塔沙科里、伯克·约翰逊和查尔斯·特德利（Abbas Tashakkori, Burke Johnson & Charles Teddlie, 2021, p. 49）概述了混合方法研究的三个能力。

（1）通过整合定性和定量研究方法，同时解决一系列探索性（是什么）、解释性（怎样，为什么）和确证性（如果……会怎样）问题。

（2）通过整合一项研究的多个组成部分的结果，提供更好（更强）的推断。

（3）为人们从更多不同的视角考察所调查的问题提供了机会。

哲学陈述和理论视角

混合方法研究是一种以问题为中心的研究设计方法。通过使用定量和定性方法，混合方法研究者必然会接受和利用指导这两种实践的截然不同的假设。因此，混合方法研究依赖于珍妮弗·格林（Jennifer Greene, 2007）所说的"混合方法思维方式"，这必然假定"社会研究有多种合理的方法"（p. 20）。混合方法思维方式重视"多种看和听的方式，多种理解社会世界的方式，以及多种观点——关于什么是重要且值得重视的"（p. 20）。出于这些原因，不同于本书中介绍的所有其他传统，混合方法研究并不拘泥于某个特定的哲学信仰体系和一套相应的理论框架。虽然在混合方法研究界存在相当大的争论，但实用主义立场是普遍的规范[1]。

实用主义是 20 世纪初在查尔斯·桑德斯·皮尔斯（1839—1914）、威廉·詹姆斯（1842—1910）、约翰·杜威（1859—1952）和乔治·赫伯特·米德（1863—1931）（Biesta & Burbules, 2003; Greene, 2007; Hesse-Biber, 2015; Patton, 2015）的研究基础上发展起来的一种美国哲学信仰体系。这种世界观并不效忠于一套特定的规则或理论，而是认为不同的工具在不同的研究背景下可能是有用的。研究人员重视效用和在特定研究问题的情境中有效的东西。实用主义者"注重行动的结果"（Morgan, 2013, p. 28），即任何在特定情境下有用的理论都是有效的。设计决策的主要标准是"实用性、情境响应性和结果性"（Datta, 1997, p.34）。该领域的领军人物阿巴斯·塔沙科里和查尔斯·特德利（Abbas Tashakkori & Charles Teddlie, 1998）指出，实用主义赞成使用定性方法和定量方法，将研究问题置于研究的中心，并将所有方法论决策与研究问题相关联。伯克·约翰逊和安东尼·安威格布齐（Burke Johnson & Anthony Onwuegbuzie, 2004）将实用主义的部分主要特征列举如下。

- 自然／物质世界以及社会和心理世界（包括主观思想）都是公认的。
- 知识既是构建的，又是基于我们所经历的和生活的现实世界的。
- 作为工具，理论是有价值的，在其适用的特定情境中，它们是正确的。
- 对行动的重视程度胜过哲学思考。

鉴于这种实用主义观点，本教材所回顾的任何方法和理论都可能成为混合方法研究的一部分。混合方法研究的哲学陈述讨论了塑造设计选择的**理论思想流派和具体理论**。请分别参考介绍了指导定量研究和定性研究的主要理论传统的第五章和第六章，进行文献综述，以找到你的研究可能采用的具体理论。根据总体研究设计，理论既可能以演绎的方式，又可能以归纳的方式得以使用。

文献综述

混合方法研究中的文献综述通过综合最新和具有里程碑意义的研究，为读者了解关于该主题的已知研究成果提供了基础。这种类型的文献综述是复杂的，因为它借鉴了先前的定量研究、定性研究和混合方法研究。如果先前的研究存在空白，如缺乏定量研究、定性研究或混合方法研究，那么请指出这一空白并拟议研究将如何为填补该主题的研究空白做出贡献。文献综述还应包括相关的理论（及其起源）和概念框架（如果适用的话）。由于你在混合方法研究中不受任何特定理论或学科体系的约束，夏琳·赫西-比伯（Sharlene Hesse-Biber, 2010）建议在进行混合方法研究的文献综述时，考虑以下问题。

- 在研究中如何定义主题？
- 作者采用了哪些关键术语和短语？
- 其他研究者是如何探讨这个主题的？
- 文献中出现了哪些争议？
- 文献中最重要的研究结果是什么？
- 哪些研究结果与你的研究兴趣关联性最强？
- 关于你的研究主题，还有哪些紧迫的问题需要解决？
- 文献中是否存在空白？（p. 39）

如果你遵循实用主义原则，那么你有可能将你的学科以外的研究或理论纳入你的研究，因为它们对你的研究具有效用。因此，我建议还要问以下问题。

- 相关的学科知识体系有哪些？
- 每个相关学科（定量、定性、混合方法）都采用了哪些方法论设计来研究该主题？
- 哪些内容超出了各学科或领域的范围？

如第三章所述，创建**文献导图**可能有助于你浏览文献和寻求协同效应（synergies）。

复习站点 ①

1. 在混合方法研究中，研究者的专业关系网可能有助于其选题。专业关系网可能包括哪些人？
2. 混合方法研究基于一组经过整合的研究问题。请对此予以简要解释。
   a. 混合方法研究应包括哪三类问题？
   b. 混合方法研究问题涉及哪些内容？
3. 实用主义者看重什么？
4. 为什么混合方法研究的文献综述比较复杂？

★ 请到本章"复习题答案"部分核对答案。

研究计划

数据收集的设计和方法

在整个社会科学史上都有混合方法研究的例子（Small, 2011）。唐纳德·坎贝尔（Donald Campbell）和唐纳德·菲斯克

（Donald Fiske）在 1959 年使用了"三角互证"这一术语，一些人认为这是混合方法研究的转折点。正如上一章所指出的，三角互证是指使用多个数据源或多个理论来检验某个主张。从 20 世纪 50 年代到 80 年代，混合方法研究呈指数级增长态势（Creswell & Plano Clark, 2011, 2017），而且其成为一个方法论领域已有大约 30 年的时间（Creswell, 2021）。

混合方法研究可以使用任何定量和定性研究方法，因此请分别参阅第五章和第六章，以了解关于特定方法的说明。在混合方法研究中，与单独使用定量或定性研究方法不同的是**这两种方法的结合和整合（归属不同范式的方法）**。比如，虽然设计准实验或内容分析的主要原则是相同的，但是在总体设计结构方面还有新的问题要考虑——具体而言，就是定量方法和定性方法之间的关系以及如何将定量方法和定性方法整合于某个特定的研究中。

关于研究设计，在混合方法研究领域有两个主要的学派。其中一个学派认为，混合方法研究设计有**可识别的成分或要素**。研究者处理这些成分的方式会影响研究的特定设计（Maxwell, 2012; Maxwell, Chmiel & Rogers, 2015; Shadish, et al., 2002）。然而，混合方法研究设计的主流学派认为，研究人员在研究中使用和修改的**现有设计或设计类型**是有限的（Creswell, 2015, 2021; Creswell & Plano Clark, 2011, 2017; Morgan 1998, 2013; Teddlie & Tashakkori, 2009），我专注于这些设计类型，对于每种设计类型，你都可以做出相应的调整，以满足你的需要。

有三种主要设计类型：序贯（sequential）设计、融合

（convergent）设计和嵌套（nested）设计[2]。序贯模型和嵌套模型各提供两种设计选项，故总共有五种主要设计类型。在介绍这些类型的设计时，请记住，你选择的设计类型应当与你的研究目的和研究问题直接关联，尤其要考虑以下三个方面的问题。

- 你为什么既收集定量数据，又收集定性数据？
- 研究的定量方面和定性方面彼此有何关系？
- 两个数据集将以何种方式相互影响？换言之，在数据收集、分析的过程中，你将如何以及在多大程度上整合这两个数据集？

在回顾五种类型的混合方法研究设计之前，有必要讨论一下整合，整合是混合方法研究的一个关键特征。**整合**是指研究者如何将定量数据集和定性数据集关联起来。整合是一个连续体，也就是说，两种方法和数据集之间相互关联的程度是变化的。在这个连续体的一端有"成分设计"（component design）（在成分设计中，整合只发生于数据分析和解释过程）（Greene, 2007; Maxwell et al., 2015）。成分设计提供最低限度的整合。在连续体的另一端有"整合设计"（integrated design）（在整合设计中，整合被内置于整个设计结构中）（Greene, 2007; Maxwell et al., 2015）。整合设计提供了最大限度的整合（见图 7.1）。

成分 ⟷ 整合

图 7.1　整合连续体

当我们进入特定类型的整合时，这个过程变得更加复杂，因为我们要考虑额外的问题，如定性和定量阶段的时间顺序（整合的方向），以及在适用的情况下，定性数据集或定量数据集的相对优先权。一般而言，整合因素涉及你为什么要采用混合研究方法的问题，重要的是要在选择设计类型之前回答这个问题，这样做将引导你找到最佳设计方案。一些教材往往会在谈论研究的定性和定量方面的不同整合方式之前，回顾设计方案，然而，这是本末倒置的做法。比如，如果你的目标是使用定性研究结果来为编制定量调查工具提供信息（一种可能的整合形式），则该目标将引导你进行特定的设计，即研究的定性阶段先于定量阶段。了解你选择混合研究方法的意图，即识别你所寻求的定量方面和定性方面之间的关系，将引导你选择最合适的设计方案。

约翰·克雷斯韦尔（John Creswel, 2015）确定了四种整合类型。

（1）**合并数据**：定量研究结果和定性研究结果被放在一起比较。

（2）**解释数据**：定性数据被用来解释定量数据的结果。

（3）**构建数据**：定性研究结果被用来构建研究的定量阶段。

（4）**嵌套数据**：一个数据集被用来扩充或支持另一个数据集。（p.83）

复习站点 ②

1. 在混合方法研究中，整合过程是一个连续体，连续体的一端是 _____ 设计，另一端是整合设计。

2. 为什么研究者在选择设计类型之前，必须考虑他们为什么要采用混合研究方式？

3. 约翰·克雷斯韦尔概述的四种整合类型是什么？

★ **请到本章"复习题答案"部分核对答案。**

为了逐一介绍五种主要的混合方法设计，首先，我要问你为什么要使用定性和定量研究方法；其次，我将综述你所寻求的整合形式，接下来我会介绍适当的设计类型。

序贯设计基于时间顺序，要么定量数据收集阶段先于定性数据收集阶段，要么定性数据收集阶段先于定量数据收集阶段。克雷斯韦尔（Creswell, 2015, 2021）确定了两种基本序贯设计（可能需要进行许多调整，以适应特定研究）：解释性序贯设计和探索性序贯设计。

- 你是在收集定性数据以便解释定量研究结果吗？如果是的话，你所寻求的整合形式就是解释数据。数据集之间的关系是：一个数据集被用来解释另一个数据集。

解释性序贯设计（explanatory sequential design）从定量方法开始，随后是旨在深度解释定量研究结果的定性方法（Creswell, 2015, 2021；见图 7.2）。比如，在一项关于预防中学生性传播疾病和性传播感染的研究中，你可能对中学生进行大样本调查研究，以量化特定性行为的流行率以及中学生对性传播疾病和性传播感染的态度。你可以通过对小样本的学生进行深度访谈来跟进定量调查，以便对调查结果进行背景分析和解释。比如，如果调查显示大多数参与性活动的学生并不主动关注传播或感染性传播疾病，或性传播感染，那么深度访谈研究可以试图找出其中的原因。调查结果意味着什么？或者说，如果调查显示，有很高比例的女中学生关注自己的性健康，但依然参与了高危行为，那么访谈就可以提供一个找出其中原因的机会。他们是在什么背景下对自己的性活动做出选择的？他们是如何平衡不同的担忧、压力或动机的？他们的决策性质是什么，决策性质又是如何影响他们的选择的？

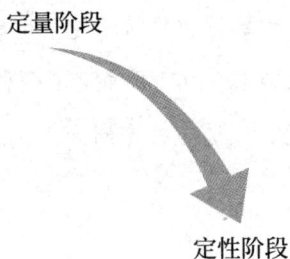

定量阶段

定性阶段

图 7.2　解释性序贯设计

- 你是在使用定性数据来构建某项研究的定量阶段吗？如果是的话，你所寻求的整合形式就是构建数据。数据集之间的关系是，一项研究结果的数据集被用来设计研究的另一个阶段。

探索性序贯设计（exploratory sequential design）首先是通过定性方法来探索一个主题，然后利用定性研究结果来开发定量研究工具和研究阶段（Creswel, 2015, 2021）。当研究主题或目标人群研究不足时，常采用这种方法（Creswell, 2015, 2021；见图 7.3）。

定性阶段

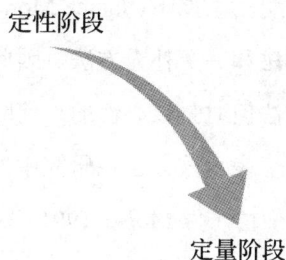

定量阶段

图 7.3　探索性序贯设计

比如，如果你有意了解通过添加视听教学材料来辅助文本材料能否提高有学习障碍的中学生的考试成绩，但之前关于这个主题的研究并不多，那么你可以先进行探索性的焦点小组访谈，以发现学生认为对他们的学习有帮助的东西。经过分析的定性数据可以为你创建实验干预方案提供参考。比如，如果焦点小组访谈发现，大多数学生报告了视听材料对他们有帮助，那么除了阅读一段文字外，还可以给实验组播放一部简短的纪录片。控制组可能只阅读文本，然后对两个组都进行后测，以确定他们在该主题上的知识水平。或者，可以让一个小组只看纪录片，一个小组看文本和纪录片，一个小组只看文本。这个实验还有其他一些版本，在这些版本中，还可以对各组实施前测（关于实验设计方案，请参阅第五章）。

如前所述，解释性序贯设计和探索性序贯设计都是基于定量方法和定性方法的排序或时间顺序。指导这些设计的假设是：研究的定量阶段和定性阶段对总体研究目的而言，具有相对同等的重要性。然而，贾尼斯·莫尔斯（Janice Morse）认为，混合方法研究包含一个核心方法和一个补充方法。因此，她开发了一个符号系统来表示一种方法何时是核心性的，何时是补充性的。依照这种分类法，大写词汇表示该方法在研究中处于首要地位，小写词汇则表示处于次要地位（见 Morse, 1991, 2003）[3]。

QUANT（定量）：定量方法是核心方法

QUAL（定性）：定性方法是核心方法

quant（定量）：定量方法是补充方法

qual（定性）：定性方法是补充方法

大卫·摩根（David Morgan, 1998)采纳了莫尔斯（Morse）的分类法，并根据**时间顺序和优先级**（每种方法在研究中的相对重要性）提出了四种序贯设计。指导这些设计的假设是：在一个特定的研究中，要么是定量阶段占主导地位，要么是定性阶段占主导地位。

设计 1：先定性（qual）后定量（QUANT）

设计 2：先定量（quant）后定性（QUAL）

设计 3：先定量（QUANT）后定性（qual）

设计 4：先定性（QUAL）后定量（quant）

同样，贾妮斯·莫尔斯和琳达·尼豪斯 (Janice Morse & Linda Niehaus, 2009）声称，混合方法研究必需有一个核心方法和一个补充方法（其中第一个是主要方法，而后者是次要方法）。在序贯设计中，他们建议你首先使用核心方法，然后再用补充方法跟进。莫尔斯（Morse, 1991, 2003）的符号系统还采用了箭头来表示序贯设计的时间顺序和方向。比如：

定量（QUANT）→定性（qual）

定性（QUAL）→定量（quant）

● 你使用定性和定量研究方法是为了组合和比较数据集吗？如果是的话，你所寻求的整合形式就是合并数据。数据集之间的关系是，将两组研究结果放在一起进行比较，以形成对研究问题的更全面的看法。

融合设计或并行设计（convergent or concurrent design）[4] 涉及收集定量数据和定性数据，分析这两个数据集，然后整合这两组分析结果以便交叉验证或比较研究结果（Creswell, 2015, 2021；见图 7.4）。在序贯设计中，一种形式的数据的收集和分析为第二种数据收集和分析方法提供信息。在融合设计中，在收集数据之前就已经确定了实施定量方法和定性方法的计划。在并行设计的情况下[5]，两种研究方法对应的数据收集过程或多或少是同时进行的（Hesse-Biber & Leavy, 2011）。比如，如果你正在进行一项关于大学中的作弊行为的研究，你可能会开展针对大学生的大样本调查研究，以了解不同作弊行为的发生率和大学生对作弊行为的态度。你可以同时对大学生进行小样本焦点小组访谈，以获得对发生这些行为的情境的详细描述（如动机、压力、机会、态度）。莫尔斯（Morse, 1991, 2003）的符号系统用加号表示融合数据的收集。比如：

QUANT（定量）+QUAL（定性）

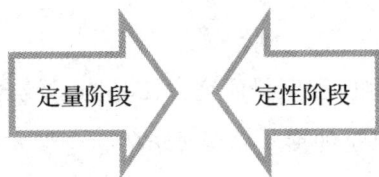

定量阶段　定性阶段

图 7.4　融合设计或并行设计

- 你是否在使用一种方法来扩充或支持另一个数据集？如果是的话，那么你所寻求的整合形式就是*嵌套数据*。数据集之间的关系是，一个数据集被嵌入另一个数据集，以提供支持。

嵌套设计（nested design）是以一种方法作为主要方法，并使用次要方法收集额外数据的设计（Creswell, 2003; Hesse-Biber & Leavy, 2011）。通过次要方法收集的数据被"嵌套"在主要研究中以加强主要方法。这里我要指出的是，文献中常用的术语是*干预设计*（intervention design），而不是*嵌套设计*；然而，嵌套设计这个术语仅用来考虑定性数据被嵌套在定量研究中的那些设计（Creswell, 2015）。我介绍嵌套设计是为了说明嵌套可能发生的两个方向。

- 你是为了扩充或支持定量数据而使用定性数据吗？如果是的话，你所寻求的整合形式就是*嵌套数据*。数据集之间的关系是，*定性数据集被嵌套于定量数据集之中*。

在定量设计中嵌套定性数据涉及将定量方法（如实验）用作主要方法，并在设计中嵌套定性成分（见图7.5）。你可以同时收集这些数据集，也可以先收集一个数据集，再收集另一个数据集（可按任意顺序），这取决于你如何使用定性数据来增强定量成分。比如，假设你正在进行一项实验，以了解在群体中观看比赛（而不是独自观看）是否会影响足球迷对电视转播比赛的反应方式。在实验过程中，你决定收集定性观察数据，以了解实验组中的受试者对房间中其他"道具"的反应，如所提供的座椅类型，人们彼此坐得有多近，以及所提供的零食等。根据这些定性观察，你可以对实验进行修改，或者你可以直接将定性研究结果的讨论纳入你的研究报告。

图 7.5　嵌套于定量设计中的定性研究

注：引自赫西-比伯和利维（2011, p. 283）的著作。赛吉出版有限公司版权所有
　　© 2011，经许可改编。

- 你是否在使用定性数据来扩充或支持定量数据？如果是的话，那么你所寻求的整合形式就是嵌套数据。数据集之间的关系是，定性数据集嵌套于定量数据内。

在定性设计中嵌套定量数据涉及将定性方法（如实地研究）

用作主要方法，并在设计中嵌套定量成分（见图 7.6）。

图 7.6 定量研究嵌套于定性设计中

注：引自赫西-比伯和利维（2011, p. 283）的著作。赛吉出版有限公司版权所有
© 2011，经许可改编。

你可以同时收集两个数据集，也可以先收集其中一个，然后再
收集另一个（不限顺序），这取决于你如何使用定量数据来加强定
性成分。比如，假设你正在进行一项关于城市环境中人们无家可归
现象的实地研究项目，以便从无家可归亲历者的角度来理解和描述
无家可归现象。在这个民族志项目中，你可能会开展一项小型实地
实验，以了解人们对无家可归的男人和无家可归的女人讨要零钱的
行为有何反应。其结果可能印证或补充你在进行实地调查时从参与
者那里观察到和听到的内容。表 7.1 是对不同混合方法设计的汇总。

表 7.1 混合方法设计

设计	步骤	整合类型
解释性序贯设计	在定量研究方法之后使用定性研究方法，以解释定量研究结果	解释数据
探索性序贯设计	用定性的方法探索主题，然后利用其研究结果编制定量研究测量工具，并用该测量工具施测	构建数据
融合或并行设计	收集定量和定性数据（如果是并行设计，则同时收集两种数据），然后将定量和定性数据放在一起比较	合并数据
定性数据嵌套于定量设计中	次要的定性成分被嵌套于主要的定量设计中	嵌套数据
定量数据嵌套于定性设计中	次要的定量成分被嵌套于主要的定性设计中	嵌套数据

请访问配套网站，下载关于混合方法研究设计类型的练习题。

⚖ 实践中的伦理

近年来混合方法研究已经成为一种趋势，结合定量数据和定性数据的研究获得了越来越多的资助和出版机会，因此这些激励措施促使人们给研究工作贴上混合方法研究的标签。如果你将研究称为混合方法研究，则有必要做到两点，一是确保你的研究真正符合混合方法研究的标准

（比如，在调查问卷末尾处添加一个开放式评论性问题，并不能让你的研究成为混合方法研究）；二是培养定性数据和定量数据的收集和分析能力（并在需要时寻求他人的专业知识的支持）。

既然我们已经介绍了混合方法研究，接下来就让我们看一些已发表的示例。克里斯托弗·马什本和贝琳达·坎波斯（Christopher Marshburn & Belinda Campos, 2022）进行了混合方法研究，以研究社会支持在保护黑人的心理健康和福祉免受种族主义侵害方面的作用。他们调查了黑人大学生是从其同种族的人那里，还是从与其不同种族的人那里寻求"对反抗种族主义压迫的支持（racism-specific support）"，以及黑人大学生如何评价由其同种族或不同种族的人提供的这种支持所带来的帮助。研究人员结合了在线调查和面对面的焦点小组访谈。在以下摘录中，他们解释了他们的主要发现。

当前研究的新颖之处在于，用证据表明了遭遇种族主义压迫的黑人学生会从他们的黑人朋友那里寻求支持，这印证了我们的假设。此外，混合方法设计表明，从具有相互理解能力的人那里寻求社会支持是一种主要特质，这种特质促使黑人参与者偏好与其他黑人朋友交谈。事实上，这或许可以解释为何参与者和黑人朋友的情感亲密度，与他们和非黑人有色人种朋友的情感亲密度相似，而与白人朋友的情感亲密度不同。白人朋友（和一些非黑人朋友）被认为无法理解遭遇种族主义压迫的感觉。因此，他们不适合向他们的黑人朋友提供适当的或有效的针对反抗种族主义压迫的支持。这进而导致黑人学生避免与白人朋友和其他一些非黑人朋友谈论种族主义压迫，而求助于他们预期会理解他们的遭遇的人——黑人朋友。（p. 21）

居伊·让蒂和詹姆斯·希贝尔（Guy Jeanty & James Hibel, 2011）采用混合方法研究了"成人家庭护理院"的居民和非正式护理人员。混合方法设计对于成功描述这一研究不足的群体的体验至关重要。通过混合方法设计，研究人员了解到，相对于养老院，参与者更喜欢住在"成人家庭护理院"，研究人员还了解了其中的原因，以及参与者一旦入住"成人家庭护理院"给非正式护理人员带来的影响。研究人员在下面的摘录中总结了他们的研究结果。

> 本研究采用混合研究方法探讨了"成人家庭护理院"居民和非正式护理人员的体验。通过使用序贯探索性设计（sequential exploratory design）和强调定性研究方法，了解了"成人家庭护理院"的居民和非正式护理人员的体验。研究结果揭示了两个重要见解，其一是关于居民对"成人家庭护理院"的偏爱，其二是关于家庭

成员成为"成人家庭护理院"的居民后，非正式护理人员的情绪状态。本研究中的居民报告称，相对于养老院或大型成人护理机构，他们更喜欢住在"成人家庭护理院"。他们之所以更喜欢"成人家庭护理院"，主要是因为他们认为在家庭中有更多的机会进行有意义的社会互动（比如，能和孩子们待在一起，还能参与或观察日常生活中的例行事件）。住户还认为他们有更大的能力来影响"成人家庭护理院"的社会环境，因为他们可以直接和频繁地接触"成人家庭护理院"的提供方，而在养老院，他们可能很少或根本没有机会接触管理者。非正式护理人员报告称，在他们的亲戚搬进"成人家庭护理院"后，他们的情绪压力有所减轻。他们还报告称，对"成人家庭护理院"的提供方有更强的信任感，并将"成人家庭护理院"的提供方视为一个代理家庭。（p. 650）

作为最后一个例子，让我们来看一看一位研究生所做的研究。尽管混合方法研究很复杂，然而和本书介绍的其他方法一样，混合方法研究也可以由各个级别的研究者（包括学生）成功实施。斯雷亚什·查克拉瓦蒂（Sreyashi Chakravarty, 2020）完成了题为"儿童福利组织中的制度性种族主义和监督性支持：一项混合方法研究"（"Institutional Racism in Child Welfare Organizations and Supervisory Support: A Mixed Methods Study"）的学位论文。该研究采用了一种以定量方法为主的并行嵌套设计来调查儿童福利组织中的制度性种族主义。查克拉瓦蒂在以下摘录中解释了混合方法研究的应用。

> 这项研究采用了混合方法并行研究设计。仅进行定量数据分析不足以全面了解针对儿童福利工作者的职场种族主义压迫和歧视。为了对此有更详细的了解，需要额外的解释，因此采用了混合方法……本研究所采用的定性数据是儿童福利工作者在其工作场所的经历。他们描述了自己亲身经历的关于歧视、偏见和成见的事例，以及种类。儿童福利工作者分享的经历并没有受到预先设定的一系列问题的限制。对他们讲述的故事进行叙事分析，是包容性-多样性研究需要做出的选择。定性数据及其分析、结果和解释所产生的对研究对象的了解，相较于单纯的调查数据所产生的对研究对象的了解更为全面。（p. 30）

复习站点 ③

1. 序贯设计的基本思想是什么？

　a. 如果研究人员想要收集定性数据来解释定量研究结果，哪种序贯设计合适？

　b. 如果研究者对照料年迈或患病父母的成年子女（研究

　　不足的人群）进行混合方法研究，研究人员从深度访
　　谈开始，以了解照料者的观点，然后设计一项调查，
　　那么研究者采用了哪种类型的序贯设计？

　c.几位领军型研究人员建议，序贯设计应当包含一个核
　　心方法和一个补充性方法。这种关系如何用我们的符
　　号系统表达？

2.如果研究者试图合并定量数据和定性数据，以交叉验证
　或比较研究结果，那么什么类型的设计比较合适？

3.使用嵌套设计的研究者寻求哪种形式的整合？

　a.在嵌套设计中，是同时收集数据，还是先收集一组数
　　据再收集另一组数据？

★ 请到本章"复习题答案"部分核对答案。

抽样和参与者

　　你有兴趣了解哪些群体？你将如何接触该群体的成员？谁将
成为你的参与者？你将为研究的定量和定性方面各抽取多大的样
本？如果定性样本较小，你是直接从定量样本中抽取定性样本，
还是为研究的定量方面和定性方面分别寻找不同的参与者？你的
抽样策略将如何最大限度地提高你的研究结果的信度、可推广性
或可转移性？

首先，确定你随后有意对其做出某些论断的**总体**。接下来，确定**研究总体**，即你实际将要从中抽取样本的元素组。你还需要确定样本的**大小**。通常，定量研究依赖于大样本，而定性研究则依赖于较小的样本。在某些情况下，混合方法研究人员对定量和定性两个阶段使用大小相同的样本。然而，考虑到抽取定性研究大样本的时间和费用，为定量和定性这两个阶段抽取大小相同的样本并非常规做法。定量样本和定性样本大小相同的情况最常出现在融合设计中，因为融合设计的目的是合并两个数据集（Creswell, 2015, 2021）。根据采用的混合方法设计的类型，你可以一开始就确定定量参与者或定性参与者。比如，在序贯设计中，你可以先等采用第一种方法完成数据收集和分析后，再确定第二种方法的最佳抽样策略。相反，在融合设计中，你必须事先确定你的样本。

混合方法研究**同时采用定量和定性抽样策略**。如第五章所述，定量研究通常采用概率抽样；如第六章所述，定性研究通常采用目的性抽样。请分别参阅第五章和第六章，以回顾概率抽样和目的性抽样策略，并根据你的具体研究目的和方法选择特定的抽样策略。

鉴于你需要遵循定量和定性实践的抽样方案，有一个特殊问题需要考虑：你会从同一个研究总体中抽取定量和定性样本吗？**定量和定性样本是否抽取自同一个研究总体，取决于设计类型**。请参阅表7.2，其中列出了常见的抽样方案，同时请记住，可能有许多原因或限制因素迫使你做出其他选择。

表 7.2 混合方法研究中的样本

解释性序贯设计

定量样本和定性样本均抽取自同一研究总体（先抽取定量样本，然后可以从研究总体中招募志愿者作为定性研究的参与者）（Creswell, 2015）

探索性序贯设计

定量样本和定性样本最好抽取自同一研究总体，但这一做法并非强制性要求（Creswell, 2015）

融合或并行设计

样本抽取自同一研究总体（Creswell, 2015）

定性研究嵌套于定量研究中

定性样本抽取自定量样本

定量研究嵌套于定性研究中

定量样本和定性样本可以抽取自同一研究总体，但并非必须

数据分析和解释策略

数据分析和解释在混合方法研究中尤其具有挑战性。首先，你需要**准备和组织两套数据**。定量数据要输入到电子表格或统计软件中。定性数据可能需要转录、扫描、分类，并组织到存储库中，然后输入到计算机辅助定性数据分析软件中。接下来继续遵循第五章和第六章所述方案，分别分析定量和定性数据集。还有关于**数据集之间关系**的其他问题。此时，你将考虑如何使用你收

集的所有数据来解决你的研究问题。需要考虑的三个问题包括：整合、可比性和数据转换。

混合方法研究分析涉及数字数据、统计数据、叙事数据和专题数据的**整合** (Tashakkori et al., 2021)，朱莉娅·布兰宁和丽贝卡·奥康奈尔（Julia Brannen & Rebecca O'Connell, 2015）确定了发生在分析阶段的五种可能的整合框架。

（1）确证（corroboration）：一组研究结果被另一组研究结果证实。

（2）细化或扩展（elaboration or expansion）：一种类型的数据分析能够促进通过另一种数据分析所获得的对数据的理解。

（3）启动（initiation）：使用第一种方法会引出新的研究问题或假设，而新的问题或假设则由第二种方法来调查（在这种情况下，对初始数据集的分析是在第二种方法实施之前完成的）。

（4）互补性（complementarity）：定量和定性研究结果并置，以"生成互补性见解"，并产生对研究结果更全面的理解。

（5）矛盾（contradiction）：定量和定性的研究结果相互冲突，你可以自己探索这个矛盾，也可以将两组研究结果并置，让其他人去探索，或判定一组研究结果优于另一组研究结果。（p.260）

第二个要考虑的议题是**可比性**。如果你的目标是比较定量和定性研究结果，你必须考虑你的抽样策略在多大程度上允许这样的比较。此外，你究竟在比较什么？定量方面和定性方面的分析单位各是什么？它们有可比性吗？当我们"在定量和定性数据集中创建同一组变量"时，就会发生**数据融合**（data merging）（Brannen & O'Connell, 2015, p. 261）。

这就把我们带到了**数据转换**（data transformation）的议题上。数据转换是我们将定量数据转换为定性数据，或将定性数据转换为定量数据时使用的术语，是一种辅助我们进行分析的**启发式手段**（Brannen & O'Connell, 2015; Caracelli & Greene, 1993; Hesse-Biber & Leavy, 2005, 2011）。启发式手段是一种工具，可以帮助我们以新的方式考虑数据。在混合方法研究中，数据转换是整合数据集的一种分析策略（Hesse-Biber & Leavy, 2005, 2011）。数据转换有两种形式：量化（quantizing）和质化（qualitizing）。

量化是将定性数据转换为定量数据（将定性编码转换为定量变量）的过程。计算机辅助定性数据分析软件有助于在定性数据的基础上创建变量数据，然后将其导出，以便进行统计分析（Hesse-Biber & Leavy, 2011; Sande lowski, Volis & Kraft, 2009）。比如，夏琳·赫西-比伯（Sharlene Hesse-Biber, 1996）在一项关于进食障碍的研究中进行了 55 次深度访谈。她感兴趣的变量之一是，如果一个年轻女性的父母、同伴或兄弟姐妹对其身材比较挑剔，会不会对该年轻女性是否会患上进食障碍产生影响。在利用计算机辅助定性数据分析软件对定性数据编码后，她采用二元变量系统将相关的定性编码（该编码代表访谈数据）转换成定量变量（0 = 不存在对其身材挑剔的父母、同伴或兄弟姐妹；1 = 存在对其身材比较挑剔的父母、同伴或兄弟姐妹）。通过将数据量化，赫西—比伯能够将研究对象是否存在进食障碍与研究对象是否存在对其身材挑剔的父母、同伴或兄弟姐妹进行比较。表 7.3 和表 7.4 呈现了这些结果。

表 7.3　量化数据：将编码转换为变量

	访谈编号															
	1	2	3	4	5	6	7	8	9	10	11	12	13	14	15	16
进食障碍 0＝否， 1＝是	0	0	1	1	0	1	1	0	0	1	1	0	0	0	0	1
PPSC[①] 0＝否， 1＝是	0	1	1	1	1	1	0	1	0	0	0	1	0	0	0	1

注：这里仅展示了该研究的前16个个案，以示说明。摘自赫西—比伯的著作（Hesse-Biber, 2010, p. 95)。版权所有©2010吉尔福德出版社。经许可转载。

表 7.4　在二元表中关联定性和定量数据：进食障碍与成长过程中其父母、同伴或兄弟姐妹对其身材和饮食习惯持"挑剔"态度之间的关系

进食障碍	父母、同伴或兄弟姐妹中有人对参与者的身材比较挑剔	
	否	是
是	12.8%（5）	56.3%（9）
否	87.2%（34）	43.8%（7）

---

① 表中的PPSC意为：参与者的父母、同伴、兄弟姐妹中有人对参与者的身材比较挑剔。——译者注

进食障碍	父母、同伴或兄弟姐妹中有人对参与者的身材比较挑剔	
	否	是
总计	100%（39）	100%（16）

注：$n = 55$。摘自赫西-比伯的著作（Hesse-Biber, 2010, p. 96). 版权所有© 吉尔福德出版社。经许可转载。

质化是将定量数据转换为定性数据的过程（将定量变量转化为定性编码）（Tashakkori & Teddlie, 1998）。该过程将定量数据置于定性环境中，并可以为你提供一组变量来对定性数据进行分类整理（Hesse-Biber & Leavy, 2005, 2011）。比如，赫西-比伯（Hesse-Biber, 1996）还从其进食障碍研究的参与者那里收集了（调查）问卷。她用这些数据创立了"饮食类型学"。之后，她利用从访谈中收集的定性数据来更详细地认识饮食类型学（Hesse-Biber, 2010）。

涉及将数据从一种形式转换成另一种形式的**混合数据分析设计**（mixed data analysis design），可以使我们有可能分辨出数据中的复杂关系并识别模式（Hesse-Biber & Leavy, 2005, 2011）。然而，这种做法也会产生问题，因为将定性编码视为变量违反了定量研究中的重要测量假设（Hesse-Biber & Leavy, 2005, 2011）。因此，**测量误差**是一个潜在的问题（Hesse-Biber & Leavy, 2011）。当我们的意图是合并或转换数据时，在初始设计阶段提前规划对成功至关重要，定量和定性测量工具从一开始就采用相同的测度有助于在数据分析过程中进行这种整合（Creswell, 2015, 2021）。

表 达

与定量研究和定性研究一样，在混合方法研究中，研究结果也能以多种**形式**呈现，包括期刊文章、会议报告、专著（书籍）或通俗作品，如故事或博客。**确定目标受众，**同时要明确所选表达形式如何才能让你接触到目标受众。

在混合方法研究中，你需要决定如何呈现**三组研究结果：定性研究结果、定量研究结果和混合方法研究结果**（混合方法研究结果是通过混合方法获得的额外见解）。研究目的、研究问题、所采用的设计，以及将不同数据集关联起来的目标都会影响你呈现研究结果的方式。你可以在研究结果的**各自独立的子小节**中分别描述各组研究结果。或者，你也可以通过使用表格、图形、图表或数字来**共同显示**定性数据和定量数据，然后再提供对混合方法研究结果的讨论。

⚖ 实践中的伦理

如果定量数据集和定性数据集相互矛盾，则有可能会出现一种诱惑，即你会出于对支持你的假设的那些结果的青睐，掩盖某一组研究结果。伦理实践要求诚实地呈现数据。如果你认为一组结果优于另一组结果，也就是说，你更相信其中一组结果，那么请指出定量结果和定性结果之间的不一致现象，并解释为什么你认为其中一个数据集更有效（比如，也许有理由相信，混合方法研究结果源于抽样缺陷或研究的某个阶段的另一个设计问题）。

伦理声明

混合方法研究的伦理声明提供了对你的项目的**伦理基础的讨论**，涉及你的价值观体系、伦理实践和自反性。

首先要阐明指导你的研究的**价值观体系**。可能涉及的主题包括（如适用的话）促使你选题的价值观或时效性；对代表性不足的群体的使用；在与参与者的所有互动中，以及在研究结果的表达中，要特别注意语言的可理解性和文化敏感性；利用项目促进积极的社会变革或影响公共政策的意图。

接下来，详细讨论你对**伦理实践**的关注。要讨论的主题（视情况而定）包括：必要的机构审查委员会的批准状态，知情同意（解释参与研究的风险和好处、参与研究的自愿性、保密性，以及参与者提问的权利），许可权限，关系伦理（你打算与定性研究的参与者建立什么样的关系，以及你将如何建立关系，包括设定适当的期望），在数据收集结束时与参与者打交道的方式（听取参与者的反馈，提供研究结果和资源），以及研究结果的表达和传播。

最后，描述你将如何践行**自反性**。要讨论的主题（视情况而定）包括：你在研究项目中的位置（记录你的感受、印象和假设），你在研究过程中对权力议题的关注，以及你为了减少或消除霍桑效应或测试效应做的所有努力。

复习站点 4

1. 混合方法研究使用哪几种抽样策略？

2. 除了定量和定性数据分析方案外，混合方法研究者还必须考虑什么？

   a. 必须考虑的这方面的两个主要议题是什么？

3. _____ 是将定性数据转化为定量数据的过程，可以纯粹地作为一种启发性手段来协助我们以新的方式查看数据。

4. 研究者进行了一项混合方法研究，然后只报告定量数据，因为定量研究证实了其预测，而定性数据却没有证实其预测。这是否合乎伦理规范？简要说明你的理由。

★ 请到本章"复习题答案"部分核对答案。

参考文献

见第五章

附　录

研究进度时间表

提出该项目的拟议时间表，注明分配给研究过程每个阶段的时长。每个阶段需要的时间通常比你预期的要长，记住这一点，你就可以制定一个合理的时间表，从而避免过度的压力。

拟议预算（视情况而定）

如果研究得到了资助，或者你正在寻求资助，你需要附上一份详细的拟议预算。预算可能包括采购设备（数据分析软件）的费用、付给参与者的费用（包括报销差旅费），以及任何其他预期费用。在资金充足的研究中，你可能会聘请专家或助手，如帮助设计调查工具的顾问、转录访谈数据的转录员，或分析定量数据的统计员。然而，学生和新手研究人员通常会自己做这些工作。

招募函和知情同意书

如果你的研究需要和研究参与者合作，请在研究计划书中包含招募函和知情同意书。

许　可

如果你研究的是文本、资料数据或他人创建的数据集（如在内容分析、文件分析或二次数据分析中），请附上所有必要的许可，并以适当的形式注明出处。

> **专家提示**
>
> 波特兰州立大学的教授大卫·摩根博士指出了整合数据集的重要性，尽管这极具挑战性。他不喜欢**混合方法**这个术语，因为它就像一盘"拌沙拉"，并不一定能体现所有组成部分的整合。

工 具

附上研究中使用的所有工具和方案的副本。在定量研究中，这些可能包括前测、调查工具（问卷）、实验干预方案、测量工具和后测；在定性研究中，工具可能包括访谈指南。

结 论

正如本章所介绍的，混合方法研究对于通过演绎和归纳手段来了解一个复杂现象和一些研究问题特别有用。混合方法研究使我们能够通过收集，并以某种方式整合单个项目中的定量和定性数据，来全面了解所调查的现象。这种方法采取务实的立场，优先考虑研究问题，并根据方法和理论的适用性，工具化地使用这些方法和理论。

以下是混合方法研究设计计划书模板的简要总结。

标题：包含你的主要主题（如果可能的话，包括核心变量）和混合方法设计。

摘要：这个 150 至 200 字的概述应该放到最后撰写。摘要应当包含主要问题或现象、研究目的和方法（包括混合方法设计、参与者），以及为什么需要对该主题进行混合方法研究。

关键词：提供 5 至 6 个关键词，以便读者能够通过搜索引擎检索到你的研究，包括主要现象、变量，以及指导研究的概念和理论（如果适用的话）。

调查主题：描述研究所调查的现象，包括其维度、指导研究的价值观、务实性议题和时效性（如果适用的话）。

研究目的陈述：概述主要研究目标、参与者和环境、定量和定性方法、混合方法设计、指导研究的理论框架（如果适用的话），以及开展研究的主要理由。

研究问题和假设（如果适用的话）：提供至少 3 个整合在一起的研究问题，或研究问题和假设：定量研究问题或假设、定性研究问题，以及混合方法研究问题。定量研究假设是一项陈述，明确指出你的研究中的变量，并预测自变量如何影响因变量（如果有任何中介变量也在调查之列，请一并指出）。定量研究问题是你的研究试图回答的核心演绎性问题。定性研究问题是你的研究试图回答的核心归纳性问题。混合方法研究问题涉及定量数据和定性数据之间的关系。

哲学陈述和理论视角：讨论指导我们选择研究设计类型的理论学派和具体理论（如果适用的话）。

文献综述：综合与你的研究主题最相关的研究，包括先前的定性研究、定量研究和混合方法研究，并说明你的项目将如何丰富现有文献。还应包含相关理论及其起源和概念框架（如适用的话）。

数据收集的设计和方法：确定拟议混合方法设计的类型、所选择的定量方法和定性方法，以及数据是如何整合的。

抽样和参与者：描述你感兴趣的人群、你的研究总体，以及定量样本和定性样本的抽样程序。

数据分析和解释策略：详细描述你将用于分析和解释两组数据的策略，包括计算机软件程序的使用。还要讨论在此阶段如何理解数据集之间的关系，包括所采用的整合框架、可比性和数据的合并（视情况而定）、数据转换（视情况而定），以及可能出现的任何问题，如测量误差。

表达：确定你的目标受众，同时确定以何种形式向该受众呈现你的研究结果。还要指出你将如何呈现所有三组研究结果——定性研究结果、定量研究结果和混合方法研究结果（通过混合方法获得的额外见解），如以报告中彼此前后衔接的若干子小节的形式呈现，或者并行展示定量和定性研究结果，然后再讨论混合方法的研究结果。

伦理声明：讨论项目的伦理基础，阐述你的价值观体系、伦理实践和自反性。

参考文献：包括一份完整的引文清单，以合适的方式注明你借鉴或引用过的所有文献的出处。遵循你所属大学的参考文献的格式指南（如果适用的话）或你所属学科的参考文献规范。

附录：包括你提出的研究进度时间表和预算，以及招募函、知情同意书、许可和所有测量工具的副本［如前测、调查工具（问卷）、实验干预方案、测量工具、访谈指南和后测］。

✅ 复习题答案

复习站点 1 答案

1. 教授、同行、研究人员，以及相关机构的同事或合伙人。

2. 研究的定量成分和定性成分是以某种方式相互关联的。

　　a. 定量研究问题、定性研究问题和混合方法研究问题。

　　b. 研究的混合方法性质 / 结合定量数据和定性数据所获得的知识。

3. 任何在特定的研究情境中有效的东西、方法和理论的效用。

4. 因为混合研究的文献综述借鉴了先前的定量研究、定性研究和混合方法研究，还可能包括研究者所属学科之外的研究或理论。

复习站点 2 答案

1. 成分

2. 因为这样做可以引导你找到最佳设计方案。

3. 合并数据、解释数据、构建数据和嵌套数据。

复习站点 3 答案

1. 按时间顺序收集数据（即先收集定量数据，然后再收集定性数据，或者先收集定性数据，再收集定量数据）。

　　a. 解释性序贯设计。

　　b. 探索性序贯设计。

c. 大写字母表示核心方法，小写字母表示补充方法。

2. 融合设计或并行设计。

3. 嵌套数据。

a. 两种数据收集方式皆可。

复习站点 4 答案

1. 定量（概率抽样）和定性（目的性抽样）抽样策略。

2. 数据集之间关系的其他问题。

a. 整合和可比性。

3. 量化。

4. 不合乎伦理规范。因为研究者需要报告两个数据集，如果要强调其中一个数据集更有效，那么研究者需要明确指出这一点，并给出理由。

实操练习

1. 解释五种主要混合方法设计（每种设计写一个段落），并为每一种设计画一张图，以表示该设计的定量方面和定性方面之间的关系。

2. 选择一个你感兴趣的研究主题，设计一项"模拟"混合方法研究。

a. 进行一次简短的文献综述，以了解更多关于该主题的现有研究（共六篇文献：两篇定量研究，两篇定性研究，两篇混合方法研究）。

b. 编写研究目的。

c. 编写一组经过整合的三个研究问题（定性研究问题、定量研究问题和混合方法研究问题）。

d. 确定采用哪种设计，采用哪些方法。

e. 为你的研究计划写一个简短的理由（一到两段）。

3. 正如本章所指出的，实用主义于 20 世纪初在查尔斯·桑德斯·皮尔斯、威廉·詹姆斯、约翰·杜威和乔治·赫伯特·米德的研究基础上发展而来。从这些思想家中任选一位并阅读他们的原著。写一篇简短的感想，说明你所阅读的著作对当今实用主义的发展有何贡献（篇幅：1 页）。

a. 找一些由妇女、黑人、土著居民或有色人种学者所做的关于实用主义的研究。从中挑一篇文章阅读，然后写一篇简要的评述，说明你所阅读的文章对当今实用主义的发展有何贡献（篇幅：1 页）。

资　源

Creswell, J. (2021). *A concise introduction to mixed methods research* (2nd ed.). Thousand Oaks, CA: SAGE.

Hesse-Biber, S., & Johnson, R. B. (Eds.). (2015). *The Oxford handbook of multimethod and mixed methods research inquiry.*

New York: Oxford University Press.

Tashakkori, A., Johnson, R. B., & Teddlie, C. (2021). *Foundations of mixed methods research: Integrating quantitative and qualitative approaches in the social and behavioral sciences* (2nd ed.). Thousand Oaks, CA: SAGE.

推荐期刊

《国际多种研究方法杂志》(*International Journal of Multiple Research Approaches*)泰勒-弗朗西斯出版集团（Taylor & Francis）

www.tandfonline.com/toc/rmra20/current

《混合方法研究杂志》(*Journal of Mixed Methods Research*)赛吉出版公司

http://mmr.sagepub.com

注 释

1. 科学现实主义也许是实用主义最受欢迎的替代方案。约瑟夫·麦克斯韦（Joseph Maxwell, 2004）是科学现实主义最直言不讳的倡导者之一，他对这种世界观的描述如下："现实主义提供了一种与定性和定量研究的本质特征相兼容的哲学立场，并能促进定性研究和定量研究之间的交流与合作"（p. 1）。请参阅他的著作，以了解这种视角的主要特征。

2. 莫尔斯和尼豪斯（2009）还提出了一种他们称为浮现式设计

（emergent design）的额外设计类型，在这种类型中，在核心方法进行中或完成后，研究人员认为结果不充分，于是添加一个补充成分（p. 17）。

3. 有些研究人员使用"quan"而不是"quant"来表示定量，这只是个人偏好不同而已。

4. 莫尔斯和尼豪斯（2009）使用"同时"（simultaneous）一词来表示同时使用核心方法和补充方法的研究（p. 16）。然而，这一术语在文献中的应用并不广泛，而且并非所有使用这一术语的人都认为一种方法优先于另一种方法。

5. 克雷斯韦尔（2015）用单阶段设计（single-phase design）这一术语来表示同时收集两种数据的设计（2015, p. 37）。

第八章
艺术本位研究设计

    艺术本位研究（arts-based research）[1] 涉及将创意艺术的原则应用于研究项目。艺术本位研究重视审美理解、唤起和激发，这些方法使我们能够利用艺术的作为一种认识方式所具有的独特能力。在方法论上，这些基于实践的方法依赖于生成过程，在这个生成过程中，艺术实践本身可能就是一种探究过程。当目标是探索、描述、唤起、激发或动摇时，这些方法最为常用。

    由于艺术本位研究是本书所回顾的最新研究方法，在此，我给出一个简短的例子，来说明具体的研究问题是如何引发艺术本位研究的。史蒂夫·哈伯林（Steve Haberlin, 2017）想研究五名有天赋的二年级小学生的"巅峰体验"（最佳课堂体验）。他的主要研究问题是：

    （1）"五位有天赋的小学生以什么方式描述他们在普通课堂上的'巅峰体验'？"

（2）"普通课堂上的老师如何看待与可能出现的学生的'巅峰体验'相关联的条件和环境？"

由于很难通过访谈儿童的方式获得好的数据，因此哈伯林（2017）只好借助艺术来探索研究问题。这项研究最终涉及让学生创作绘画作品，随后让他们讨论。研究目的和问题应该总是将我们引导至合适的方法上来，就本案例而言，艺术本位研究方法比传统方法更合适。

研究计划书的结构

艺术本位研究的范式极其多样化。鉴于艺术类型和具体的艺术实践数量众多，加上艺术本位研究的从业者所使用的理论框架的多样性，以及对艺术本位研究理念的不同解释，艺术本位研究的可能的结果不计其数。除了上述这些多变的特点，艺术实践是高度个性化的。此外，艺术本位研究实践的基石之一遵循一个生成和涌现的过程，对意想不到的事情（惊喜、新的见解和前进道路上的曲折）持开放的态度。因此，即使我们有如何进行一项特定调查的计划，但在实践中，这项调查可能会是，而且往往应该会是一个混乱的过程。因此，任何模板的创建都会有很大的问题（比前面几章的其他方法都更有问题）。然而，重要的是要有一个典型模板，以便学生能够努力让他们的论文通过审核，以及研究人员能够申请社会科学基金，等等。本着这种精神，我们可以将

模板 8.1 视为对艺术本位研究项目的众多设想模板之一。如果你
是一名寻求获得项目批准的学生，尤其是处在一个对艺术本位研
究不太熟悉的机构环境中，那么该模板包含了审核人可能需要的
信息，而且该信息的格式对审核人而言并非完全陌生。

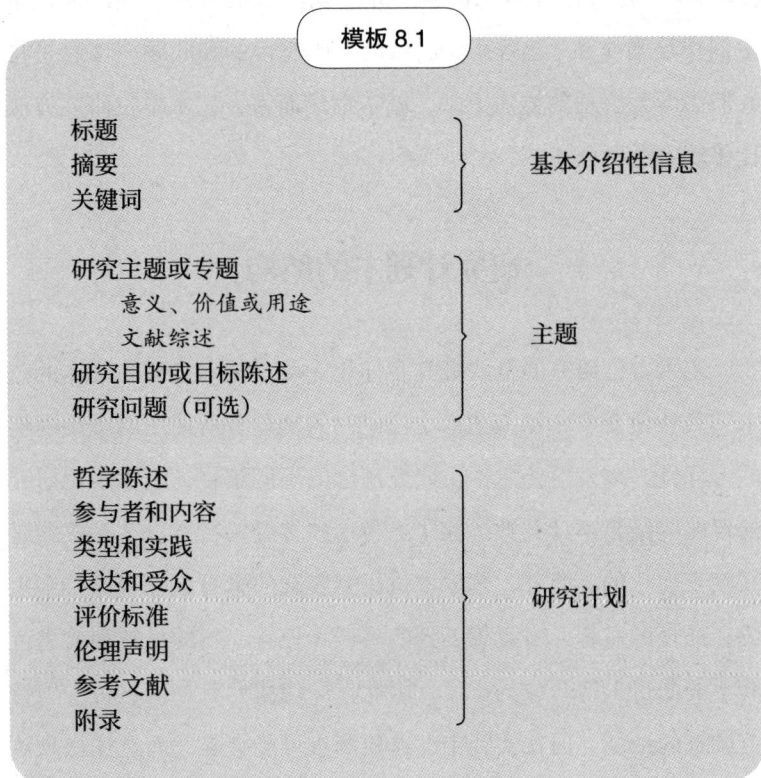

模板 8.1

标题
摘要　　　　　　　　　　　　　基本介绍性信息
关键词

研究主题或专题
　　意义、价值或用途
　　文献综述　　　　　　　　　主题
研究目的或目标陈述
研究问题（可选）

哲学陈述
参与者和内容
类型和实践
表达和受众
评价标准　　　　　　　　　　研究计划
伦理声明
参考文献
附录

在本章的其余部分，我将逐项介绍模板 8.1 中的各项内容。

基本介绍性信息

标 题

艺术本位研究的标题应明确陈述主要现象或主题，以及所采用的艺术实践。

摘 要

在艺术本位研究中，这篇 150 至 200 字的项目概述通常包括你正在研究的现象或主题、研究目的或目标，以及关于艺术类型和研究实践的基本信息（包括所采用的任何艺术实践，以及为什么这个项目是值得研究的）。

关键词

提供 5 至 6 个关键词，让读者了解主要现象或主题、艺术实践、参与者（视情况而定）和你的研究计划的主要指导理论（视情况而定）。

主 题

研究主题或专题

请明确陈述你提议调查的主要现象或专题。虽然你将在关于艺术类型和实践的那一节中更详细地讨论所采用的艺术实践，但在此简单地陈述一下还是合适的，因为艺术实践很可能与主题密不可分。同样重要的是要让读者了解你是如何确定主题的，包括一些务实的议题。这里你可以简要分享一下你对这个主题的**个人兴趣**；你所具备的任何将你吸引到该主题的**特殊技能**，包括开展这项研究所需的**艺术技能**；研究该主题所需的**资助机会**；**你是如何处于有利地位以获准接触参与者的**（如果适用的话）。

在书面阐述你的主题时，还有两个额外的议题需要讨论：一是研究这个主题的意义、价值或用途；二是现有文献如何影响你对该主题的理解，你的研究将如何丰富现有文献。在你的研究计划书中，你可以在"所调查的主题或专题"一节下面的几个子小节中，或者在你的研究计划书的几个独立的小节中讨论主题的研究意义。

意义、价值或效用

概述项目的**基本价值观体系和社会正义的必要性或政治必要性**。比如，请指出该研究是否旨在对抗那些系统性损害或剥削某些特定群体的刻板印象或文化叙事。如果开展这个项目的理由与增强公众意识，或与激发人们对某个当下的议题，或最近发生的事件的反思相关联，请明确说明这些关联。比如，当计划生育基金是一个全国性的辩论话题时，如果你提出一个旨在唤起人们对妇女生殖健康的讨论的项目，那么你应该说明该项目的时效性和用途（如游说人们支持或反对联邦基金）。

文献综述

艺术本位研究的文献综述应当为读者提供一个坚实的基础，以便他们对关于你的主题的研究有所了解，即哪些是已知的，还有哪些有待研究。艺术本位研究的文献综述介绍的内容包括艺术本位研究、流行艺术和你打算使用的艺术门类中的艺术实践是如何对该主题的知识做出贡献的。比如，如果你正在策划一个视觉艺术装置的研究，而在关于你的研究主题的艺术领域有值得关注的视觉艺术作品，那就应该在文献综述中有所提及。你还可以将以其他设计形式实施的研究（如定性研究）纳入文献综述。文献综述还可以包括相关的理论或概念框架（理论或概念框架可能有助于形成研究目的和研究问题），或者你也可以在研究计划书的稍后部分，将理论框架作为你的哲学陈述的一部分加以回顾。

研究目的或目标陈述

通过解释**主要焦点或目标**，简要陈述拟议调查的目的。要想做到这一点，请明确陈述所调查的主要现象或主题、用来生成和分析内容的研究／艺术类型和实践，以及开展该项目的主要理由。关于开展该项目的理由，你的主要目的可能是探索、描述、唤起、激发或动摇。

研究问题（可选）

在艺术本位研究目的陈述之后，你可能会列出你的研究要解决的**核心问题**。艺术本位研究问题具有**归纳性、涌现性和生成性**的特点，其研究问题通常强调经验知识，艺术实践，以及一

> **专家提示**
>
> 利兹大学（University of Leeds）医疗保健学院的邦妮·米库姆斯（Bonnie Meekums）博士提醒说，设计是一个过程。你的研究问题至关重要，但你对某件事的好奇心可能不是事先就很明确或固定下来的。你甚至可以通过艺术实践和你的"具身化智慧"形成清晰的认识。

个涌现性的、开放性的和不断发展的调查过程。它们可能会采用**强调艺术的涌现性或抵抗性的非定向语言**，包括探索、创造、扮演、涌现、表达、困扰、颠覆、生成、探究、刺激、阐明、挖掘、产生和寻求理解等词语和短语。

复习站点 ①

1. 艺术本位研究涉及什么？

　　a. 这些方法允许研究人员利用什么？

2. 在艺术本位研究中，研究问题采用 _____ 语言？

a. 这种语言强调什么？

★ 请到本章"复习题答案"部分核对答案。

研究计划

哲学陈述

艺术本位研究，或一些人所说的表演性社会科学（performative social science），是艺术实践与科学或社会科学实践相融合的产物（Gergen & Gergen, 2011; Jones, 2006, 2010, 2013）。调查实践是基于这样的信念：艺术和人文科学可以促进社会科学目标的实现（Jones, 2010; McNiff, 2018）。哲学陈述讨论艺术本位的范式以及该范式如何具体指导拟议项目。

艺术本位研究建立在一种**艺术本位研究哲学**基础上，格伯等人（Gerber et al., 2012）认为艺术本位研究哲学具有以下特征。

- 认识到艺术能够传达真理或产生认识（包括对自我的认识和对他人的认识）。
- 认识到艺术的运用对实现对自我和他人的认识至关重要。

- 重视前语言[①]认识方式。
- 包括多种认识方式，如感官、动觉和想象等认识方式。（p. 41）

哲学信仰形成一个"审美主体间性范式"（aesthetic intersubjective paradigm）（Chilton et al., 2015）。**审美**（aesthetics）利用感官的、情感的、知觉的、动觉的、具身化的和想象的认识方式（Chilton et al., 2015; Cooper et al., 1997; Dewey, 1934; Gerber & Myers-Coffman, 2018; Harris-Williams, 2010; Langer, 1953; Whitfield, 2005）。艺术本位研究哲学还受到对"身体"的哲学理解的强烈影响，具体而言，就是受到具身理论和现象学领域的进展的影响。**主体间性**（intersubjectivity）是指艺术作为认识手段的关系特性，即我们与他人和自然一起创造意义（Conrad & Beck, 2015）。

⚖ 实践中的伦理

艺术本位研究哲学重视多种认识方式，并承认艺术能够创造知识。文字、图像和动作都是有价值的，然而我们仍然能看到表达的文本形式和视觉或具身形式之间的等级关系。比如，从事非文本形式的艺术本位研究的研究生，

---

① 前语言：语言发展之前（如婴儿或儿童掌握语言之前）的阶段。——编者注

经常被要求制作大文本来配合或修饰他们的作品。对于发表艺术本位研究作品的研究人员来说，情况往往也是如此。把某些艺术实践看得比其他艺术实践更重要，是不合乎伦理的。在你的哲学陈述中，应聚焦于艺术本位研究范式，而不是通过将该范式与其他更"被接受"的研究形式相比较来使其达标，以帮助这些认识方式合理化。

具身理论

在过去的几十年里，由于**女权主义理论、后现代主义理论、后结构主义理论**和**具身性的精神分析理论**的进展，"**身体**"得到了相当多的关注。**具身理论**（embodiment theory）解释道，所有社会行动者都是具身化的行动者。我们通过自己的身体和感官来体验世界。塞莱斯特·斯诺伯（Celeste Snowber, 2012, 2016, 2018）提醒我们："我们并不拥有身体，我们本身就是身体。"

伊丽莎白·格罗斯（Elizabeth Grosz, 1994）区分了"铭文"和"活经验之体"。**铭写的身体**（inscribed body）是创造和抵制社会意义的场所。受米歇尔·福柯（Michel Foucault, 1976）和苏珊·博尔多（Susan Bordo, 1989）著作的影响，格罗斯写道，"身体并不在历史之外，因为它是通过历史并在历史中产生的"（p. 148）。我们可以将身体本身视为一个跨学科的概念。比阿特丽斯·阿勒格兰蒂（Beatrice Allegranti, 2011）写道："身体本质上是跨学科的，我们是由社会和生物构造的。此外，身体不是中立的，性别、性取向、种族和阶级是塑造我们精神、情感和身体自我的社会政治方面，并影响我们的伦理价值观"（p. 487）。**活经验之体**（lived body）指的是人的**经验知识**（因此与现象学有关，在第六章中进行了综述）。心灵和肉体是相互联系的，经验是具身化和感官化的（Merleau-Ponty, 1962; Wiebe & Snowber, 2011）。

关于艺术本位研究范式，查尔斯·加罗安（Charles Garoian, 2013）很有说服力地写道，"身体造就艺术品，就像艺术品造就身体一样"（p. 21）。艺术本位的哲学考虑到了具身性，从整体上看待经验，并认为精神和身体是相互关联的，从这个角度直接出发，艺术本位研究者可能会寻求获取与身体相关的知识。比如，肖恩·维贝和塞莱斯特·斯诺伯（Sean Wiebe & Celeste Snowber, 2011）主张"我们的记忆位于我们的感官中"（p. 111）。想想气味唤起记忆的力量——爱人的香水、童年最喜欢的地方的气味、烹饪节日大餐时散发出来的香味（Leavy, 2015）。

艺术-科学的连续体

值得注意的是，并非所有艺术本位研究人员都对现实的本质和我们能对现实的本质有何了解持完全相同的观点。尽管艺术本位研究者重视艺术，将其视为建构知识的源泉，但人们可能持有许多不同观点。艺术本位研究沿着**艺术-科学的连续体**发生（见图 8.1）。一些实践者采用更多的艺术本位实践的哲学思想，并可能优先考虑从"做""制作"或"体验"艺术实践的行为中获得的见解。在连续体的这一端，艺术创作过程可以被视为内容生成、分析和最终输出的方法。在连续体的另一端，实践者可能对该过程有更科学的看法，也许用传统的定量或定性的方法和策略收集和分析数据（内容），然后将艺术实践融入该过程的某个阶段，如表达阶段。从哲学上讲，他们的世界观规定了对社会现实的本质和我们研究社会现实的方式的更为定性（解释性）的理解。在艺术-科学的连续体上有许多可以产生项目的点。

艺术　◀━━━━━━▶　科学

图 8.1　艺术-科学连续体

哲学陈述解释该项目如何利用艺术作为一种知识构建方式的独特优势，即在多大程度上和在什么哲学基础上做到这一点的。换言之，关于所采用的艺术实践的哪些假设正在指导该项目？艺术实践是否被用来挖掘原本遥不可及的经验知识或情感理解？如果的确如此，艺术形式是如何能够做到这一点的？

你的哲学陈述中的其他思想流派

最后，艺术本位研究项目也可以借鉴解释性、批判性或变革性的理论思想流派，在这些情况下，应该对这些理论思想流派进行讨论（关于这些理论流派的讨论，参见第一章、第六章和第九章）。比如，在一个以女权主义理论框架为基础的艺术本位研究项目中，艺术本位研究范式和指导该项目的具体的女权主义理论都值得被讨论。

参与者和内容

无论你从事的是哪种类型的艺术本位研究，其设计都有三种主要方法，它们会对如何选择参与者或如何创建内容产生影响。

首先，有些项目**使用传统的定量方法、定性方法或混合方法从研究参与者那里收集数据**。在这些情况下，抽样决策是根据研究目的和问题，结合研究项目使用的一种或多种方法做出的（第五章至第七章介绍了适宜的抽样策略）。最常见的情况是，研究人员将使用艺术本位的方法收集定性数据，从而对数据进行分析或表达。因此，通常采用目的性抽样策略。

其次，在有些项目中，**参与者制作艺术作品，而艺术作品则成为数据**。在这些情况下，抽样决策是根据研究目的和研究问题做出的。鉴于艺术本位研究的哲学基础，尤其是对多种真理和多种认识方式的重视，通常采用目的性抽样策略，以便选出"最佳"参与者——能够在该主题方面提供最多信息的参与者。

最后，在有些项目中，**艺术实践既是调查的方法，又是调查的内容**。在这些情况下，你创造了艺术作品，却没有任何研究参与者。

鉴于在艺术本位研究中不同的生成意义的方式，在某些情况下，**数据**（data）一词是合适的（如当数据是通过其他标准研究方法收集时）。在其他情况下，**内容**（content）一词比较合适（比如，当艺术实践既是调查的方法，又是调查的内容时）。在本章中，我自始至终都是从数据和内容这两个词中选用与我手头正在进行的讨论相匹配的那个词。

复习站点 2

1. 哲学陈述讨论什么？
2. 具身理论解释说，所有的社会行动者都是 _____。这是什么意思？
3. 关于艺术本位研究，研究者可以采用多种视角，这些视角存在于 _____ 连续体中。
4. 艺术本位研究的三种主要方法是什么（这三种主要方法影响选择参与者的方式或内容创建的方式）？

★ 请到本章"复习题答案"部分核对答案。

类型和实践

艺术本位研究的特点是要进行大量的研究实践（参考第一章的表 1.2）。因为本书无法全面涵盖所有研究实践，所以我将介绍三种类型，每种类型只介绍一种与之对应的研究实践［关于现有研究实践的更广泛回顾，请参阅利维 2020 年的著作（Leavy, 2020）］。

文学体裁和基于小说的研究

以下内容节选自我 2021 年的小说《低脂爱情：十周年纪念版》(*Low-Fat Love: 10th Anniversary Edition*)，该书基于对女性的访谈研究，涉及身体形象、情爱关系、身份认同和自尊的内容。通过使用叙述者的话语，结合内在对话，我能够了解一些女性如何消费和内化商业媒体针对她们的信息，从而对流行文化进行社会学批判。以下是一段摘录。

　　手里拿着遥控器，她在常看的电视台之间来回切换，然后停留在了《走进好莱坞》这档节目。他们正在讲述关于布拉德·皮特（Brad Pitt）和安吉丽娜·朱莉（Angelina Jolie）的故事。每当他们登上封面时，她都会买那些小报。尽管她鄙视他们主要是因为长得好看才被崇拜的看法，但她依然对他们的美貌着迷。有时她会幻想安吉丽娜生活的样子。与其他名人相比，安吉丽娜似乎拥有一切。她简直美极了，那种似乎永远不会过时的美。她曾经过着放荡不羁的生活，现在她有了一个庞大的、多元文化的家庭（她可能从来不需要照顾她的家庭，因为家里有那么多保姆和助手等人替她打理），一个毫无疑问崇拜她的绝佳伴侣，以及一份了不起的事业。通过某种方式，她设法同时成为一位艺术家兼商业成功人士，或者至少她可以合理地宣称自己既是一位艺术家又是一位商业成功人士。和普里利一样，人们都美慕安吉丽娜。当普里利观看这个故事时，她感到一片熟悉的，充满嫉妒、渴望和自我厌恶的风暴云正笼罩在自己的头上。

《走进好莱坞》只是她能找到的任何"本周最佳影片"的前奏。今晚，她正在观看 Lifetime 频道播放的一部电影，讲述的是一名报社女记者在报道当地一桩罪案时，成了一名精神病患者的下一个目标。普里利每吃一口她在电视播放广告期间炒好的蔬菜，都禁不住想，在某些方面，这位记者是幸运的，至少她的生活很刺激。

普里利生活在"现实我"和"理想我"之间。（pp. 4-5）

文学体裁（literary genres）依赖书面语言进行交流，因此最类似于本书提及的其他研究方法（尤其是定性研究方法）。**基于小说的研究**（Fiction-based research）、**作为一种研究实践的小说**（fiction as a research practice）**或社会小说**（social fiction）² 是一种新兴的实践，具有创建引人入胜、唤起情感和易于理解的研究的独特能力。基于小说的研究非常适合描绘生活经验的复杂性，因为它考虑到了细节、细微差别、特殊性、情境和神韵。基于小说的研究擅长通过具有亲和力的人物来培养同理心和自我反省意识，并通过展示而非讲述来打破主导性叙事或刻板印象（这可以用来建立批判意识并提高认识）。因为读者看待小说的方式不同，并沉浸在虚构的世界里，所以小说既是一种写作形式，也是一种阅读方式（Cohn, 2000）。促进读者的**共情或共情投入**（de Freitas,

2003）是这种研究实践的主要优势。当读者接触小说并与人物建立情感联系时，他们就是在与"想象中的他人"建立亲密的关系（de Freitas, 2003, p. 5）。

就数据或内容的生成而言，基于小说的研究有三种主要方法：一是通过小说呈现采用其他方法收集的数据（通常是定性方法，如实地研究、访谈或自传式民族志），二是通过小说呈现源自文献综述的内容，三是小说写作既是一种调查行为，也是一种分析行为。为了扩展说明"小说写作既是一种调查行为，也是一种分析行为"，伊丽莎白·德弗雷塔斯（Elizabeth de Freitas, 2004）解释说，自反性写作是她的研究方法，里什马·邓洛普（Rishma Dunlop, 2001）在她的实践中借鉴文学传统，创造了一个"事实"和想象的组合。通常，这三个类别之间会有所滑移，因为它们都需要在不同程度上借助想象力。此外，项目常常将来自定性研究的数据（有时是对研究人员在其职业生涯的很大一部分时间里所收集的数据的累积印象）与来自文献综述的内容和富有想象力的数据相结合。

不管内容是如何生成的，都有要实现的设计特征。这些特征可以分为四类：结构、文体、人物塑造和文学特征（Leavy, 2013, 2015, 2018, 2020b, 2022）。

基于小说的研究有几个**结构特征**。首先，你需要选定一个合适的**格式**，如短篇小说、中篇小说或长篇小说。你需要多大的篇幅来表达你的内容？是一个叙事还是交织在一起的几个叙事？接下来，你需要确定你将采用哪种结构，如传统的三幕式结构、开放式结构。要想对结构进行全面回顾，请参阅我 2022 年出版的著作《发明 / 再发明：社会小说研究方法》（*Re/Invention: Methods of Social Fiction*）。然后，你需要创建情节和故事线。小说作品是关于某事物（你的主题或专题报道）的叙事。**情节**是你的叙事的整体结构，**故事线**是情节中事件的顺序（Saldaña, 2003）。有时，研究人员会采用一个**主情节或主叙事**，即一个在某个文化中被反复讲述的故事（Abbott, 2008）。比如，经典的白手起家的故事是一个被多次重新构思的主情节。主情节是有用的工具，因为它们能引起共鸣；主情节能挖掘根深蒂固的价值观，并"承载着巨量情感资本"，研究人员可以利用这些资本来激发新的学识（Abbott, 2008, p. 59）。随着情节和故事线的发展，你需要仔细考虑叙事的**结局**。你会提供一个结局或解决方案吗？读者可能会有什么样的期待，你会满足还是颠覆他们的期待？比如，你可以采用"灰姑娘的故事"的主情节，但随后颠覆传统故事，让女主角最终失去浪漫的伴侣。

在勾勒情节和故事线时，请考虑叙事中的空白位置。虚构的叙事是不完整的，给读者的解释和想象留下了空间。作者经常有意留下一些**解释性空白**（Abbott, 2008; de Freitas, 2003）。

一旦你有了叙事结构，就应当考虑写小说的基本方法：场景和叙事（Leavy, 2013, 2015, 2018, 2020b, 2022）。你可能会使用两者的某种组合。**场景**是一种戏剧性的写作方式，在这种方式下，动作在读者的眼前不断展现。精彩的场景可提供高度的真实感（Caulley, 2008; Gutkind, 1997）。场景的写作常常涉及主动动词

（Caulley, 2008）。**叙事**写作是总结和提供场景中没有的信息或评论的一种手段。叙事写作可以是将源自文献综述的声音、理论的声音或研究者作为叙述者的声音整合起来的一种重要工具。叙事写作通常采用第三人称和被动动词进行叙述。表 8.1 呈现的是场景写作和叙事写作的比较［摘录自我 2020 年发表的小说《流星》（*Shooting Stars*）］。

表 8.1　场景写作与叙事写作对照

场景写作	叙事写作
她接了他通过视频通话软件（FaceTime）拨过来的视频电话，她坐在图书馆的书架之间，歪戴着眼镜，低声说道："嘿，宝贝。他们不允许使用手机，你会给我惹麻烦的。" 　　"我只是想看看你漂亮的脸蛋。"他平静地说。 　　她笑了。 　　"事情进展如何啊？"他问。 　　"我刚读了一篇最引人入胜的研究，研究的是我们的大脑处理文献的方式。今晚我就告诉你这项研究，但现在，我真的要走了。我有很多事情要完成，而且图书馆管理员正怒视着我。" 　　"好吧，亲爱的，晚上见。我去取外卖，怎么样？" 　　"那太好了，我爱你。" 　　"我也爱你。"他说。	日子一天天过去，一天比一天轻松。特丝沉浸在她的图书项目中，杰克回到了全身心投入工作的状态，他们每周五晚上都会与他们的朋友见面，他们一天比一天笑得更欢，爱得更深。他们很幸福。可是，从杰克发现特丝躲在壁橱里那一天起，整整六周后的那个星期三，事情发生了变化。

风格要素（stylistic element）赋予基于小说的研究以情感。风格元素包括体裁、主旨和主题、语气和风格（style）（Leavy, 2013, 2018, 2022）。**体裁**是基于主题的"反复出现的文学形式"（Abbott, 2008, p. 49），如悬疑小说、动作小说、推理小说、鸡仔文学[1]、爱情故事等。体裁的选择要符合研究目的、主题和目标受众的要求（以及你期待这些受众将要做出的反应）。还要考虑**主旨和主题**，它们彼此是相互关联的。前者是中心思想，后者是反复出现的想法、话题或符号（Leavy, 2013, 2018, 2022）。在考虑作品内容时，**语气**对于准确和有效地传达所需内容也很重要。比如，最终的小说作品是想实现幽默、快乐、忧郁、悲惨、讽刺的风格，还是挖苦的风格？这些决定既和内容（主题、目的、体裁）的最有效传达有关，又和作者自身的优势和风格有关。每个研究者的**风格或区别性特征**都会影响其小说写作（这在很大程度上取决于研究者如何结合其他设计特征，包括文学工具）。

除了结构和风格特征，人物是基于小说的研究实践的核心。人物是出现在故事中的个体，**人物塑造**则是塑造这些人物的过程。应避免刻板印象，以谨慎和多维度的方式来表现人物的复杂性。根据你收集数据或内容的方式，人物可以是旨在代表源于数据或文献的主题的复合体。创建人物档案有助于推进人物塑造过程。需要考虑的特征包括扎实的外貌描写、活动、个性、价值

---

[1] 鸡仔文学：指主要面向二三十岁的单身职场女性的文学作品。主要通过轻松幽默的方式讨论现代女性关注的话题。——编者注

观、动机及姓名（Leavy, 2013, 2018, 2022）。

人物还可通过其与他人的**对话和互动**得以表现。要考虑人物对语言、手势、习惯性动作、谈话语气的使用，以及要考虑对话和互动如何揭示人物之间的关系。小说还通过表现人物的**内在对话**（人物的想法）为我们提供进入人物**内心世界**的独特途径。小说让我们可以接触人物的内心生活，这可以培养读者的同理心，而这往往是研究目标之一。

⚖ 实践中的伦理

为了避免强化刻板印象，表现多维的人物至关重要。花点时间深入人物的内心世界，表现他们的复杂性。仔细考虑性别、性取向、种族、民族、宗教和其他身份特征等问题，并酌情征求他人的意见。

最后，基于小说的研究设计和执行要求谨慎使用**文学工具**。**语言**是作者的唯一工具，必须熟练运用。对工艺和艺术性的严谨关注使我们能够成功地实施基于小说的研究（de Freitas, 2004; Leavy, 2013, 2018, 2022）。可以考虑使用**隐喻和明喻**来提高作品审美方面的质量，建立宏观-微观联系，创造潜台词，或者促使读者质疑普遍持有的假设。隐喻和明喻可以成为一个新的概念框架，可以通过这个概念框架要求读者探索一个议题。所有基于小说的研究的一个隐含目标是创造真实的或可信的世界，这种真实的或可信的世界能反映社会现实，或者能给读者提供另一种方式来想象特定的社会现实。创意写作还要求**语言的独特性**，以获得审美力量，并为读者创造可信的世界供他们进入。**逼真**是指作者的描绘贴近现实、真实且栩栩如生，这是衡量基于小说的研究是否成功的基准（Leavy, 2013, 2018, 2022）。帮助我们实现逼真感的技术包括融合细节和描述。利用感官来描绘场景。就基于小说的研究而言，其研究著作中的描述和细节可以被视为"数据"或内容（Iser, 1997)。表 8.2 总结了基于小说的研究的设计特征。

表 8.2　基于小说的研究的设计特征

结构特征
版式
情节
故事线
主情节或主叙事
结局
解释性空白
场景
叙事
风格要素
体裁

续 表

主旨和主题
语气
风格或区别性特征
人物
人物塑造
对话与互动
内心世界 / 内在对话
文学工具
语言
隐喻和明喻
独特性（描述和细节）

一旦你有了一份完整的初稿，你就需要进入**编辑、修改和改写的循环**。当你首次完成初稿时，最好把它丢到抽屉里放上一周，以便与之保持一定距离。然后再进行首次通读，查找可能需要进行的全局性改动（比如，填补由于疏忽所留下的情节中的空白、重构故事线、重新安排场景顺序）。在第二遍通读中，用红笔和敏锐的眼光，毫不留情地逐行编辑。大声朗读是一种有用的策略，因为它可以暴露影响语言流畅性的种种问题。其目标是让你的文笔清晰明了。在基于小说的研究中，**改写是一种分析行为**。**征求反馈意见**也很重要。你可以和你的同行分享你的作品，

或在某个写作小组里分享你的作品，或与研究参与者（如果适用的话）分享你的作品。你可以征求一般性反馈意见，也可以让读者回答你提出的具体问题，以了解你在多大程度上传达了你想要传达的信息。比如："你对某人物的印象如何？他们最终陷入了什么样的关键境地？你对这些情况有何了解？这个过程揭示了哪些仍需解决的解释性问题？"

🖥 **请访问配套网站，下载关于基于小说的研究的练习题。**

🔍 **复习站点 ③**

1. 在基于小说的研究中，_____ 是叙事的整体结构，_____ 是叙事过程中事件的顺序。

2. 请定义主情节或主叙事。

   a. 为什么主情节是有用的工具？

3. 大多数基于小说的研究结合了两种基本的小说写作方法：场景和叙事。请分别定义场景和叙事。

4. 除了展现参与对话和互动的人物之外，小说还通过表现 _____ 来提供了解人物在想什么（他们的内心生活）的独特途径。

5. _____ 是指创造现实而又真实，并且栩栩如生的描绘，是衡量基于小说的研究是否成功的基准。

6. 编辑、修改和改写的循环在基于小说的研究中很重要。
改写被视为一种 _____ 行为。

★ 请到本章"复习题答案"部分核对答案。

表演体裁

以下是塔拉·戈尔茨坦（Tara Goldstein）2013 年的剧本《零容忍》（*Zero Tolerance*）的节选，该剧本是基于一份 595 页的题为《健康之路》（*The Road to Health*）的学校安全报告而创作的。该报告是针对多伦多中学的 15 岁学生乔丹·曼纳斯（Jordan Manners）被杀事件编写的。

场景 1

塔拉·戈尔茨坦：（面对观众）当你听到"零容忍"这三个字时，你会想到什么？脑海中浮现什么？当我问我的一群学生这个问题时，他们是这样说的：

教师 1：欺凌。

教师 2：打架。

教师 3：武器。

教师 4：停学。

教师 5：开除。

教师 2：不会有第二次机会。

教师 4：纪律。

教师 5：安全。

塔拉·戈尔茨坦：（面对观众，从舞台左前方走到舞台前中央，再走到舞台右前方）你们刚才是这么想的吗？今天我给你们讲一个关于对校园不良行为零容忍的故事，以及零容忍的纪律措施如何未能保护学生免受学校暴力的侵害。我要讲的是一个 15 岁男孩的故事，男孩名叫乔丹·曼纳斯（Jordan Manners），他于 2007 年 5 月上学期间在他的学校被枪杀。

戏剧或剧场艺术能够从研究参与者的角度获得并呈现丰富的、有神韵的、描述性、情境化和语境化的体验和多重意义。此外，剧场艺术使研究人员能够探索场域内发生的，传统文本表达形式无法再现的维度、音调和多感官体验。

民族志戏剧和民族志剧场是应用广泛的基于表演的研究的实践，最早用于人类学（Ackroyd & O'Toole, 2010）。**民族志戏剧**（ethnodrama）是指以剧本或脚本的形式撰写的研究成果，可以上演，也可以不上演。**民族志剧场**（ethnotheatre）是一种基于表演的现场实践。**健康剧场**（health theatre）是民族志剧场正在迅速扩张的一个领域，因为它能够敏感地描绘多个视角并吸引广大观众。而民族志戏剧是一种写作类型，该类型的风格包括现实主义（最为常用）、音乐，以及表演拼贴或时事讽刺剧（Saldaña, 2011a, p. 146）。民族志戏剧也可以用其他形式编写，如电影剧本（Saldaña, 2011a）。

　　在民族志戏剧和民族志剧场中，**数据是采用定性研究方法从研究参与者那里收集的**（见第六章）。定性研究是民族志戏剧的"原始资料"（Salvatore, 2018）。你为民族志戏剧写作而进行的**编码**和**数据准备**过程是从定性数据迈向民族志戏剧作品的重要的第一步。约翰尼·萨尔达尼亚（Johnny Saldaña, 2011a）主张使用**实境编码**，即在分析过程中使用参与者自己的话语作为编码标签，因为这些类别可能随后有助于研究者确定哪些段落应该用于对话和独白。**扎根理论**和其他归纳分析策略较为适宜，如第六章所指出的，扎根理论涉及归纳性编码过程，在这个过程中，数据通常被逐行分析，编码类别直接从数据中产生（参见 Charmaz, 2008）。在这个过程中出现的类别和主题可能最终成为戏剧中的场景（Saldaña, 1999, p.61）。一旦你有了经过分析的数据，和基于小说的研究一样，你需要考虑这些结构设计特征和其他设计特征：人物、对话或独白、情节、结构、舞台布景设计和服装（对于现场戏剧而言，还有其他问题，如导演、演出和表演）（Saldaña, 1999）。在基于小说的研究那一节中介绍的大部分内容，在此也同样适用，因此我不再重复介绍关于叙事写作的基本知识，而是重点说明民族志戏剧特有的问题。

　　除了情节和故事线，构成这部剧之框架的**结构**也能传达意义。通常被称为戏剧中的**单元**的传统结构包括**按线性或情节顺序**排列的**幕、场和插曲**（Saldaña, 2003）。故事如何展开将取决于数据经历的分析过程和你想传达的意义的范围。

　　民族志剧场也有一个**视觉维度**，让我们能够捕捉和交流社会生活中的视觉成分，这些视觉成分与人类经验和我们对人类经验的研究是难以区分的。**舞台布景设计**传达有关时间、地点和社会风气的信息。**服装和化妆**有助于确立角色和表演的"外观"（Saldaña, 2003, p. 228）。除了布景元素和服装之外，考虑**表演场地、灯光、媒体技术和声音、音乐**也很重要（Saldaña, 2011a）。最后，包括**角色分配、表演、导演和演出**的问题也会影响现场表演。为了很好地分配和处理这些角色，尽可能多地学习戏剧艺术，并寻求专业人士的专业指导。

复习站点 ④

1. 什么是民族志戏剧？

   a. 民族志剧场有何不同之处？

2. 民族志戏剧和民族志剧场的数据是如何收集的？

3. _____ 编码涉及在分析过程中使用参与者的原话作为编码标签。

4. 在设计情节和故事线时，研究人员必须考虑戏剧中的单元。这些结构通常包括 _____ 。

   a. 这些单元可以按线性或 _____ 顺序排列。

★ 请到本章"复习题答案"部分核对答案。

视觉艺术类型：摄影、影像发声法和拼贴画

唐娜·戴维斯（Donna Davis, 2008）创作了图 8.2 中所示的拼贴画，作为身体形象和进食障碍研究项目的一部分。这幅图画的创作灵感来自一位厌食症少年的证言和希尔德·布鲁赫（Hilde Bruch, 1978）关于厌食症的出现的著作《金笼》（*The Golden Cage*）。戴维斯在这件作品中大量借助了象征主义的手法来表达一种力量。

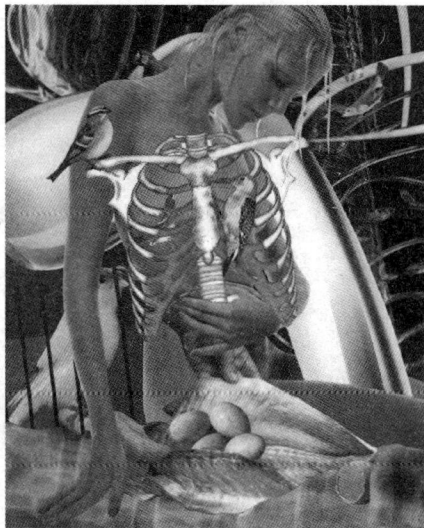

图 8.2　唐娜·戴维斯（Donna Davis）
创作的《黄金标准》（*The Gold Standard*）

注：转自戴维斯（2008, p. 255）版权所有©2008《学习》（*LEARN*）。经许可转载

视觉艺术类型（visual art genre）依赖于视觉图像。视觉艺术

研究实践利用视觉艺术的力量来激发、唤起和表达非语言或前语言知识，促使人们以不同的方式观察和思考，挑战刻板印象。视觉艺术具有促进**陌生化**（defamiliarization）的能力，这就是为什么它是促使人们以新的方式看待事物的强大工具，这对社会学研究者而言，具有很大的吸引力。在这方面，视觉艺术具有**抵抗和变革的能力**。

在《我心中的艺术：视觉政治》（*Art on My Mind: Visual Politics, 1995*）一书中，文化评论家贝尔·胡克斯（Bell Hooks）将艺术概念化为一种媒介，用以传达政治思想、概念、信仰，以及其他的关于产生艺术的文化土壤的信息，包括关于种族、阶级和性别的主流观点。她认为，艺术不仅可以作为一个能发挥作用的被排斥的领域，而且还承载着一种变革的力量，能够抵制和摒弃刻板的思维方式。胡克斯提供了一种"**审美干预**"（aesthetic intervention）的方法论策略，用来研究艺术具有的促使人们以不同的方式看待事物的能力。

这种类型的艺术本位研究在方法上极具多样性。因此，我在此介绍三种常用且可行的做法：摄影、影像发声，以及参与者制作的拼贴画和艺术日志。

在视觉艺术研究实践中，数据或内容可以通过**研究者制作的艺术作品**生成，或通过**参与者制作的艺术作品**生成，**也可以**同时**通过研究者的艺术作品和参与者的艺术作品**生成。因为语言障碍不再是一个问题，所以视觉艺术实践使我们能够扩大我们可以合作的人群的范围。因此，在涉及参与者的艺术作品的参与式设计中，我们可以与通常被排除在研究之外的参与者合作，如那些因年龄或残疾而和我们交流起来有困难的人群，以及土著居民或来自其他文化的人群（如在跨文化或跨国研究中）。

摄　影

摄影被广泛应用于各学科的研究中。随着数码相机和智能手机的普及，人们的摄影实践活动与日俱增，部分原因是摄影的成本越来越低。摄影可用于各种研究目的，包括那些涉及按时间顺序记载事件的研究、用照片进行记录的研究、用照片获取数据的研究、通过摄影让边缘化群体参与的研究，以及探索难以理解的、高度概念化或隐喻化的主题的研究（Holm, 2014, 2020）。摄影调查可以用来研究人、场所和过程随着时间的推移所发生的变化（Holm, 2014, 2020; Holm, Sahlstrom, & Zilliacus, 2018; Rieger, 2011）。当使用摄影手段进行研究时，数据（照片）可以是预先存在的，也可以是由研究者创建的，或是由参与者创建的。无论是哪种情况，尽可能**记录照片的拍摄环境**。

你还需计划如何处理特定的伦理问题。当涉及照片数据时，**获准访问参与者，知情同意和保密**都可能会变得复杂起来（Holm, 2014, 2020; Holm et al., 2018）。首先，要确定是否对照片进行编辑（比如，对照片中的儿童或背景中的人的脸部进行模糊化处理，因为他们无法提供知情同意）。其次，可能存在照片的**所有权和版权**问题，这些问题应当事先同参与者协商并达成一致意见（比如，如果参与者自己拍照，照片归谁所有）（Holm,

2014, 2020; Pink, 2007)。如果照片由参与者拍摄，你需要给他们提供指导。你所提供的指南可能非常具体，也可能非常笼统，这取决于研究目的和研究问题。请想一想你所寻求的摄影数据的类型，并考虑你将在多大程度上对以下几个方面提供指导或限制。

- 时间（照片的拍摄时间）。
- 要拍多少张照片。
- 照片内容。
- 是否允许参与者编辑照片。

影像发声法（photovoice）是一种将摄影与参与式研究方法相结合的特定实践方法。有些人将其称为进行**艺术本位的行动研究**的一种方法（Chilton & Leavy, 2014, 2020）。给参与者发放照相机，并要求他们拍摄周遭的环境和情况。不同项目之间的研究目标和针对参与者的指导语差别很大，但一般而言，参与者会记录他们的周遭情况，因为他们所记录的情况与一个更大的目标有关，如改善他们的社区，影响特定的公共政策，或提升对特定主题的自我意识和社会意识。比如，"见证饥饿项目"（Witness to Hunger Project）让费城的低收入母亲拍照并记录她们的故事，以影响社会福利政策（Chilton, Rabinowich, Counci, Breaux, 2009）。影像发声法还可以用于多方法或混合方法研究，并且已在公共卫生研究领域流行起来，公共卫生研究的数据被用于倡导社区改善（参见 Berg, 2007; Holm, 2008）。

就影像发声法的研究设计而言，请考虑以下一般准则（Wang, 2005, 引自 Holm, 2008）。

- 将问题概念化。
- 定义更广泛的目标和目的。
- 招募政策制定者作为影像发声法研究结果的受众。
- 培训参与者的培训师。
- 进行影像发声法培训。
- 设计拍照的初始主题。
- 拍照。
- 促进小组讨论。
- 批判性反思和对话。
- 选择要讨论的照片。
- 情境化和讲故事。
- 编纂问题、主题和理论。
- 记录故事。
- 进行形成性评价。
- 接触政策制定者、捐助者、媒体、研究人员和其他可能会被动员起来创造变革的人。（p. 330）

参与者制作的拼贴画和视觉日志

拼贴画是一种广泛应用于各学科的做法。研究者或参与者可以创作拼贴画。不过，在此我主要关注参与者创作的艺术作品。焦亚·奇尔顿和维多利亚·斯科蒂（Gioia Chilton & Victoria Scotti, 2014）指出，拼贴画之所以受欢迎，是因为材料容易获取，而且人们通常不会被参与拼贴画制作的前景所吓倒。因此，拼贴画可以以包容的方式被各类参与者广泛应用，包括那些常常由于年龄、残疾或语言差异而被排除在研究过程之外的人。

拼贴画是通过从杂志、报纸、纹理纸或其他材料中**选取图片**，然后将其**剪切、定位并粘贴**（通常用胶水）到一张纸或纸板表面制作而成的（Chilton & Scotti, 2014; Scotti & Chilton, 2018）。也可以使用非传统材料。比如，丽莎·凯（Lisa Kay, 2009）开创了一种"珠子拼贴"法，涉及使用珠子和任意物品（found object），将形状各异的组块拼成新的东西，而这个新东西又大于其各组成部分之和，新的想法可能由此会出现（Chilton & Scotti, 2014; Scotti & Chilton, 2018）。拼贴画通常**将不同的元素组合在一起**，其可以成为一种强有力的方式，促使人们以不同的方式思考和看待问题，进行文化批判，产生原本无法想象的联系，推断出新的关联，进而完善或强化意义（Chilton & Scotti, 2014; Diaz, 2002; Scotti & Chilton, 2018; Vaughan, 2008）。拼贴也可能包括图像和文本，以试图创造现实、发现意义（Diaz, 2002）。**文字和图像的并置产生了原本不可能有的新含义。**

让参与者参与拼贴画制作需要考虑一些实际问题。首先，确**定你要提供的材料**，如表层材料（通常是纸张、纸板或海报板）、图片来源（如杂志、相册、报纸）、事先裁剪好的材料（如从杂志或报纸上剪下的纸张）、书写和绘画工具（如钢笔、铅笔、彩色铅笔、蜡笔、记号笔、颜料和画笔、吸墨纸）、其他纸张、黏合材料（如胶水、胶带、订书机）、非传统物品（如干花、珠子、小的发光装饰物、贴纸）。

其次，如果需要的话，请考虑**你将要求参与者提供哪些材料**（如照片、日记、个人纪念物）。

再次，为参与者**编写一套简明扼要的指导语**，以引导参与者制作与你的研究目的、目标或问题相关联的拼贴画。比如，你可以要求参与者根据你提供的一句话、一篇小品文、一个主题、一张图片或一个问题创作一幅拼贴画。或者，你可以要求他们创作一系列拼贴画，说明他们生活中的一段特殊经历或时光。你还要考虑设定参与者交付拼贴画的时间期限。这些仅仅是一些例子。

写艺术日志是**参与者创建视觉日志**的一种方法，其中可能包括文本和图片，如杂志剪报或绘画（Chilton & Leavy, 2014, 2020），类似于拼贴画制作。给参与者的指导语，就日志的相关提示（主题和问题）、材料和日志的撰写频次而言，可能非常笼统，也可能非常具体。

🖥 **请访问配套网站**，下载关于基于视觉艺术的研究的练习题。

🔍 复习站点 5

1. 贝尔·胡克斯出于什么目的提供了一种"审美干预"的

方法论策略？

2. 在视觉艺术研究实践中，数据或内容可能以哪些方式生成？

3. 将摄影作为一种研究方法使用时，可能会出现什么伦理问题？

4. 请定义影像发声法。

5. 在拼贴画中，将不同的元素组合在一起，或者将文字和图像并置可以做什么？

6. 让参与者参与拼贴画制作需要考虑哪三个实际因素？

7. 请写出让参与者创建可能包括文本和图片的视觉日志的方法。

★　请到本章"复习题答案"部分核对答案。

表达和受众

　　在艺术本位研究中，从一开始就要考虑表达和受众，因为调查过程本身就能生成艺术作品。表达形式对内容的传达至关重要，因为人们对绘画的消费不同于戏剧或小说。媒介的选择应考虑其生成和表达内容的能力，以及与目标受众沟通的能力。需要考虑的两个首要问题是艺术表达的质量和如何接触受众。

　　艺术本位研究的一个优势集中在开发**整体或协同**研究方法的

潜力上（Blumenfeld-Jones, 2008; Cole & Knowles, 2008）。有几个概念可以用来判断一个最终项目的整体或协同质量。正如在关于定性研究的第六章中所讨论的那样，**彻底性**是指方法的全面性。**连贯性**（Barone & Eisner, 2012）、**相合性**（Leavy, 2011b），或**内部一致性**（Cole & Knowles, 2008）是指项目的组成部分，包括最终的表达形式能在多大程度上适配在一起。换言之，这些术语是指**形式的强度**（Barone & Eisner, 2012）。

- 它讲述了一个故事吗？
- 它有意义吗？
- 它有开头、中间和结尾吗？
- 它是否符合媒体的规范，或以有意义的方式进行了创新？

艺术本位的作品可以根据其**真实性和可信度**进行评判。艺术本位研究中的真实性和可信度可以和**共鸣**（resonance）的概念结合起来考虑。因此，指导性问题如下。

- 这听起来是真的吗？
- 这可信吗？
- 这感觉真实吗？
- 作品引起共鸣了吗？

审美品质、审美力量或艺术性是艺术本位研究的实施和后期评价的核心（Barone & Eisner, 2012; Chilton & Leavy, 2014, 2020; Faulkner, 2009, 2019; Leavy, 2009, 2015, 2020b; Patton, 2002）。虽然实现艺术性的方式因艺术类型而异，但还是有一些总体指导方针。审美力量是通过最终的艺术作品的**深刻性**、**简洁性和连贯性**创造的（Barone & Eisner, 2012; Chilton & Leavy, 2014, 2020），换言之，一种艺术表现必须触及问题的核心，并以连贯的形式呈现本质，才能获得审美力量。

　　所有的艺术实践都属于**手工艺**，因此没有千篇一律的模板。相反，每个实践者都会将他/她自己带入项目中。**艺术家个人的区别性特征**可用于评估艺术本位研究（Banks, 2008; Barone & Eisner, 1997, 2012）。艺术作品承载

> **专家提示**
>
> 　　博林格林州立大学（Bowling Green State University）传播系的桑德拉·福克纳（Sandra Faulkner）博士提醒我们，学习你的艺术形式的技艺很重要，并提出以下实用选项：在网上或你的社区上艺术课；加入或发起一个艺术或写作小组；明确说出你最喜欢的艺术家、作家或艺术本位研究人员，并说明喜欢他们的原因；模仿你最喜欢的艺术家或作家，将其作为一种实践形式；广泛阅读艺术作品，广泛参与艺术活动。

着制作者的**心声**。这种研究实践旨在发现和表达你的心声。

　　你还必须**确定**作品的**潜在受众**，并考虑如何接触他们。比如，你正在创作一部民族志戏剧，你会将其出版或上演吗？如果要上演的话，哪些场所最适合接触"合适的"观众（即你认为将从该研究中受益的那些人）？除了要确定观众和演出场地，还要考虑**艺术作品的呈现**。你会给该艺术作品贴上什么标签？比如，就基于小说的研究而言，你会给作品贴上小说、研究型小说的标签，还是别的什么？你会在作品中加上序、前言和/或后记，以

解释创作小说的过程，说明哪些部分是"虚构的"，并提供"非虚构"材料的来源吗？

受众的反应是成功与否的另一个标志。艺术本位研究具有情感性、唤起性、激发性、启发性、教育性和变革性的潜力。艺术本位研究还可以用来动摇或打破刻板印象或普遍持有的假设、弥合分歧、挑战主流意识形态、呈现抵抗性的叙事或发展潜力、促进社会反思，以及激发自我意识。因此，在适用于项目目标的情况下，可能有必要评估艺术本位研究实现这些目标的程度。

⚖ 实践中的伦理

人们可能会对任何形式的艺术作品产生发自内心的、深刻的情绪反应。尽管利用这种潜力是艺术本位研究的主要优势之一，但它也产生了一种伦理责任。当你决定如何向观众展示艺术作品时，请考虑是否应该有针对敏感主题的内容警告。此外，还要考虑如何为应对观众的反应做好准备。你可以召开听取观众意见的会议，发放反馈卡或问卷，并为受到研究主题影响的人提供资源。比如，如果你正在主办关于身体形象和进食障碍的艺术展，那么你可以向观众发放详细介绍当地进食障碍支持团体的小册子。

评价标准

虽然你很少在你的研究计划书中直接阐述评价标准，但你如何处理适合你的项目的评价标准，应成为你对研究类型和研究实践的讨论（关于方法论的讨论）的一部分。有一些针对不同类型的艺术本位研究的评价标准列表，你可以根据你的项目有针对性地参考［比如，可参见福克纳的诗歌评价标准（Faulkner, 2019），利维的基于小说的研究之评价标准（Leavy, 2022）］。最终，每种类型的研究都需要依据与该类型研究所采用的特定方法相匹配的那些标准来进行评价。话虽如此，还是有一些通用标准，可以用来评价艺术本位研究（见 Leavy, 2015, 2018, 2020b）。尽管我出于教学目的将这些标准分开阐述，但在实践中，因为它们通常相互关联，所以它们彼此是有重叠的。比如，我呈现的一些标准包括审美、方法论、有用性和观众的反应。实际上，审美可能与方法论实践和有用性交织在一起。在艺术实践中，合理的方法论包括对工艺的关注，而作品的审美力量则影响观众的反应，从而影响其有用性，这是一个混乱的领域。表 8.3 列出了用于创建强有力的表达的标准和额外的评价基准。

表 8.3　基于艺术的研究之评价标准

形式的强度
项目的组成部分契合在一起，形成一个全面的整体

征求同行的反馈意见
外部对话、数据分析循环或反思团队
内在对话
采用日记或其他策略来持续记录项目中的自我
文献或理论
使用文献或透过理论的视角在不同层面上查看数据（微观 ↔ 宏观）
透明性或明确性
披露方法（包括转换过程）
有用性
做出实质性贡献
共　鸣
最终表达让人感到真实可信
通俗易懂且可访问 / 促进公共学术研究的发展
无行话，传播给合适的利益相关者
受众的反应
达到受众预期反应的程度
多重含义
对歧义的策略性使用
审美力量
通过深刻性、简洁性、连贯性实现审美品质和艺术性
个人的区别性特征
存在研究人员的心声或风格
伦　理
敏感而又多维的描绘，对受众成员的保护，商定的艺术作品所有权，艺术许可与真实性相平衡，并表现出自反性

伦理声明

艺术本位研究的伦理声明**讨论**你的项目的**伦理基础**，涉及你的价值观体系、伦理实践和自反性。

首先阐明指导你研究的**价值观体系**。可能的主题包括（视情况而定）促使你选题的道德或社会正义要求；对刻板印象的探索，对新的观察或思考方式的介绍，或者对代表性不足的群体的涵盖；以及利用该项目促进积极的社会变革的意图、提升社会意识和自我反省意识的意图，或影响公共政策的意图。

接下来要详细讨论你对**伦理实践**的关注。涉及的主题包括（视情况而定）必要的机构审查委员会的批准状态，知情同意（如果涉及参与者，请予以讨论），关系伦理（如果参与者参与研究，请讨论你打算与他们建立什么样的关系、你将如何建立关系、是否涉及参与性工作），以及研究结果的表达和传播（表达形式、敏感且多维的描绘、采用内容警告来保护受众成员、与参与者分享、与所研究的社区分享、为促进公共学术研究付出的努力、如何解决艺术许可问题，以及所有权和版权问题）。

最后，请描述你将如何践行**自反性**。考虑到艺术对于潜在受众的即时性和能触及内心情感的特性，退一步来审视你的研究过程和最终结果的表达是很重要的。由于艺术的个人性质，在艺术本位研究中践行自反性尤其具有挑战性。要讨论的主题（视情况而定）包括你在研究项目中的位置（记录你的感受、印象、假设和艺术实践），以及你对研究过程中的权力问题的关注（如何开展参与性研究，为确保敏感而又多维度的描绘而采取的策略，你的心声和他人的心声如何呈现于研究结果的最终表达中，关于艺术许可的决定，以及对数据或内容的坚守)。

复习站点 6

1. 在艺术本位研究中，"形式的强度"或项目的组成部分彼此契合的程度是一个重要的评价标准。请说出关于契合度的三个术语中的任何一个。
2. 所有的艺术实践都是手工艺活动，没有千篇一律的模式。那么，每位研究者能给他们的项目带来什么？
3. 征求同行的反馈意见，进行内在对话，运用理论都是_____策略。
4. 艺术本位研究具有为公共学术研究做贡献的潜力。让艺术本位研究结果通俗易懂且易于获得的两种方式是什么？
5. 艺术本位研究的伦理声明涉及哪三个维度？

★ 请到本章"复习题答案"部分核对答案。

参考文献

见第五章。

附 录

研究项目进度表

为你的项目提出一个拟议进度表，指出为研究过程的每个阶段分配的时间段。尽管预先计划艺术实践活动可能比较困难，但纪律是关键，而策略之一便是设定目标（比如，在某个时间段内绘制一个场景，写一个章节，或者创作一个视觉作品）。

拟议预算（如果适用的话）

如果你的研究得到了资助或者你正在寻求资助，请在研究计划书中包含详细的拟议预算。预算可能包括材料费（绘画用品、笔/纸、服装、道具）、设备费（录音机、磁带、电脑或平板电脑、数码相机、Photoshop 等软件）、付给参与者的款项（包括报销差旅费）、租赁费（租用剧院、画廊、电影放映室）、自行出版作品的出版成本，以及其他任何预期费用。

招募函和知情同意书（如果适用的话）

如果你的研究涉及参与者，请在研究计划书中包含招募函和知情同意书。

工具（视情况而定）

如果你是通过另一种方法（访谈、调查）收集的数据，请在研究计划书中包含数据收集工具（访谈指南和问卷）。

艺术家-研究者声明

许多艺术家都会附上一份声明，向观众解释、描述他们的作品，或向观众说明他们的作品的创作背景。如果你计划撰写一份这样的声明来伴随作品的最终呈现，那么请在项目计划书中附上一份符合你的作品之艺术类型的声明。

取自艺术制作过程的艺术作品样本和 / 或图像样本

附上艺术作品的实例（如剪辑、链接、图像、草稿摘录等）和 / 或来自艺术创作过程的图像（从规划到草案的各阶段的作品样本）。

结 论

如本章所述，艺术本位研究有助于挖掘那些原本无法触及的问题。艺术本位研究通过利用艺术所具有的独特的创造自我认识和促进社会反思的能力，使我们能够呈现出引人入胜、唤起共鸣，对广大受众而言通俗易懂且易于获取的研究成果。这是一种新兴的、生成性探究方法，该方法注重审美认知方式、前语言认知方式，以及多种认知方式。研究过程本身可以被视为数据生成、分析和表达的一种形式。

以下是艺术本位研究的设计计划书模板的简要总结。

标题：包含关键词和你的艺术实践。

摘要：这篇 150 至 200 字的概述应该放到最后来写。摘要应包括你正在研究的现象或主题、研究目的或目标、关于研究类型和研究实践的基本信息（指出所采用的任何艺术实践），以及为什么这个项目值得研究。

关键词：提供 5 至 6 个关键词，供读者在搜索引擎上检索你的项目，关键词应包含主要现象或主题、艺术实践、参与者（如果有的话），以及你的研究计划书的主要指导理论（如果有的话）。

所调查的主题或专题：讨论要调查的现象或专题、所采用的艺术实践、开展该研究的个人原因和务实原因，以及项目的意义、价值或用途。

文献综述：综合与你的主题最相关的研究、流行艺术和美术，论证你的项目如何丰富了现有文献。

研究目的或目标陈述：概述你的项目的重点或目标、研究 / 艺术类型和实践，以及理由。

研究问题（可选）：提出 1 至 3 个你的项目待回答的开放性、涌现性或生成性问题。

哲学陈述：讨论艺术本位的范式如何指导拟议项目，以及该项目在艺术–科学连续体中所处的位置。

参与者或内容：描述你想找的参与者（参与者的人口统计学资料和特殊经历）以及将要采用的抽样策略，或描述你的艺术实践如何做到既是调查方法又是调查内容的。

类型和实践：详细描述你将用来收集数据或生成内容的策

略，记下你将如何解决与你所采用的做法相关的主要问题。

表达和受众：描述你对艺术表达质量的关注，以及接触相关受众的计划（见评价标准）。

评价标准：解释你的研究过程的基本原理，包括该过程是如何被整体化的，以及为达到形式的彻底性和强度所采取的步骤；数据分析策略；项目的有用性；该研究对广大受众的可及性，和评估受众反应的策略；你对共鸣、艺术性和你个人的区别性特征的关注；对艺术本位研究的伦理标准（如果有的话）的关注。

伦理声明：讨论你的项目的伦理基础，阐述你的价值观体系、伦理实践和自反性。

参考文献：包括一个完整的引用文献列表，以适当方式注明你借鉴过或引用过的所有文献的出处。遵循你所属大学的参考文献格式指南（如果有的话），或你所属学科的参考文献规范。

附录：包括你的研究进度表和预算、招募函、知情同意书、研究工具和你的艺术家-研究者声明的副本，以及取自艺术作品制作过程的艺术作品样本或图像（如果有的话）。

✓ 复习题答案

复习站点 1 答案

1. 涉及将创意艺术的原则应用于社会研究项目。

   a. 艺术作为一种认知方式的独特能力。

2. 非定向

　a. 艺术的涌现性或抵抗性

复习站点 2 答案

1. 艺术本位的范式以及该范式如何指导拟议项目。

2. 具身化的行动者　这意味着我们通过我们的身体和感官来体验世界。

3. 艺术-科学

4. 采用传统的定量、定性或混合方法设计从研究参与者那里收集数据；参与者创作艺术作品，而艺术作品则成为数据；艺术实践既是调查的方法，又是调查的内容。

复习站点 3 答案

1. 情节　故事线。

2. 在文化中被反复讲述的故事。

　a. 因为它们能产生共鸣，挖掘根深蒂固的价值观和承载巨量的情感资本。

3. 场景包含戏剧性元素，在这些戏剧性元素中，动作展现在读者眼前；叙事是一种总结和提供场景中没有的信息或评论的手段。

4. 内心世界或内在对话

5. 逼真

6. 分析

复习站点 4 答案

1. 以剧本或脚本的形式撰写的研究成果。

   a. 民族志剧场必须上演。

2. 采用定性方法从研究参与者那里收集。

3. 实境

4. 幕、场和插曲

   a. 情节

复习站点 5 答案

1. 出于研究艺术的让人们产生不同看法的能力的目的。

2. 研究者制作的艺术作品、参与者制作的艺术作品，以及两者的结合。

3. 获准访问参与者、知情同意、保密、所有权和版权。

4. 影像发声法是一种研究方法，具体而言，就是给参与者发放相机，并要求参与者拍摄他们的环境或状况。

5. 促使人们以不同的方式思考或观察，并开辟新的想法或意义。

6. 你将提供的材料，你将要求他们提供的材料，以及编写一套指导语。

7. 写艺术日志。

复习站点 6 答案

1. 连贯性、相合性和内部一致性。

2. 他们的个人区别性特征或心声。

3. 数据分析

4. 不使用行话，以及通过适当渠道向合适的利益相关者传播研究结果。

5. 价值观体系、伦理实践和自反性。

实操练习

1. 如果你已经对参与者进行了研究（如通过访谈或实地调查的方式），请根据其中一个参与者建立一个人物档案，这个人物档案可以用于基于小说的研究或民族志戏剧［如果你没有自己的数据，可以访问在线口述历史数据库（网上有很多），选择一份访谈记录用于本练习］。想想你会如何根据该人物的主要价值观或动机、挑战，以及该人物与他人（如与家人和朋友）的关系来描述这个人物（一至两页的篇幅）。接下来，请为该人物写一段示例独白，从独白中可以了解其动机（至少一段文字）。

2. 从你的文献综述中选取一个主要的概念或术语，用文字和图像创建一幅拼贴画来表现这个概念。关于这个概念，这幅拼贴画告诉了你什么（请用一段文字回答这个问题）？如果拼贴画真的增强了你的思考能力，那么它是如何做到的？文字和图像并置能起到什么作用（请用一段文字来回答这个问题）？

3. 从我发表的小说中选取一部阅读（小说网址：www.
patricialeavy.com），或者从社会小说（Social Fictions）系
列中选取一本阅读［请访问 www.brill.com 网站，搜索
Social Fictions series（社会小说系列）］。你从这本书中学
到了什么（一页篇幅）？你对这本书的写作风格和格式
有什么看法（一页篇幅）？比如，这本书是如何让这个
主题对你而言更有趣或更无趣的？它是否让你产生了情
绪反应，如果是，是什么样的反应？

资　源

Barone, T., & Eisner, E. W. (2012). *Arts-based research.* Thousand
Oaks, CA: SAGE.

Cox, S., & Belliveau, G. (2019). In P. Leavy (Ed.), *The Oxford
handbook of methods for public scholarship* (pp. 335–358).
New York: Oxford University Press. Available at www.
oxfordhandbooks.com

Leavy, P. (Ed.). (2018). *Handbook of arts-based research.* New York:
Guilford Press.

Leavy, P. (2020). *Method meets art: Arts-based research practice* (3rd
ed.). New York: Guilford Press.

Leavy, P. (2022). *Re/invention: Methods of social fiction.* New York:
Guilford Press.

推荐期刊

《国际艺术 / 研究：跨学科期刊》（*ARI*）阿尔伯塔大学
（University of Alberta）

    https://ejournals.library.ualberta.ca/index.php/ari

《研究：面向新兴学者的在线戏剧和表演研究期刊》（*Etudes:
An Online Theatre and Performance Studies Journal for Emerging
Scholars*）

    www.etudesonline.com/cfp.html

《联合国教科文组织天文台：多学科艺术研究期刊》
（*UNESCO Observatory: Multi-Disciplinary Journal in the Arts*）墨尔
本大学（University of Melbourne）

    www.unescoejournal.com

注 释

1. 文献中有很多术语被用来指称艺术本位研究。一些常用的例子包括艺术本位的教育研究（arts-based educational research）、以艺术为基础的调查（arts-informed inquiry），以及艺游志（a/r/tography）。请参阅奇尔顿和利维合著的书（Chilton & Leavy, 2014, 2020）中的术语清单。

2. 我于 2013 年创造了基于小说的研究和作为研究实践的小说这两个术语，并于 2010 年创造了社会小说这一术语。

第九章

基于社区的参与性研究设计

    基于社区的参与性研究（community-based participatory research）也常被称为基于社区的研究（community-based research）、参与性行动研究（participatory action research）、基于社区的参与性行动研究（community-based participatory action research）、社会行动研究（social action research），以及其他术语[1]，它涉及与非学术利益相关者形成研究伙伴关系，以开发和执行基于特定社区所确定的问题或议题的研究项目。基于社区的参与性研究重视协作、权力分享和不同种类的知识（科学的、非专业的和经验性的知识）。基于社区的参与性研究与那些在生活中受当前问题影响最大的人一起，从头开始开发项目，努力创造所需的改变。从方法论上讲，这些是以问题为中心或问题驱动的研究方法，需要有灵活性。这些方法通常用于促进社区做出变革或采取行动，也可以同时被用来起到探索、描述、评估、唤起和动摇（或其中的任意组合）的作用。

值得注意的是，在大多数关于研究方法的教材中，基于社区的参与性研究被放在定性研究的章节中。尽管许多倾向于定性研究的研究者会从事基于社区的参与性研究，但从研究设计的角度来看，许多与基于社区的参与性研究相关的具体目标和问题超出了定性研究设计指南的范围。许多人在涉及基于社区的参与性研究时，倾向于不考虑定量研究方法。然而，正是20世纪40年代和20世纪50年代的社区自我调查（community self-surveys）（一种定量方法）为基于社区的研究或参与性行动研究奠定了基础（Torre & Fine, 2011）。专家们将以激进的方式将社区成员纳入研究过程的社区自我调查视为基于社区的参与性研究的前身（Torre & Fine, 2011, p. 110）。尽管定性研究人员极大地促进了基于社区的参与性研究的进步，但基于社区的参与性研究并非仅仅属于定性研究人员的研究范围。此外，定量研究方法、定性研究方法、混合方法和艺术本位研究方法可以用于任何特定的基于社区的参与性研究项目（这就是将基于社区的参与性研究放在最后一章的原因）。

研究计划书的结构

基于社区的参与性研究项目在特定问题、社区和资源方面高度个性化。此外，基于社区的参与性研究通常遵循响应性设计原则（responsive designs），在响应性设计中，研究方法会根据新掌握的信息和利益相关者不断变化的需求加以修订，因此其模板存在很大的问题。每份研究计划书看起来都有些不同，就像每个项目都遵循不同的计划一样。尽管如此，研究计划书通常包含我在模板 9.1 中建议的一些讨论内容。你可以对模板进行重大修改以适应你的特定项目，但请记住下面这些组成部分。

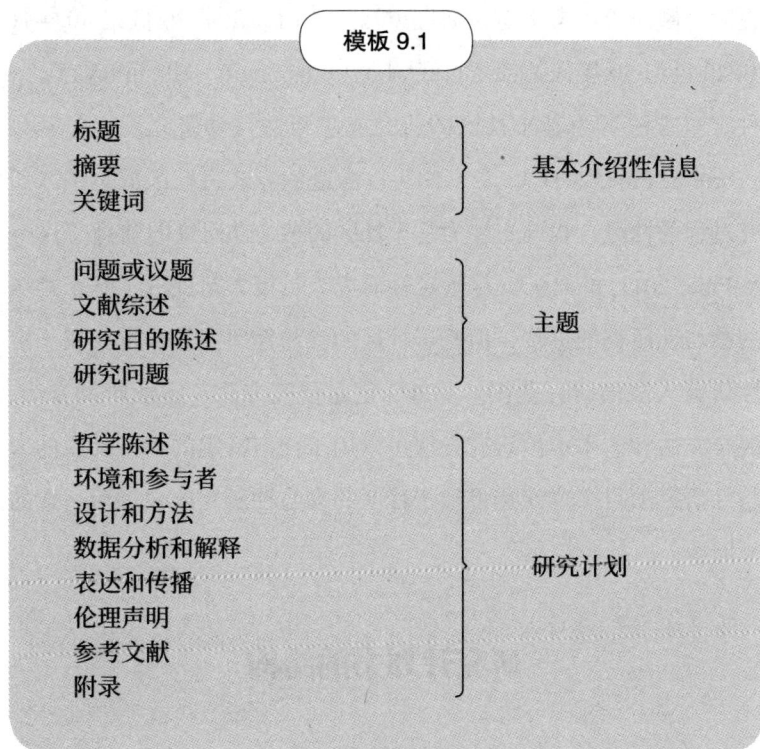

模板 9.1

标题
摘要　　　　　　　　　　　　　　基本介绍性信息
关键词

问题或议题
文献综述　　　　　　　　　　　　主题
研究目的陈述
研究问题

哲学陈述
环境和参与者
设计和方法
数据分析和解释
表达和传播　　　　　　　　　　　研究计划
伦理声明
参考文献
附录

在本章的其余部分，我将逐项介绍模板 9.1 中的各项内容。

基本介绍性信息

标 题

基于社区的参与性研究的标题应该明确说明主要问题或议题和所研究的社区。

摘 要

在基于社区的参与性研究中，摘要实为 150 至 200 字的概述，通常包括促使我们开展研究的问题或议题、利益相关者、社区合作伙伴、研究环境、参与者、研究目的、研究问题和研究方法的基本信息，以及推动该项研究的社会行动议程。

关键词

5 至 6 个能够确定主要问题或议题、社区、利益相关者和基于社区的参与性研究设计的关键词。

主 题

问题或议题

确定问题或议题涉及一个过程，即首先从一个笼统的主题开始，确定关键利益相关者和社区合作伙伴，以协作的方式确定问题或议题，然后进行文献综述，最后协作拟定一个问题或议题声明。尽管由于种种原因，并非所有项目都遵循这一模式（比如，社区合作伙伴可能会找到你，并带你参加正在进行的项目，项目前期的协作性较低），但这一过程意味着，你可以通过调整问题编制的关键阶段来满足你的需要。

基于社区的参与性研究发生在所有研究领域，涉及研究领域的一般性主题，这些研究领域包括（但不限于）环境研究、开发、城市化、医疗保健、监狱和刑事司法、移民研究和教育，以及工人健康和安全。任何数量的因素都可能促使你找到自己的一般性的**主题**，这些因素包括你的**学科背景、个人兴趣，以及之前的研究或专业经历**。首先，就你之前的研究或专业经历而言，你所掌握的技能将发挥作用。比如，如果研究主题涉及和讲西班牙语的移民工人一起工作，那么，讲西班牙语的能力可能是决定你是否研究这个主题的一个因素。其次，你的**专业关系网**也可能会将你引向某个主题。专业关系网可能包括教授、同行、研究人员，以及非营利组织或其他相关组织的同事或合伙人。你的专业关系网中的人可能会帮助你与潜在的基于社区的组织、合作者或参与者建立联系。再次，**资助机会**也可能推动最初的选题。寻找可用的经费或与你的专业网络中的人联系，看看他们是否正在酝酿可以将你纳入其中的经费申请报告，这是两种可以采纳的策略。最后，**时效性**可能会影响你的选题。如果你从报纸的报道或他人口中了解到当地的一个特定问题或议题，你可以调查一下，看看它是否是一个可研究的主题。在基于社区的参与性研究中，资助机会和时效性往往是相互关联的，因为常常会有资金用于研究全国关注的当地热点地区的主题。

确定利益相关者和社区合作伙伴是从笼统的想法推进到可研究的问题的关键环节。利益相关者是那些在你的研究主题上有既得利益的当事方。比如，在一个关于校园欺凌的项目中，利益相关者可能包括以下类别中的个体。

- 教师
- 学生
- 父母
- 辅导员
- 社会工作者
- 学校管理人员
- 课后活动工作人员
- 校车司机
- 地方领导
- 执法机关
- 社会学研究人员和心理学研究人员

一个关于预防糖尿病的项目可能包括以下利益相关者。

- 高危群体中的非专业人士

- 医生
- 护士
- 心理学家
- 营养学家
- 公共卫生领域的研究人员

一个关于制定监狱规划以减少累犯（重复犯罪）的项目，可能包括以下利益相关者。

- 囚犯
- 狱警
- 执法部门
- 心理学家
- 社会工作者
- 教育学、犯罪学、刑事司法和社会学方面的研究人员

每个特定的主题都有无数的例子。除了确定利益相关者，还必须找到**协作者 / 共同调查者 / 社区合作伙伴**。你的专业关系网可能会帮助你找到潜在的合作伙伴并开始建立工作关系。当你与一些组织接触，以建立可能的合作伙伴关系时，请记住，不同类型的环境有其各自的关注点。在接触特定类型的组织时，请记住以下几点。

- 学校：保护未成年人（除了要征得学生本人同意外，可能还需要征得其父母或监护人的同意）；公立学校没有自主权，可能需要走烦琐的程序；将需要获得上级管理部门的批准和认可。

- 儿童保育中心：保护未成年人（需征得其父母或监护人的同意）。

- 工作场所：会有明确的层级制度（如经理、主管），需要得到各层级的认可和支持，任何层级员工参与的研究都不会招致惩罚性措施（如针对低级别员工的惩罚）。

- 药物滥用中心、无家可归者中心或家庭暴力中心：保护客户的身份，不干扰这些场所的工作流程，可能在预算有限的情况下运作，可能由员工和志愿者共同贡献他们的时间。

你对将要接触的某种类型的组织的实际情况考虑得越充分，你在同他们实际接触时就会做得越周到，你对他们的反应也会越迅速。

可能会有一个或多个既有的社区组织，这取决于你的研究主题，你可以尝试与之建立伙伴关系。比如，罗格里奥·平托（Rogerio Pinto, 2009）与 10 家社区组织合作开展了艾滋病（HIV）预防研究，其中 5 家主要提供与艾滋病有关的医疗服务，其他 5 家主要提供与艾滋病有关的社会服务（如咨询和预防研习会）。与他合作的这些社区组织与学者、公共卫生专家、心理学家和社会工作者合作，为非专业人士提供服务。

无论正式的研究团队有多少人，你都可以建立一个**社区咨询委员会**（community advisory board），将社区的各种观点纳入项目中（Israel, Eng, Schultz & Parker, 2005; Letiecq & Schmalzbauer, 2012）。当你试图编制问题并开发一种**有文化适应能力**的方法来调查问题时，向具有不同地位的社区成员征求正式意见可能是必不可少的。顾问委员会的成员可以"充当文化向导、成为连接最边缘化社区成员的纽带、研究顾问和批评性反馈意见的提供者"（Letiecq & Schmalzbauer, 2012, p. 248）。

一旦你有了一个团队，就可以开始**确定和编制问题或议题**。有两个会产生影响的主要问题：一是项目的社会价值，二是考虑多个利益相关者的需求和观点。

基于社区的参与性研究必然是由**社会正义驱动的**。研究人员采用基于社区的参与性研究方法和相关研究方法，来研究不平等问题，将边缘化人群及其观点纳入研究的所有阶段，重新将指导研究的观点置于核心位置，赋予被剥夺权利的群体以权力，并使知识的创造和传播民主化。研究人员需要考虑的问题包括以下几点。

- 围绕这个问题建立一个项目，在道德或伦理上有何必要性？
- 项目涉及哪个不平等或被排斥的领域？
- 是谁的呼声、观点和需求在影响着这个项目？
- 研究这个问题的社会、文化或政治价值是什么？

- 在现实世界中有哪些实际应用？这些应用会让谁受益？

多重性（multiplicity）也是问题识别的一个积极特征。每个人都是带着不同的观点、经历和技能加入这个项目的，因此所有观点、经历和技能都必须被重视。盘点每个人的背景往往是有用的，包括他们在这个研究主题中的利益，以及个人对研究结果的盼望和期待。这个过程有助于人们将全部精力集中于如何概念化问题或议题，从而使项目对所有参与者都有益，并充分利用参与者所带来的不同技能和知识。

概念导图（已在第三章介绍）在这个过程中常常是有用的。从主要主题开始，直观地展示不同的利益相关者与主要主题的关系，包括他们带给项目的知识、观点和技能。不同的关系或协同作用可以通过采用连接概念的线条或箭头或重叠的圆来表示［即维恩图（Venn diagrams）①］（Ahloranta & Ahlberg, 2004; Umoquit et al., 2013）。概念导图或文献导图也可能有助于编写文献综述。

文献综述

在基于社区的参与性研究中，**文献综述是以问题为中心的，而且是跨学科的**，经常借鉴源自众多学科和研究传统的文献，以

---

① 维恩图：由约翰·维恩（John Venn）于1881年发明，是用于显示集合重叠区域的关系图，常用于数学、统计学、逻辑学等领域。——编者注

便对与核心问题相关的当前研究和具有里程碑意义的研究进行全面回顾。在基于社区的参与性研究项目中，编写和综合文献综述的过程要复杂得多，因为你寻找的是多个相关领域的文献。研究人员必须沉浸在这些文献中，学习文献的语言，并在需要时向他人请教专业知识。由于文献选自众多学科，仅仅是**盘点**相关文献的过程就可能很漫长，因此必须有足够的时间来构建这一框架（Darbellay, Cockell, Billotte & Waldvogel, 2008）。对每个相关学科范围之外的内容进行盘点，并确定在哪里可以找到或形成协同效应（Darbellay et al., 2008）。在我早期的一部著作中，我介绍了进行此类文献综述的以下步骤中的一个版本（Leavy, 2011a）。

第一步：确定相关的学科知识体系。

第二步：找到并总结每个学科或领域的相关文献（当前研究和具有里程碑意义的研究）。

第三步：确定超出每个学科或领域范围的内容。

第四步：找到不同文献之间的现有的协同作用。

第五步：找到和创建不同文献之间可能的或新的协同作用。

第六步：综合文献以建立概念框架。（p. 64）

这一过程可能涉及立场不同的研究伙伴之间的广泛协商（Leavy, 2011a）。除了不同的学科或其他专业知识领域，还必须寻求具有**文化敏感性**的定义（与项目相关）。用于构建概念框架的术语和编制任何数据收集工具的术语必须与研究所服务的社区相关——

与**社区**对相关概念的**理解**相关。这在跨文化研究或跨国研究中更具挑战性，在跨文化研究或跨国研究中，各种文化视角也会产生影响。

一个绝佳的例子是在 8 个发展中国家开展的为期 10 年的跨文化项目，项目名称为"家庭、性别和年龄项目"（The Household, Gender, and Age Project）。第一年的主要挑战是给出"家庭"的定义，这个定义要适用于不同的学科和 8 个不同的文化背景。研究人员携手合作，开始从以下角度看待这一术语。

> 从经济学角度理解这个术语，依据的是家庭收入；从社会学角度理解这个术语，依据的是家庭成员数量；从心理学角度理解这个术语，依据的是家庭内部的相互关系；从历史学角度理解这个术语，依据的是家庭的变迁；从人类学角度理解这个术语，依据的是共同居住（Masini, 2000, p. 122）。

至于对"家庭"的文化理解在不同的背景下有何不同这一问题，该团队考虑了传统的西方家庭概念（共同居住）和其他文化理解，如非常驻"家庭"（the household）成员与常驻家庭成员的亲属关系，以及非常驻"家庭"成员对常驻家庭成员负有的义务（如经济义务或儿童保育义务）（Masini, 1991）。

虽然平衡不同的文献体系以及不同参与方的观点可能是一种负担，但如果谨慎行事，这种努力就能创造出合适且非常有效的概念。虽然你极不可能从事一个为期 10 年，涉及 8 个国家的项目，或者任何接近这个范围的项目，但重要的是，要对定义一个我们大多数人认为理所当然的，类似于"家庭"这样的术语的复杂性保持敏感。构建基于社区的参与性研究项目（从问题到文献综述）需要反思你认为理所当然的东西——你原有的技能和观点，以及可能无法分享的偏见和假设。

在这个时间节点，研究团队重新召开会议，编制研究项目的核心问题或议题。

请注意，尽管我按时间顺序介绍了主题、利益相关者和合作者、问题或议题，以及文献综述，但在实践中，研究设计的这些阶段可能会出现重叠现象（即它们有可能同时发生）。图 9.1 描述了我概述的一般过程（请注意，"主题"周围的气泡表示所回顾的不同因素，这些因素最初可能会将你引向这个方向）。

图 9.1 从主题到问题陈述

正如后面关于设计和方法的那一节所讨论的那样，一旦开始收集数据，就可能需要根据所掌握的新信息，循环往复若干次来完善问题陈述或议题陈述。

⚖ 实践中的伦理

　　任何基于社区的参与性研究项目的核心问题或议题都是由社会正义驱动的。因此，主题的选择以及选题的整个过程必须反映良好的伦理实践。一个包容和协作的过程最有可能产生一个有价值的、互利的、具有文化敏感性的方法。

复习站点 ①

1. 谁是利益相关者？

　　a. 除了确定利益相关者，在基于社区的参与性研究中，研究人员必须找到 ＿＿＿＿ 进行合作。

2. 为了将社区的观点纳入项目，研究人员可以组建一个 ＿＿＿＿ 。

　　a. 从处于不同地位的社区成员那里征求意见在哪两个方面至关重要？

3. 为什么完成基于社区的参与性研究的文献综述的过程更加复杂？

★ 请到本章的"复习题答案"部分核对答案。

研究目的的陈述

研究团队利用集体的智慧将笼统的主题细化为具体的问题或议题，最终提炼出研究目的。简要说明拟议研究的目的，聚焦于**主要焦点或目标**，为此，要明确地陈述主要问题或议题、利益相关者、研究环境和参与者、方法论（收集数据的方法，如何使用这些方法，以及指导研究的哲学框架和理论），以及进行这项研究的主要理由。研究目的可能会有**多个阶段或层次**。比如，第一阶段可能涉及在社区的参与下创建与核心问题有关的知识，第二阶段可能涉及游说，以改变公共政策。研究目的也有可能会**发生演变**。当采用递归设计（recursive design）时，允许循环往复，以顺应新了解的信息（在关于方法的那一节中讨论），你可以修改项目的任何阶段，包括细化或扩展研究目的。一般而言，你实施项目的主要目的是促进某个特定的社区进行变革或采取行动，同时也有探索、描述、评价、唤起和动摇的目的（或其中的任意组合）。

研究问题

研究团队共同提出研究试图回答的**核心问题**。这个过程以最理想的方式将目标社区的成员纳入研究问题的编制过程，以创建"由社区生成的研究问题"（Stoeker, 2008, p. 50）。通常有 1 至 3 个主要问题，而这些主要问题又可能有额外的子问题，然而关于问题的数量，并没有一成不变的硬性规定。与研究目的一样，研究问题也可能在项目的进展过程中发生演变。具体问题的设计与特定研究所采用的方法有关（如果采用了定量、定性、混合方法和艺术本位的方法和实践）。话虽如此，基于社区的参与性研究问题通常是**归纳性的、变革导向性的和包容性的**，它们可能会采用共同创造、协作、参与性、授权、解放、促进、培养、描述和寻求从各利益相关者的角度理解等词语和短语。

研究计划

哲学陈述

　　基于社区的参与性研究产生于社会正义和以行动为导向的变革性范式。调查实践是基于这样的信念：社会研究的伦理使命是为社区利益服务，而这些利益最好由社区自己来确定。基于社区的参与性研究哲学借鉴并发展于多个学科、领域研究和理论思想流派，包括（但不限于）社会学、心理学、教育学中的批判教育学理论、女权主义理论、批判性种族理论，以及土著研究。虽然这一变革性范式（稍后讨论）相对较新，但这一研究取向的跨学科"种子"已经在一个多世纪以来的不同时期播下了。以下是其中的一些"种子"的粗略介绍。

　　值得注意的是，女权主义社会学家和活动家简·亚当斯（Jane Addams, 1860—1935）从事了现在被视为是基于社区的芝加哥移民妇女的研究（Boyd, 2014, 2020）。19 世纪，**批判理论家**卡尔·马克思（Karl Marx）和弗里德里希·恩格斯（Friedrich Engels）在努力提高资本主义制度下受剥削工人的觉悟的过程中，论证了基于社区的研究原则。女权主义理论、批判性种族理论和其他批判性理论是当今许多基于社区的参与性研究项目的理论框架。**教育改革家**约翰·杜威和保罗·弗莱雷（Paulo Freire, 1921—1997）也直接影响了基于社区的参与性研究哲学。弗莱雷（Freire）创立了**批判教育学**（critical pedagogy）（基于社区的参与性研究的基石之一），批判教育学认为教育必须用来将穷人从压迫中解放出来，穷人是自我解放的积极领导者（Boyd, 2014, 2020）。20 世纪 40 年代，库尔特·卢因（Kurt Lewin）对心理学领域的研究、理论和行动之间的边界提出了质疑，人们普遍认为他开创了美国的"行动研究"（Fine et al., 2003）。

社会正义运动（在第二章讨论过），即妇女运动、民权运动、劳工运动，以及同性恋权利运动，都影响了基于社区的参与性研究的哲学原则的发展。社会正义运动的一个共同效应是彻底重新审视了社会研究中的**权力**动态，这导致了基于社区的参与性研究所特有的那种权力分享。此外，这些运动累积起来促使我们重新商议我们为什么要进行研究，我们认为谁应该被纳入研究，哪些主题值得研究，以及社会研究的效用等问题。**女权主义理论、批判性种族理论和土著理论**都具有影响力。女权主义和批判性种族理论已经在前面几章讨论过；在此，我简要地扩展对土著理论的讨论。

20 世纪 90 年代，在社会正义运动和全球化影响的共同作用下产生的理论方法的推动下，出现了批判性本土研究方法。琳达·图希瓦·史密斯（Linda Tuhiwai Smith, 2005）是该领域的核心人物。这些视角将"本土知识、呼声和经历"置于研究实践的中心（Tuhiwai Smith, 2005, p. 87）。诺曼·登青和伊冯娜·林肯（Norman Denzin & Yvonna Lincoln, 2008, p. 2）写道，"批判性本土研究始于对本土居民的关切。批判性本土研究是根据其为本土居民带来的好处而评价的"。这些方法旨在出于社会正义的目的去获取本土居民被压制的知识，而这些社会正义目的至少部分地由研究参与者（和非西方研究人员）确定。批判性本土研究"包括本土学者的承诺，即致力于对西方的方法论去殖民化，批判并揭露西方科学和当代学术界一直以来成为殖民机构的帮凶的种种方式"（Denzin & Lincoln, 2008, p. 2）。

总之，这些不同的理论视角和实践（批判理论、批判教育学理论、行动研究、女权主义理论、批判性种族理论、本土理论）为研究带来的是对行动、社区参与和研究变革的可能性的关注，这也是变革性范式的基础（见图 9.2）。

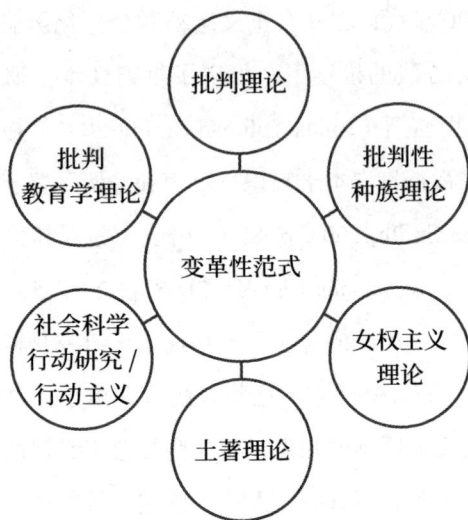

图 9.2　不同理论对变革性范式的影响

　　唐娜·梅尔滕斯（Donna Mertens, 2005, 2009）开创了变革性范式〔她以前称之为解放范式（emancipatory paradigm）〕的发展。**变革性范式**（transformative paradigm）是一种人权和社会正义的研究方法，在这种研究方法中，那些在历史上被迫处于研究过程边缘的人们被积极地纳入整个研究过程中（Mertens, 2009; 见图 9.3）。这里所说的纳入远远不只是将其作为研究的"受试者"纳入研究，而是将其作为研究工作中的合作伙伴纳入研究。梅尔滕斯（2009）写道，"变革性范式提供了一个形而上学的综合体，用以探索研究和评估方法背后的基本信念的相似性，这些研究和评估方法被贴上了批判理论、女权主义理论、批判性种族理论，以及参与性的、包容性的、基于人权的、民主的和文化响应的标签"（p. 13）。在此视角下，研究伙伴应该包括那些因任何原因面临歧视和压迫的人（Mertens, 2005, 2009）。比如，寻求与妇女、黑人、土著居民、其他有色人种、贫困者、残疾人、土著居民，以及其他面临结构性不平等和被排斥的人建立研究伙伴关系，将他们的关切和观点置于首位。通过与那些被边缘化的个人或群体（研究在实践层面上对他们很重要）建立研究伙伴关系，研究将被认为是**参与性的和以行动为导向的**。此外，这是一种**权力-自反性**（power-reflexive）或**权力-敏感性**（power-sensitive）的研究方法（Haraway, 1991; Pfohl, 1992）。这种哲学主张研究应该是**赋权的、解放性的和变革性的**（以任何可能的方式）。

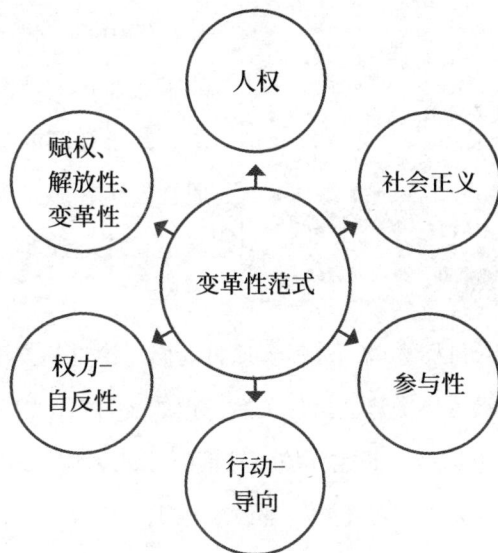

图 9.3 变革性范式

哲学陈述解释了你的**项目在变革性范式中是如何定位的**，也可能涉及对所采用的**具体理论**的讨论（理论可能源自任意数量的学科、领域研究，或批判性理论思想流派）。

环境和参与者

研究在哪里进行？基于社区的参与性研究的环境决定了研究参与者的选择（反之亦然）以及其他设计和方法的选择。基于社区的参与性研究必然涉及离开科研院所进行研究，研究可能发生在**正式或非正式的社区环境**中。比如，正式的社区环境可能包括社区组织、非营利组织和社区中心。公园和参与者的家是非正式社区环境的例子。基于社区的参与性研究通常发生在多个环境中，包括正式环境和非正式环境的混合。

> **专家提示**
>
> 加州大学伯克利分校（University of California，Berkeley）公共卫生、社区卫生和人类发展学院的梅雷迪思·明克勒（Meredith Minkler）博士提醒我们说，社区组织通常是研究人员和社区之间的"中间人"。他们可以帮助你获准访问社区成员，但他们也可以充当守门人，这关系到谁将被邀请参与研究过程，以及如何使用研究结果。

为了进入目标环境，你需要通过前面讨论过的方法（建立融洽关系和展示关怀）建立信任关系。正如在第六章中关于定性实地研究的讨论那样，研究环境中可能有正式和非正式的**守门人**。正式的守门人是在社区组织、非营利组织、学校、监狱，或在你想进入的其他机构化环境中工作的人。然而，即使你获准进入这些环境，在某些情况下，这也可能是一个特别漫长的过程（如监狱和学校），而且每个环境中都有非正式的守门人。在你的研究环境中的每个人都可以决定自己是否参与你的研究。在基于社区的参与性研究中，获得社区认同并了解不同利益相关者的观点至关重要，因此请在建立关系时牢记这一点。

你的研究伙伴/协作者/共同调查者可能是研究参与者。比如，在一项针对特定社区组织的研究中，可能除了社区组织的工作人员和社区组织的使用者，没有任何研究参与者，而你可能将社区组织的工作人员和使用者定义为你的研究伙伴。在其他项目中，可能有一个研究团队，还有一个**传统的研究参与者**样本。在这些情况下，你的社区合作伙伴（共同调查人员或社区咨询委员会）将如何协助你找到理想的参与者？

尽管所采用的抽样策略的种类因所采用的特定方法而异，但基于社区的参与性研究通常依赖于**目的性抽样，**这基于这样一个前提（如第四章所述），即最佳研究个案产生最优数据（Patton, 2015）。鉴于基于社区的参与性研究的特性，**滚雪球抽样**是一种流行的策略，通过这种方式，每个参与者都会向研究者推荐一个参与者（Adler & Clark, 2011; Patton, 2015）。当你结识目标社区里的人并建立关系时，社区成员可能会向你推荐其他参与者，你也可以直接请他们推荐其他可能的参与者（Babbie, 2021）。比如，如果某个参与者是关于某个大社区（代表利益相关者的一组利益）的某个子群的特别好的信息源，你可以请他/她引荐其他具有相似经历和观点的人。

复习站点 ②

1. 在基于社区的参与性研究中，主要研究目的是什么？
2. 无数理论观点促成了指导基于社区的参与性研究的
   _____ 范式。
   a. 请给出该范式的六个焦点。
3. 每个环境都有正式或非正式的守门人吗？
4. 基于社区的参与性研究通常依赖于哪种抽样？
   a. 考虑到基于社区的参与性研究的特性，其流行的抽样
   策略是什么？

★ 请到本章"复习题答案"部分核对答案。

设计和方法

以下摘录解释了在纽约的一些女子监狱中开展的研究项目的研究设计，该项目调查了大学对女性囚犯在监狱环境中和获释后的影响（Fine et al., 2003）。

该研究的设计要求同时采用定性和定量研究方法。研究问题要求进行定量分析，以评估大学实际上在多大

程度上减少了累犯和违纪事件；而定性分析则用来确定
大学对女性囚犯、监狱环境、女性囚犯的子女，以及女
性囚犯获释后生活的社会心理影响（p. 180）。

基于社区的参与性研究是一种研究**取向**，而不是特定的一组
方法（Boyd, 2014, 2020; Reason & Bradbury, 2008）。换言之，基
于社区的参与性研究是一种对待研究的方式，它决定了我们如何
使用方法。基于社区的参与性研究通常采用多重方法设计、混
合方法设计或多阶段设计。一个项目可能涉及访谈研究、结合
调查的实地研究、焦点小组访谈、文件分析等多个阶段，有无数
的可能性。因为基于社区的参与性研究可能涉及本书所提及的任
何方法或做法，并且这些方法的组合方式不尽相同，所以以每个项
目看起来也会有所不同。关于项目中可能用到的特定方法的使用
说明，请参阅前面的章节。然而，基于社区的参与性研究还是有
一些适用于每一种设计的核心原则——以问题为中心的取向、协
作、文化敏感性、社会行动和社会正义、参与者的招募和保留、
信任和融洽、多重性、灵活性和创新性。请注意一点，在基于社
区的参与性研究中，**评估**旨在考核你执行这些核心原则的程度，
以及所采用的特定方法或策略是否符合相应的评估标准（请参阅
相应章节）。

基于社区的参与性研究是**以问题为中心或受问题驱动的**，研
究设计的选择也源于这一原则。方法、策略和方式的选择取决于
它们是否有以最佳的方式解决研究问题的能力。有些基于社区的

参与性研究项目倾向于响应性设计（responsive designs）方法。
响应性设计遵循**递归**原则，在这种情况下，递归原则指的是一个
迭代的研究过程，团队在此过程中循环往复并重复步骤、检查数
据，并适应新的见解（Pohl & Hadorn, 2007），这种方法将反复
沟通和评估融入过程中（Krimsky, 2000）。围绕手头的问题构建
项目的最佳方法由研究团队决定，研究团队最好由利益相关者组
成。图 9.4 说明的是响应性研究设计。

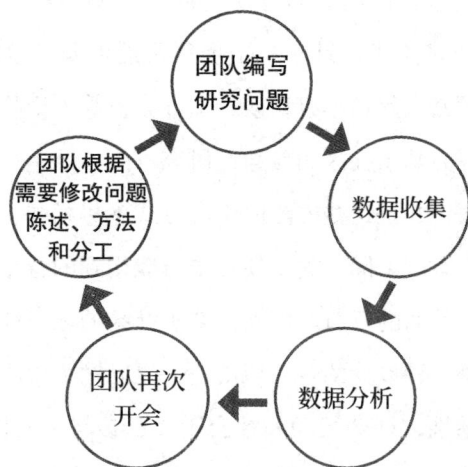

图 9.4 响应性研究设计

协作是基于社区的参与性研究的核心。在理想的情况下，所
有研究伙伴（学术研究人员和非学术的利益相关者）之间的协作
发生在研究过程的所有阶段，包括问题识别、概念化和规划、数
据收集和解释，以及研究结果的表达和传播。这并不意味着所有

的研究伙伴都必须均等地参与每个阶段（比如，并非每个研究伙伴都需要共同撰写最终的出版物，或者在合著过程中"均等分配"撰写工作）。然而，每个合作伙伴都应该积极地参与到这些决策中去。深度协作需要明确地确定、划分和平衡角色、职责和资源（Pinto, 2009）。协作能划出明确的**分工**，可维护每个利益相关者的利益，并让他们各尽所能。在进行分工时，要考虑"单调"和耗时的任务，这样就可以避免有人无意中过多承担这些单调和耗时的工作。在与社区组织或任何类型的非营利组织合作时，请记住一点，这类机构可能原本就人手不足、负担过重、预算紧张。重要的是要避免使工作人员负担过重，同时也要避免过度消耗资源（如要考虑复印等任务的成本）。我们的目标是实现"伙伴关系协同效应"（partnership synergy）（Lasker, Weiss & Miller, 2001），参与研究应当对各方**互利**。必须通过协作来确定社区的需求，以避免学术研究人员进入社区进行研究时常常发生的权力失衡现象。许多研究实践者将**权力分享**视为一项核心原则（Boyd, 2020）。在研究过程的不同阶段，应该赋予不同的利益相关者以**领导角色**，以避免出现研究发生在社区内，而社区却没有参与到研究中来的现象（Minkler, 2004; Montoya & Kent, 2014）（见图 9.5）。

研究者驱动的　◀━━━━━━▶　全面协作的

图 9.5　协作的连续体

尽管人们偏爱高度参与性和协作性设计，但有很多原因会导致某个特定的基于社区的参与性研究项目可能要由主要研究者领导，这些原因包括完成研究所需的时间和精力。尽管人们倾向于建立研究伙伴关系，但依然有这样的一些例子，即有些研究者在社区咨询委员会的咨询意见的辅助下独立开展研究。图9.6说明了协作可能采取的两种不同形式：一种是由一位主要研究者在社区意见的辅助下领导研究项目，另一种则是全面的研究伙伴关系。

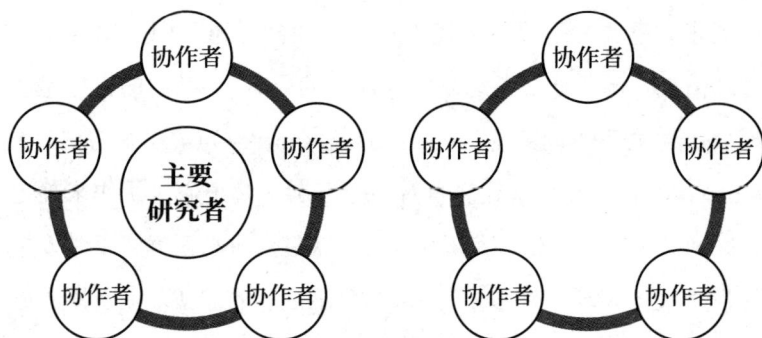

图 9.6　社区辅助 VS 社区伙伴关系

协作性工作有助于确保对**文化敏感性**的关注。研究必须对社区的文化定义和对关键术语的理解具备敏感性，还必须对最有可能对相关人群有效的干预措施和策略具备敏感性。你需要了解、重视和尊重与你共事的群体的习俗、规范和价值观。以下是几个来自可能存在很大差异的领域的例子：在某个群体中使用的表示特定意义的手势（比如，在戏剧课上用打响指来替代鼓掌），大家都懂的俚语或短语，共享的关于某个环境（如办公室、大学、公共项目）中的事情是如何"真正运作"的内幕知识，某个群体的食物偏好，以及在一个群体中司空见惯的微侵害（microaggressions）[①] 的经历（如种族主义、种族特权和性骚扰）。与你一起工作的不同群体可能有许多他们认为理所当然的规范和价值观，你必须学习和尊重这些规范和价值观。无论采用哪种特定的研究方法，理解一个群体内部的规范和价值观，以及在群体内部达成共识，都有助于你开发数据收集工具或制定干预策略。比如，就**数据收集工具**而言，研究者对文化的理解决定了调查或访谈中所提出的问题的类型（内容和语言）。研究者的目标是有效地解决手头的问题，从而最大限度地为社区带来利益。**干预策略**同样必须具有文化胜任力（Montoya & Kent, 2014）。下面是公共卫生研究领域的一个例子。

洛夫廷等人（Loftin et al., 2005）在一些非洲裔美国人社区开展了预防糖尿病的基于社区的参与性研究项目。第一项研究是可行性研究，旨在制定饮食自我管理干预方案，以便人们可以通过改变饮食习惯来提升自己的健康状况。饮食自我管理干预方案包括三个按时间顺序安排的环节：一是四节饮食教育课，每节 90 分钟；二是组建两个讨论小组，每月讨论一次，每次 60 分钟；

---

① 微侵害：是指表面上看起来没有恶意，但被认为是一种暴力行为的微小动作或话语。——编者注

三是病例护理经理负责跟进，进行一次家访，并每周打一次电话。为了使他们的饮食自我管理干预方案有效，干预方案应尊重文化习俗。

> 干预方案的文化胜任力特征反映了南方农村地区非洲裔美国人的信仰、价值观、习俗、饮食模式、语言和医疗保健实践，并反映了设法将这些价值观融入健康的饮食策略。首先，干预方案聚焦于非洲裔美国人在之前的研究中报告的最有意义和最相关的主题——饮食教育。在每次筛查和干预会议上，都会提供满足典型民族饮食偏好的饭菜或零食，以便将与食物相关的黑人文化传统融入研究过程。鼓励家庭成员参与，以利用家庭的价值并提供交通便利。之所以采用体验式学习方式（如参加烹饪课学习），是因为体验式学习是这一群体的主要学习方式。同行–专业人士讨论小组（peer-professional discussion groups）促进了内容的文化转换和具有文化胜任力的学习方法的应用，如讲故事。（Loftin et al., 2005, p. 253）

制订一项有可能促使我们获得出色结果的有效计划依赖于社区的参与。

基于社区的参与性研究的现实目标不仅仅是为了知识而创造知识，驱动研究的**社会行动和社会正义**的必要性必须始终是研究的焦点。兰迪·斯托克（Randy Stoeker, 2008）写道，"理想的研究项目应当服务于社区确定的需求，对社区的文化理解具有敏感性，并围绕社区确定的某个议题采取行动"（p. 50）。在某些领域，项目是"在知识应用的背景下设计的"（Chopyak & Levesque, 2002, p. 205）。在这方面，研究结果被认为是"主动的"（active），而不是被动的（Cammarota & Fine, 2008），研究结果是"发起社会变革的想法、行动、计划和策略的出发点"（Cammarota & Fine, 2008, p. 6）。

实践证明，在基于社区的参与性研究中，**招募和保留**参与者（让合适的人全程参与项目）往往是具有挑战性的。如果要为项目寻求资金，请在经费申请书中阐述这些议题，因为应对这些议题可能需要时间和资金（Loftin et al., 2005）。招募参与者可能需要采用多种策略（Loftin et al., 2005）。招募和保留有意向的参与者，直接关系到研究团队吸纳社区内的利益相关者并与他们开展协作的效率。社区的理解、规范和价值观应该渗透到概念化的过程中，以帮助你确定**具有文化胜任力的策略**来招募你想要的参与者（Leavy, 2011a; Loftin et al., 2005）。如前所述，基于社区的参与性研究依赖于社区的支持。

与社区成员、研究伙伴和参与者建立**信任和融洽关系**非常重要。基于社区的参与性研究是一种"关系"研究方法，因此建立关系至关重要（Boyd, 2020）。一个挑战是，一些社区的成员，特别是被剥夺权利或边缘化的群体，或接受过剥削性研究的群体，可能不接受研究的构想（Meade, Menard, Luque, Martinez-Tyson & Gwede, 2009）。协作、平等主义和权力分享对建立积极的关系有很大帮助。社区成员对研究的潜在结果和成效的影响越大，他们就愈加看重项目的价值，他们对"局外人"（研究人员）的信任度也就越高。**局内人-局外人身份**确实会产生影响。要记住，你不是社区的有机成员，也不是社区内部运作或需求方面的"专家"。协商局内人-局外人身份需要通过相互分享来建立真正的关系。请展示你为什么关心和如何关心，有时这甚至比局内人-局外人的身份所暗示的还要复杂。帕特里夏·希尔-柯林斯（1999）创造了"内部局外人"（outsiders-within）这一术语，指的是"夹在权力不平等的群体之间"的学者（p. 85）。比如，当一位在以白人为主的机构工作的黑人研究者，对来自低收入社区的年轻黑人参与者开展研究时，局内人-局外人的身份是如何运作的？维纳斯·埃文斯-温特斯、特蕾莎·罗宾孙（Theresa Robinson）、诺里斯·查西（Norris Chase）和特蕾莎·劳伦斯·琼斯（Teresa Lawrence Jones）（2022）曾著述过他们作为研究者的各种经历，虽然他们的研究领域各有不同，但他们都在其各自的研究中解决了这类复杂问题。如果你打算从事这类研究，我建议你参考他们的研究文献。

基于社区的参与性研究设计充满了对分享权力和尊重多种知识的承诺，这一层次的承诺需要诚实地审视自己在研究中的位置，包括教育特权（通常算是一个因素），并确认你对社区内的活动和规范需要了解多少。研究合作伙伴以不同的经历、技能、不同类型的知识、假设和观点参与基于社区的参与性研究项目，这些经历、技能、知识、假设和观点一旦得到利用，将成为基于社区的参与性研究的核心优势。**多种不同形式的知识**（经验上的、科学的和外行的知识）都将受到重视。

基于社区的参与性研究设计还需要**灵活性和创新性**，因为多种资源和观点被一种以问题为中心的能力汇聚在了一起。对于这些类型

> **专家提示**
>
> 德保罗大学（DePaul University）社区研究中心的伦纳德·杰森（Leonard A. Jason）博士说，你必须依靠你的直觉，因为这并非总是一个理性的过程。相信你的直觉，并"让那些召唤我们的声音得到尊重。"

的项目而言，事情并不总能按计划进行，需要随机应变（Leavy，2011a）。然而，对灵活性和创新性的需求必须与对结构的需求相平衡。于是，这些项目产生了一个悖论，它们既需要开放性，又需要结构性（Leavy，2011a）。尽管所有合作伙伴都必须对顺应和改变持开放态度，但角色和责任也必须划分清楚，否则混乱可能接踵而至。当出现可能改变分工的新情况时，合作伙伴应该相互协商，并根据新的情况做出新的安排。

最后，基于社区的参与性研究要求研究人员提升自我。除了掌握研究技能和学习如何使用最适合解决问题的方法外，研究人员还需要培养**组织技能、关系技能和引导技能**，以便与社区合作伙伴进行卓有成效的合作（Boyd, 2020）。表9.1汇总了基于社区的参与性研究设计的原则。

> 请访问配套网站，下载关于基于社区的参与性研究的练习题。

表 9.1 基于社区的参与性研究设计原则汇总

以问题为中心

最适合研究问题的方法论策略，通常为遵循递归过程的响应性设计

协作

所有研究伙伴之间的深度协作，分工明确、分享权力，以及互利的研究结果

文化敏感性

社区文化的定义、理解、规范和价值观均被纳入研究设计并得到尊重

社会行动与社会正义

研究要面向社区提出的需求，而且将用于创造或发起积极的社会变革

招募并保留参与者

在项目存续期间，通过采用具有文化胜任力的招募策略，获得并维持良好的社区认同

信任与融洽关系

通过分享权力、关注局内人–局外人的身份和展示真诚的关心或关注来建立信任和平等关系

多样性

不同形式的知识（经验上的、科学的和外行的知识）被吸纳和验证

灵活性和创新性

通过平衡结构性和开放性来促进对新出现的情况的适应

研究者的技能

培养研究人员的组织技能、关系技能和引导技能

⚖ 实践中的伦理

研究设计阶段是一个进行事先规划的时段，即谁将做什么，各项事物需要多长时间完成，等等。研究设计阶段对于基于社区的参与性研究而言是最重要的阶段。为了创建一个协作、互利、非剥削性的项目，且项目要重视多样性，还要能维持参与者对项目的投入，应当在研究设计中为以下几个方面留出充足的时间：规划、协商、辩论，循环往复地相互沟通信息，并根据新掌握的信息或不断变化的需求或期望做出应变。这些设计的阶段和灵活应对的能力，都是伦理实践的一部分。

复习站点 ③

1. 基于社区的参与性研究以问题为中心，通常遵循响应性设计。什么是响应性设计？
2. 协作是基于社区的参与性研究的核心，有助于确保对文化敏感性的关注。这一点为什么很重要？
3. 基于社区的参与性研究重视多样性和哪三种形式的知识？

★ 请到本章"复习题答案"部分核对答案。

数据分析和解释

数据分析和解释的策略要依据研究方法和实践来选择，而研究方法和实践则因项目而异。参阅第五章至第八章，以了解适合你的研究方法的数据分析和解释策略。虽然所选策略取决于使用的方法，但依然有几个要素渗透在大多数项目中：协作、理论框架和可转移性。

和基于社区的参与性研究的其他阶段一样，数据分析和解释过程涉及研究伙伴之间的**协作**。这些过程应当遵循包容性、参与性和协作性的模式，这在实践中是什么样子，取决于研究的细节。比如，如果采用的是调查研究，则可能由学术研究人员或聘请的顾问来做初步统计分析。那么，如何让其余的研究伙伴也参与到解释过程中来呢？也许他们会被问到，他们认为这些原始研究结果意味着什么，而这将有助于构建用来理解数据的理论框架。在定性访谈和实地研究项目中，在数据分析的各个阶段，都可能会给研究伙伴和参与者提供他们的访谈记录，以便获得反馈意见、展开讨论和进行数据修订，并就从数据中得出的意义进行协商。以上仅是一些例子。重要的是，这些研究结果对于所有相关成员都是**可信**的。

通常是通过一个或多个**理论框架**对数据进行归纳性解释。根据研究的具体情况，可以从任何数量的学科或领域研究中引入理论（如心理学中的女权主义理论，社会学中的批判性种族理论）。在某些情况下，会采用**理论三角互证**，如第六章所述，理论三角互证是通过一个以上的理论视角来考虑数据，以便产生不同的解释（Hesse-Biber & Leavy, 2011, p. 51）。

最后，虽然基于社区的参与性研究旨在促进特定环境中的行动或变革，但研究团队往往还希望在其他类似环境下使用该研究结果。因此，**可转移性**（研究结果从一种情境转移到另一种情境的能力）可能也是一个目标（Lincoln & Guba, 1985）。正如第六章指出的那样，你能将研究结果从一种情境转移到另一种情境的程度取决于相似性，或者取决于林肯和古贝（Lincoln & Guba）所称的两种情境的"**拟合度**"。情境越相似，你能将研究结果转移到另一种情境的程度就越大，这就需要对手头的个案进行详细、深入、生动的描述。

表达和传播

因为表达和传播这两个相互关联的问题是基于社区的参与性研究的核心，所以研究计划书应包含关于表达和传播的充分讨论。其中有三个主要问题需要考虑：受众、可及性和著作权，它们与基于社区的参与性研究的其他方面一样，在实践中是重叠的。

因为**受众和可及性**问题相互交织，所以我将它们放在一起讨论。基于社区的参与性研究通常有**多种受众**，需要确定这些受众。首先是所研究的社区，最理想的情况是，研究结果可以用来对社区产生积极的影响，这是基于社区的参与性研究的目标之一。其次，根据项目的性质，还有许多其他可能的受众，这些受众可能包括邻近社区、公众（或公众中的某些群体），以及政策制定者。基于社区的参与性研究旨在产生在一个或多个环境中，以及在一个或多个社会或政治对话中**有用的公共学术研究成果**。最后，还有学术受众。虽然学术受众不应该是基于社区的参与性研究的主要受益者，但在学术界内部分享研究项目是很重要的，这样其他人就可以了解研究所获得的实质性知识及研究方法。你可以根据你的项目写出一篇或多篇同行评审的研究论文，同学术界的受众进行学术交流。然而，传统的学术著作对学术界之外的人而言没有多大价值，所以还需要其他传播形式。

为了使有关的利益相关者（项目的受众）受益，可及性至关重要。研究结果的两个方面必须是可及的，即研究结果的内容和研究结果的传播（Leavy, 2011a）。首先，研究结果必须是**可理解的**，应该避免使用禁止性语言和学术术语。其次，研究结果需要通过已确定的受众（利益相关者）能够接触的渠道**进行传播**。这些渠道可能包括（Leavy, 2011a）：

- 当地组织、企业、学校、宗教中心、美术馆或社区组织
- 广播
- 互联网
- 地方或全国性报纸
- 在公共会议或社区场所进行的演讲
- 有可能接触目标受众的其他场所（p. 98）

在合适的场所传播研究结果的重要性，在 1986 年芝加哥的
"公平住房项目"中得到了显著体现。在该项目中，研究团队在
他们组织的当地会议上展示了初步的研究结果，并邀请了许多非
学术利益相关者参会。此外，研究团队还举办了记者招待会，向
媒体和公众介绍了他们的研究结果（Lukehart, 1997）。鉴于该团
队希望影响关于公平住房和种族隔离的公共政策，并将公众纳入
其自身的发展过程，邀请媒体参与这一过程至关重要。在这一方
面，记者招待会具有教育公众和向地方政府施压，以推动积极的
社会变革的双重效应。

由于基于社区的参与性研究可能有多种受众，研究结果可能
以**多种非传统的形式**呈现（非传统的形式是指传统的研究论文或
学术著作中的章节以外的形式）（Leavy, 2011a），比如：

- 宣传小册子、时事通信、商业信息小册子、社区委员会
  公告
- 播客（Podcast）
- 博客、视频博客、在线文章或散文、摄影博客
- 专栏文章
- 表演（戏剧、音乐、舞蹈）
- 诗歌或口头表演读物
- 纪录片
- 视觉艺术或摄影
- 其他形式（pp. 98-99）

多种表达形式或结果的议题与**著作权**相互关联。在基于社区的参与性研究中，社区（理论上讲）可以用合乎伦理的方式"拥有"研究结果（Strand, Cutforth, Stoecker, Marullo & Donohue, 2003）。依据具体的项目，研究结果可能会影响社区的发展进程、医疗保健机会或获得教育服务的机会，也可能涉及公共政策。需要考虑如下几个问题。

- 由谁来呈现研究结果？
- 将有多少次对研究结果的呈现？要持续多长一段时间？
- 由谁来传播研究结果？

团队的研究工作在这方面面临许多挑战，因此必须在研究过程的早期就了解这些问题。并且应该讨论每个合作伙伴的期望，并实施商定的计划。需要考虑的问题包括如下几点。

- 项目预期的合著成果是什么？
- 合著成果将传播到哪里？
- 写作和编辑过程将如何以包容各方、公平对待所有合作伙伴的方式进行？
- 不同的研究参与者拥有什么样的表达和传播研究结果的权利？
- 将如何处理/记录"团队"这个议题，以明确说明每个团队成员在研究中所做的贡献？

- 每个合作伙伴都有哪些期望？
- 如何解决知情同意、保密和匿名的问题，尤其是当来自不同学科的研究人员和社区组织合作伙伴可能对这些问题遵从不同的规范时？

鉴于要想以最佳的方式表达和传播基于社区的参与性研究结果，往往需要创造性思维，让我们来看一个例子。坦帕湾社区癌症网络（Tampa Bay Community Cancer Network）的建立是为了研究佛罗里达州的癌症差异，并在多种族的、医疗服务不足的社区中制定有效的健康干预方案。坦帕湾社区癌症网络与当地组织合作，进行了几项试点研究。米德等人（Meade et. al., 2009）进行的一项研究讨论了"提供前列腺癌早期筛查"的议题，前列腺癌是困扰非洲裔美国男性的第二大癌症，他们的前列腺癌发病率和死亡率都高于其他任何群体（Meade et al., 2009）。这项研究涉及制定一项研究倡议和一个外联组成部分。

研究人员发现，有必要创建易于被目标人群获取和理解的癌症宣传材料。他们写道："癌症宣传材料，如宣传册、手册和信息发布文件，是向社区传播信息的宝贵工具；然而，许多材料并非总是适合受众的文化传统和识字水平，也并非所有人口群体都能轻易获得（Meade et al., 2009, p. 5）。"因此，他们决定进行一项由三个部分构成的研究。在项目的第一阶段，研究人员的目标是开发定制的癌症宣传材料，以便相关社区能够获得和理解这些材料。研究团队与当地的理发师合作，以编写宣传材料和宣传材料的分发协议。研究人员之所以选择在理发店进行这项研究，是因为众所周知，理发店能从参与研究的社区中吸引大量的非洲裔美国男性。初步研究也表明，理发店在社区内是一个"值得信任的"场所，因为以前对这一群体进行健康研究时发现，信任是一个主要障碍。在研究的第二阶段，该团队制定了一个"非专业健康顾问培训课程"，以便让理发师为分发宣传材料做好准备。在研究的这一阶段，课程得以实施，参与研究的理发师接受了培训。研究的最后阶段包括评估利用理发师传播健康信息的可行性，以及这是否会导致与参与者的医疗保健提供商讨论癌症筛查方案（Meade et al., 2009）。该试点项目还推动了更多的努力，如创建了一个"理发店顾问委员会"，并采取措施维持癌症宣传材料的可获得性和"理发店内设置的信息站"的可用性（Meade et al., 2009）。

⚖ 实践中的伦理

　　鉴于推动基于社区的参与性研究的社会正义要求以及知识建构过程的民主化任务，表达和传播阶段对伦理实践至关重要。你可以考虑的问题有很多。你是否考虑过受众问题，即确定与研究最相关的潜在受众？这些受众能获得研究结果吗？研究结果是否通俗易懂，是否可在适当的场所获取？你是否按照项目的要求采用了多种且适当的形式来呈现研究结果？该项目是否在学术界以外的一个或多个

> 环境中发挥作用，从而对公共学术研究做出了贡献？是否
> 公平地解决了研究结果的著作权问题、研究贡献的划分问
> 题，以及研究结果的所有权问题？

公共政策

公共政策是可能对其影响（impact）的社区产生广泛影响
（consequence）的行动计划（Wedel, Shore, Feldman & Lathrop,
2005）。由于政策的制定往往出于政治动机，受政策影响最大的
公众往往被排除在这个过程之外。政策通常涉及国家与当地居民
或社区的关系（Wedel et al., 2005），使得社区参与研究的必要性
显而易见。为了参与政策制定过程，公众需要参与政策议程的制
定（McTeer, 2005）。基于社区的参与性研究就是参与制定政策
议程的一个途径。影响政策制定过程是困难的，然而，它是许多
基于社区的参与性研究实践的重要延伸。基于社区的参与性研究
可以生成数据，而这一数据可以用来游说政策制定者改变现行政
策。要记住的一点是，"政策制定者在现有方案的基础上或结合
现有方案制定和实施政策"（Carlsson, 2000, p. 202, 原文强调）。
因此，可以通过设计基于社区的参与性研究项目来考察现行政策
对特定社区的影响，以及如何为公共利益而改进这些政策。比
如，近年来，由于儿童肥胖人数急剧增加，关于公立学校午餐的
政策受到了媒体的广泛关注。基于社区的参与性研究项目，如在
位于乡下的非洲裔美国人社区制定并在随后检验具有文化胜任力

的饮食干预方案，可以为如何最好地制定为当地人口服务的政策提供重要见解。

让我们来看看前面简要提到过的基于社区的参与性研究，这项研究是 1986 年进行的具有里程碑意义的关于芝加哥社区开发和种族隔离的研究。该研究的目标是"记录公平住房工作取得的进展，评估正在进行的公平住房计划，并确定与某些地区持续存在的种族隔离有关的因素。目标是进一步开发公平住房，将其作为健康社区的组成部分"（Lukehart, 1997, p. 48）。该研究团队包括大都会开放社区领导委员会（Council for Metropolitan Open Communities，一个始于 20 世纪 60 年代的位于芝加哥的公平住房组织），以及 12 名学术研究人员和芝加哥地区公平住房联盟（CAFHA）的几名成员（p. 47）。由社区组织的专业人员、活动家、学术研究人员和社区成员组成的团队积极参与了研究的所有阶段。最初，这个大型团队参加了一系列会议来讨论问题并确定研究需求（Lukehart, 1997）。这一过程导致了 9 个研究项目的开发。由于该项目团队人员构成令人印象深刻且多样化，该研究项目获得了可观的资金（Lukehart, 1997）。这个大的团队被分成了若干个小组，每个小组都包含学术利益相关者和社区利益相关者，他们分别围绕着 9 个项目中由他们各自负责的项目来分组（Lukehart, 1997）。每个小组都确认了他们的研究议题，并确定了适当的行动计划；而大团队在整个过程中始终起到"顾问"的作用（Lukehart, 1997, p. 48）。研究团队依靠各种定量和定性方法，包括人口普查数据、政策分析、结构化访谈、非结构化访谈、文件分析和参与性评估研究（Lukehart, 1997）。为了将这个具有丰富协作内容和多样性的研究过程继续下去，每个研究小组就他们的研究结果起草了一份报告，并分发给整个团队，征求反馈意见（Lukehart, 1997）。然后，该团队在芝加哥大学召开了一次会议，邀请了其他利益相关者，如政府成员、社区领袖，以及活动家，以征求他们的反馈意见（Lukehart, 1997）。这种反馈循环的响应性过程促成了最终报告的撰写。最终，该项目对芝加哥的公平住房公共政策产生了积极影响，而这恰好是该项目的主要目标。

伦理声明

基于社区的参与性研究必然具有道德、社会正义和社会行动的必要性。因此，伦理声明提供了对项目的**伦理基础的有力讨论**，阐述了你的价值观体系、伦理实践和自反性。

首先要阐明指导你研究的**价值观体系**。可能要讨论的主题包括（如果适用的话）社会正义要求——旨在推动主题的选择和问题的编制，协作原则——旨在推动问题的编制和项目的所有其他阶段（社区的需求是如何得到确定并始终保持其核心地位的），参与项目且有着不同地位的社区利益相关者，关注这项研究为谁的利益服务，关注面临系统性不平等的代表性不足的群体或边缘化群体，关注文化胜任力，关注权力分享，关注该项目如何被用来促进积极的社会变革或影响公共政策。

接下来，请详细讨论你对**伦理实践**的关注。所涉及的主题包括（如果适用的话）必要的机构审查委员会的批准状态、知情同意（解释参与研究的风险和好处、参与的自愿性、保密性和参与者的提问权）、关系伦理（基于对核心问题的共同关注和对项目的承诺，建立协作、尊重和权力共享关系），以及研究结果的表达和传播（涉及传播形式和传播场所的多样性和可及性、合著、对公共学术研究的贡献，以及为影响公共政策做出的努力）。

最后，描述你将如何践行**自反性**。要讨论的主题包括（如果适用的话）你对研究过程中的权力和权力分享问题的关注（通过尝试与研究伙伴和参与者构建协作性的非等级关系），对特权和局内人–局外人身份问题的关注，以及为避免殖民化或剥削研究伙伴或参与者而做出的努力（即研究者不代表权威的声音、避免"路过式"学术研究、避免窥视被剥夺权力的社区、谨慎地与弱势群体合作）。

复习站点 ④

1. 为了确保研究结果对所有相关人员都是可信的，数据分析和解释过程应该遵循哪种模式？

2. 基于社区的参与性研究旨在产生公共学术研究成果，因此必须在哪两个方面具备可及性？

3. 如何利用基于社区的参与性研究让人们参与政策制定过程？

4.基于社区的参与性研究的伦理声明涉及研究者的价值观体系、伦理实践和自反性。请写出可能在关于自反性的那一节中讨论的两个主题。

★ 请到本章"复习题答案"部分核对答案。

参考文献

见第五章。

附 录

拟议预算（如果适用的话）

如果研究得到了资助或者你正在寻求资助，研究计划书应包含详细的拟议预算。预算中可以包含设备的费用（录音机、磁带、笔、纸、计算机辅助定量和/或定性分析软件），付给参与者的费用（包括报销差旅费），复制文件的费用，以及任何其他预期费用。在资金充足的研究中，你可能会聘请专家或助理，如聘请转录员转录访谈数据，或聘请顾问分析调查数据；但是，学生和新手研究者通常是自己完成这项工作。

招募函和知情同意书

如果你的研究涉及参与者，请在研究计划书中包含招募函和知情同意书。

工具（如果适用的话）

如果你已经创建了任何数据收集工具（如访谈指南、实验干预方案、调查问卷），请将它们纳入研究计划书。

结 论

如本章所述，基于社区的参与性研究用于促进社区驱动的变革或行动。基于社区的参与性研究涉及围绕社区确定的问题或议题与非学术利益相关者建立研究伙伴关系。基于社区的参与性研究重视协作、权力分享和不同种类的知识。这是一种以问题为中心的研究方法，强调社区参与、协作和知识建构过程的民主化。

以下是基于社区的参与性研究设计的模板的简要总结。

标题：包含现象和所研究的社区。

摘要：这篇 150 至 200 字的概述应该最后撰写。摘要应当包含主要问题或议题、利益相关者、社区合作伙伴、参与者和环境、研究目的和问题以及关于方法的基本信息，以及社会行动议程。

关键词：提供 5 至 6 个关键词，以便读者能在浏览器上搜索到你的研究。关键词应当包含主要问题或议题、社区和利益相关者，以及基于社区的参与性研究设计。

问题或议题： 在研究团队达成一致并充分征求社区意见的基础上，确定研究的核心问题或议题。

文献综述： 提供以问题为中心的跨学科文献综述，该综述应当回顾与你的研究主题最相关的研究，并寻找或创造不同知识体系之间的协同效应，以促进问题的编制。

研究目的的陈述： 概述你的研究的主要目的或目标，以及利益相关者、参与者、环境、方法论和基本原理。研究目的可能涉及若干阶段，并可能为随着项目的进展而发生的演变和调整留出空间。

研究问题： 提供你的项目想要解决的 1 至 3 个由集体编制的开放式和以变化为导向的问题。可能还有其他子问题。

哲学陈述： 讨论该项目在变革性范式中的定位，以及指导该项目的特定理论学派。

环境和参与者： 讨论研究将在哪里进行（正式和非正式的社区环境）。描述相关的利益相关者、研究团队和传统参与者（均视情况而定）。当描述参与者时，应包含他们的人口统计信息和他们在你所定义的"社区"中的成员资格，以及用来找到参与者的抽样策略。

设计和方法： 详细描述你将用来收集或生成数据的策略，指出你将如何解决与你所采用的方法相关的主要问题。还应当描述你将如何坚持基于社区的参与性研究的主要原则，包括以问题为中心的取向、协作、文化敏感性、社会行动和社会正义、招募并保留参与者、信任和融洽关系、多样性、灵活性和创新性。

数据分析和解释：运用协作原则和理论框架（如适用的话）详细描述你将采用的数据分析和解释策略。

表达和传播：确定你的目标受众，同时确定你所选择的传播研究结果的形式和地点，传播形式对这些受众而言应当通俗易懂，而传播场所则应当是这些受众能够进入的。指出在公共学术研究方面和在影响公共政策方面做出的努力（视情况而定）。

伦理声明：讨论项目的伦理基础，阐述你的价值观体系、伦理实践和自反性。

参考文献：包含一个完整的引用列表，以适当的方式注明你借鉴过或引用过的所有文献的出处。遵循你所属大学的参考文献格式指南（如果适用的话）或你所属学科的参考文献规范。

附录：包括你提议的时间表、预算，以及招募函、知情同意书和测量工具（如访谈指南、实验干预方案、调查问卷）的副本（如适用的话）。

✅ 复习题答案

复习站点 1 答案

1. 在该研究主题上有既得利益的各方。

　　a. 协作者、共同调查者、社区合作伙伴

2. 社区咨询委员会

　　a. 编制问题，并开发一种具有文化胜任力的方法来调查这个问题。

3. 因为你正在多个领域寻找文献（必须让自己沉浸在这些
文献中，根据需要寻求专家的帮助，并对相关的跨学科
文献进行盘点）。

复习站点 2 答案

1. 促进特定的社区变革或行动。

2. 变革性

　　a. 人权、社会正义、参与性、行动导向、权力-自反性、
　　　赋权、解放性和变革性。

3. 每个环境都有非正式的守门人。

4. 目的性。

　　a. 滚雪球抽样。

复习站点 3 答案

1. 一种遵循递归原则的设计，根据此原则，团队可以循环
往复，重复各个步骤，并顺应新的见解。

2. 因为研究必须对社区的文化定义和对关键术语的理解具
备敏感性，同时要对最有可能对相关人群有效的干预策
略具备敏感性。

3. 经验上的、科学的和外行的知识。

复习站点 4 答案

1. 包容性、参与性和协作性的模式。

2. 内容（可理解，没有禁止性语言或行话）和传播（所确定的受众、利益相关者可以通过适当的渠道获得所传播的研究结果）。

3. 生成可以用来影响政策制定者改变当前政策的数据（研究当前政策对特定社区的影响，同时研究如何才能改进这些政策）。

4. 关注权力和权力分享，关注特权和局内人-局外人身份，避免殖民化或剥削研究伙伴或研究参与者。

🖑 实操练习

1. 选择一个你感兴趣的研究主题，并完成以下任务：

　a. 确定所有合适的利益相关者。

　b. 确定相关的文献主体（学科 / 主题领域）。

　c. 确定潜在的社区合作伙伴。

　　虽然你没有实施这项研究，但仅仅通过确定利益相关者、文献主体和潜在的社区合作伙伴，你也会感受到初步制定主题的复杂性。

2. 找一篇经同行评审并已发表的基于社区的参与性研究报告，并按以下要求评估其研究方法：

　a. 基于社区的参与性研究的 9 条核心原则（每条原则写

2—3 句话)。

b. 研究所采用的具体方法的评价标准 (1—2 段)。

c. 哪些方面做得比较好，哪些方面还有待改进 (1—2 段)。

3. 练习写博客或专栏文章 (公共学术研究报告的常见形式)。这个练习的目的是让你养成写出通俗易懂文章的习惯，而不是发表你的文章。如果你已经运用某种方法完成了研究，请写一篇面向大众的文章，介绍你的研究。如果你尚未进行研究，请选择一个你感兴趣的当前事件。主题并不重要。这个练习旨在培养通俗易懂的写作风格。专栏文章最好控制在 600—800 字。我建议采用一种四段格式：第一段以吸引人的方式介绍主题，第二段和第三段提供信息或论点，第四段以最后一个强有力的陈述句来概括这篇文章，给读者留下深刻印象。别忘了给你的文章添加一个引人注目的标题。

资　源

Boyd, M. (2020). Community-based research: A grass-roots and social justice orientation to inquiry. In P. Leavy (Ed.), *The Oxford handbook of qualitative research* (2nd ed., pp.741–771). New York: Oxford University Press. (Available through Oxford Handbooks Online at www.oxfordhandbooks.com)

Evans-Winters,V. E., Robinson, T. Y., Chase, N. N., & Lawrence Jones, T.

(2022). Outsiders-within: Counternarratives, cultural productions, and crossing-over. In P. Leavy (Ed.), *Popularizing scholarly research: Working with nonacademic stakeholders, teams, and communities* (pp. 66–93). New York: Oxford University Press.

Gullion Smartt, J., & Tilton, A. (2020). *Researching with: A decolonizing approach to community-based action research.* Leiden, The Netherlands: Brill/Sense.

Leavy, P. (2011). *Essentials of transdisciplinary research.* New York: Routledge.

Tuhiwai Smith, L. (2021). *Decolonizing methodologies: Research and indigenous peoples* (3rd ed.). Chicago: Zed Books.

推荐期刊

《行动研究》（*Action Research*）赛吉出版公司

http://arj.sagepub.com

《健康教育与行为》（*Health Education & Behavior*）赛吉出版公司

http://heb.sagepub.com

《社区健康伙伴关系的进展：研究、教育和行动》（*Progress in Community Health Partnerships: Research, Education, and Action*）约翰霍普金斯大学出版社（Johns Hopkins University Press） https://www.press.jhu.edu/journals/progress-community-health-partnerships-research-education-and-action

注 释

1. 尽管这些术语的使用方式略有不同，不同的研究人员偏爱不同的术语和定义，但这些术语都表示一套普遍的信念和做法。有关用于指代基于社区的参与性研究或类似概念的完整术语列表，请参阅博伊德的著作（Boyd, 2014）。

术语表

（依照英文术语的首字母排序）

摘要 150至200字的研究概述。

审美主体间性范式 一种在艺术和科学相互交融的基础上发展起来的哲学信仰体系，该信仰体系指出艺术有能力获得原本无法获得的东西；重视前语言认知方式，包括感觉、情绪、知觉、动觉和想象形式的知识（Chilton et al., 2015; Conrad & Beck, 2015; Cooper et al., 1997; Dewey, 1934; Harris-Williams, 2010; Langer, 1953; Whitfield, 2005）。

审美干预 由贝尔·胡克斯（Bell Hooks, 1995）创立的一种方法论策略，用于研究艺术促使人们产生不同看法的能力。

审美力量 一种艺术本位的评估标准，通过最终艺术作品的深刻性、简洁性和连贯性创建（Barone & Eisner, 2012; Chilton & Leavy, 2014）。

艺术日志 一种视觉艺术实践，在该实践中，参与者创建视觉日志，其中可能包括杂志剪报或绘画等文本和图像（Chilton & Leavy, 2014）。

人工环境 一种研究环境，如果不是因为参与研究，参与者和研究者原本当时不会置身其中（如实验室、研究人员的办公室、公共图书馆的私人房间、参与者的家）。

艺术本位研究 一种在社会研究项目中采用创意艺术原则的研究方法，该方法以整体和参与的方式解决社会研究问题；一种以探究过程为中心，重视审美理解，同时重视唤起和激发的生成性方法。

受众 那些阅读或消费研究结果的人。

权威或专家 我们在日常生活中所获得的知识的提供者，包括我们认识的个体，如我们的父母或监护人、朋友和老师。

自传式民族志 研究人员使用他们的个人经历作为数据，并将这些经历与更大的文化背景联系起来的一种研究方法。

柱状图和折线图 一种说明一个或多个分类变量（自变量）和一个连续变量（因变量）的可视化方式。通常，自变量在x轴（横轴）上，因变量在 y轴（纵轴）上（Fallon, 2016）。

CAQDAS 计算机辅助定性数据分析软件。有许多程序,包括 NVivo、MAXQDA、ATLAS.ti、Dedoose、Ethnograph、Qualrus、HyperRESEARCH和NUD*IST。

引文伦理(引文实践) 我们的引文实践的政治和伦理层面,即我们要尽可能地在我们的参考文献中包含黑人、土著、有色人种和女性学者的研究文献。

编码 在定性研究中,允许对生成的数据进行简化和分类的一种分析过程。编码是将一个单词或短语分配给数据段的过程。所选编码应当能够总结或抓住该数据段的本质(Saldaña, 2009)。编码可以采用人工或计算机辅助软件(计算机辅助定性数据分析软件)来完成。

- **分类** 将相似或看似相关的编码组合在一起的过程(Saldaña, 2014)。
- **描述性编码** 一种主要使用名词来概括数据段的策略(Saldaña, 2014)。
- **实境编码** 一种依据参与者的原话来生成编码的策略(Strauss, 1987)。
- **备忘录写作** 对已编码和分类的数据进行思考和系统的描述,备忘录是编码和解释之间的纽带(Hesse-Biber & Leavy, 2005, 2011)。

- **价值观编码** 一种专注于冲突、斗争和权力议题的策略（Saldaña, 2014）。

拼贴画 一种视觉艺术实践，通过从杂志、报纸、纹理纸或其他素材中选取图像，然后将其剪裁、拼接并粘贴（通常使用胶水）到某个表面上（如一张纸或纸板上）来完成（Chilton & Scotti, 2013）。

社区咨询委员会 由社区成员组成，其观点被纳入基于社区的参与性研究项目中（Israel et al., 2005; Letiecq & Schmalzbauer, 2012）。

基于社区的参与性研究 涉及研究人员和非学术利益相关者之间的合作伙伴关系，其中可能包括既有的社区组织（CBO）；社区的参与体现在整个研究过程的每一个方面，从问题的识别到研究结果的传播。是一种高度协作和以问题为中心的研究方法，需要分享权力。

- **环境** 研究可以在正式或非正式的社区环境中进行。正式的社区环境可能包括社区组织、非营利组织和社区中心。公园和参与者的家是非正式社区环境的例子。基于社区的参与性研究常常发生在多种环境中。

促进社区变革或行动的研究 为促进社区变革、社会行动或社区干预（社会研究的目的之一）而进行的研究。

内容分析或文本分析　一种研究方法，旨在系统地调查文本或研究被记录下来的人类交流内容（Adler & Clark, 2011; Babbie, 2013）。内容分析依赖于无生命数据，即独立于研究而存在的非交互性数据，因此被视为一种自然主义研究方法（Reinharz, 1992, pp.147-148).

发现的背景　研究者为了说明自己在研究过程中的研究者角色进行的讨论。

论证的背景　是对研究设计程序和所采用的方法的解释和论证。

隐蔽研究　采用欺骗手段对难以接触到的从事非法活动的群体或亚文化开展的研究。

批判主义范式　一种在跨学科背景下发展起来的哲学信仰体系，包括领域研究和在批判中形成的其他领域（如女性研究、非洲裔美国人研究）。该哲学信仰体系将研究政治化并强调权力丰富的背景、主导性话语和社会正义（Hesse-Biber & Leavy, 2011; Klein, 2000; Leavy, 2011a）。包括好几个理论视角：女权主义理论、批判性种族理论、"酷儿"理论、土著理论、后现代主理论义和后结构主义理论。

文化信仰　我们基于社会历史条件在日常生活中获得知识的一个来源。

文化胜任力　在对与研究者存在社会或文化差异（如种族、民族、宗教、社会阶层或教育背景方面的差异）的个人进行研究或与其合作进行研究时，研究者会注意到不同的文化理解或经历、常用的表达方式和其他交流方式，并使用非冒犯性和彼此都能理解的语言。

文化敏感性　在基于社区的参与性研究中，研究人员必须对社区的文化定义和关键术语的理解保持敏感，并对最有可能对相关人群有效的干预措施和策略的制定保持敏感。

数据分析　"汇总和组织数据"（Trent & Cho, 2014, p. 652）。

听取汇报　在该研究阶段，研究者从参与者那里收集关于参与者之体验的反馈信息（Babbie, 2013）。

描述（或描述性研究）　说明个体、群体、活动、事件或情况（社会研究的目的之一）。

描述性统计　描述和总结数据（Babbie, 2013; Fallon, 2016）。有三种描述性统计：频次、集中趋势的测度（均值、中位数、众数）和离散趋势的测度（标准差是最常用的离散趋势的测度）（Fallon, 2016, pp. 16-18)。

传播　共享或分发研究结果的最终表达内容。

元素　研究人员感兴趣的个体、群体或无生命项目。

研究要素　研究项目的组成部分,包括范式、本体论、认识论、类型/设计、方法/做法、理论、方法论和伦理。

认识论　一个关于研究如何进行、如何体现研究者的作用,以及如何理解研究者与研究参与者之间关系的哲学信仰体系(Guba & Lincoln, 1998; Harding, 1987; Hesse-Biber & Leavy, 2004, 2011)。

伦理基础　影响研究过程的各个方面(Hesse-Biber & Leavy, 2011; Leavy, 2011a),包含三个层面的维度:哲学、实践和自反性。伦理的哲学维度基于每个人的价值观体系,解决的是"你相信什么"的问题。伦理学的实践维度解决的是"你做什么"的问题。伦理的自反性维度结合哲学维度和实践维度,解决的是"权力如何产生影响"的问题。

伦理　是研究的哲学和实践层面,包括价值观、伦理和自反性。伦理(ethics)一词源自希腊语*ethos*,意为品格,包含道德、正直、公平和诚实。

- **伦理规范**　由专业组织提供的针对特定学科的伦理考量。
- **利益冲突**　驱使人们获得某种结果或研究结果的压力或金钱收益。
- **"首先，不伤害"**　该原则改编自生物医学界，是保护研究参与者的主要原则，即不应伤害研究参与者，甚至不应伤害研究环境。
- **互惠原则**　研究应使研究者和参与者都受益（Loftin et al., 2005）。
- **关系伦理**　以研究者和参与者之间的人际关系为中心的伦理议题（Ellis, 2007）；指的是"关怀伦理"（Ellis, 2007, p.4）。
- **风险和收益**　与参与研究相关的可能的风险（包括身体、心理和情感上的风险）和益处，须提前向参与者解释。
- **境遇伦理**　"实践中的伦理"（Ellis, 2007, p.4）。

民族志戏剧　以戏剧或脚本的形式撰写的研究结果，可以上演，也可以不上演。

民族志　关于文化的书面文本。

民族志剧场　一种基于表演的实践，即为观众表演民族志戏剧。

评价　评价一项计划或政策的有效性或影响；也可以被视为一种解释（社会研究的目的之一）。

评价（定性） 是用于评价定性研究或项目的标准，当它们与手头的研究相关时应加以应用。

- **一致性** 项目的各组成部分之间的适配性（Whittemore et al., 2001）。
- **工艺** 项目的构思、设计和执行方式（Leavy, 2011b, p.155）。
- **明确性** 明确说明所采用的方法论策略（Leavy, 2011b; Whittemore et al., 2001）。
- **彻底性** 即项目的全面性，包括抽样、数据收集，以及研究结果的表达（Whittemore et al., 2001）。
- **生动性** 提供详细而丰富的描述，突出数据的细节（Whittemore et al., 2001）。

唤起、激发或动摇 促使特定的受众（群体）改变其思考或看待事物的方式，促进新的学习或开展宣传活动（社会研究的目的之一）。

实验研究 最古老的定量研究形式。一种依赖于假设检验的研究方法，在该假设检验中创建一项测试，以受控和系统的方式查看预测的结果是否出现。

- **控制组** 用于实验，以减轻实验本身的影响。控制组的成员在所有相关因素上均与实验组的成员相似，但他们不接受实验干预（在某些情况下，他们可能接受安慰剂）。

- **双盲实验**　受试者和研究者都不知道哪些受试者在实验组，哪些受试者在控制组。

- **实验组**　接受实验干预(也称为实验刺激)的组。

- **实地实验**　发生在自然环境中的实验。

- **匹配**　匹配是创建受试者对(pairs of subjects)的过程，受试者对在一系列预先确定的特征上或在前测的分数上彼此相似。由相似的受试者组成的受试者对被分别分配到不同的组(受试者对的一名成员被分配到实验组，另一名成员则被分配到控制组)。

- **前实验设计**　基于对实施了实验干预的单个组(仅实验组)的研究。坎贝尔和斯坦利(Campbell & Stanley, 1963)确定了三种前实验：单次个案研究设计、单组前测-后测设计，以及静态组比较设计。

- **前测**　在引入实验干预之前，确定受试者在某一方面的基线水平。

- **后测**　在实验干预后进行的测试，以评估实验干预产生的影响。

- **准实验设计**　利用自然环境或群体进行实验，因此受试者不是随机分配的。坎贝尔和斯坦利(Campbell & Stanley, 1963)确定了10种准实验，其中三种是时间序列实验、多重时间序列实验，以及不等同控制组设计。

- **随机化**　将受试者随机分配到实验组和控制组。

- **真实验设计(或"经典实验")**　基于随机化的实验，研究

受试者被随机分配到实验组和控制组。坎贝尔和斯坦利
（Campbell & Stanley, 1963）确定了三种真实验：前测-后测
控制组设计、所罗门四组设计，以及只接受后测的控制组
设计。

解释性研究　说明原因和结果、相关性，或者说明事情为何是这个
样子的（社会研究的目的之一）。

探索（或探索性研究）　了解一个新的或研究不足的主题（社会研
究目的之一）。

基于小说的研究、作为研究实践的小说或社会小说　是艺术本位
研究的一种文学方法，依照这种方法，人们将写小说的过程视为一
种调查过程，或者人们使用另一种研究方法收集的资料来写小说。
在这种实践中，改写是一种分析行为。

实地研究　最古老的定性研究类型，起源于文化人类学。发生在
自然环境中的研究被称为"实地研究"。实地研究的结果是一部
民族志。

- **民族志——实地笔记**　实地观察的书面笔记或录音笔记。
  实地笔记的类型包括即时笔记、深度描述、摘要式笔记、
  自反性笔记、谈话和访谈笔记，以及解释性笔记（Bailey,

1996, 2007; Hesse-Biber & Leavy, 2005, 2011）。

- **民族志——守门人**　允许或阻止研究者进入研究场所的人，可以是正式的守门人，也可以是非正式的守门人。
- **民族志——局内人–局外人身份**　研究者与参与者共有或不共有的身份特征。
- **民族志——关键信息提供者**　参与者不仅分享自己的经历，还将研究者介绍给其他可能的参与者或提供对研究环境中的人和活动的概述。
- **民族志——备忘录笔记**　扩展笔记，研究者根据该笔记形成关于数据的想法（实地笔记），综合数据，整合想法，并辨别数据内部的关系（Hesse-Biber & Leavy, 2005, 2011）。
- **民族志——非参与式观察**　研究者观察环境中的参与者（通常时间跨度较长），但不参与他们的活动。
- **民族志——参与式观察**　要求研究者参与其正在研究的活动（通常时间跨度较长），并记录系统的观察结果。

类型或设计　不同研究方法的总体类别（Saldaña, 2011b）。

扎根理论　一种归纳性编码过程，在该过程中，通常逐行分析数据，编码类别直接产生于数据（Charmaz, 2008）。

霍桑效应　当研究的受试者意识到他正在参与一项研究时，这种意识对他自己的表现产生的影响称为霍桑效应。

直方图　一种表示单个变量分布的直观方式（Fallon, 2016）。

假设　预测变量之间关系的陈述，可以通过研究加以检验。

- **定向假设**　根据先前的研究预测两组之间在被测试的变量上存在特定的差异。
- **非定向假设**　预测两组之间在被测试变量的上存在差异，但不预测具体的差异的趋向。
- **零假设**　预测两组之间在所测试的变量上没有显著差异。

指标　就一项调查而言，指标指的是若干问题，这些问题旨在评估调查的变量的每个维度。

推断性统计　检验研究问题或假设，并对研究总体进行推断（Adler & Clark, 2011）。

知情同意　参与者的书面同意，确认他们了解与参与研究相关的可能的风险和收益，并确认他们的参与是自愿和保密的，以及确认他们是自主地同意参与研究的。

- **知情同意过程**　在持续时间较长的研究过程中，参与者在多个时间节点上对其知情同意进行再确认，包括参与研究的自愿性质和参与者退出研究的权力（Adams et. al, 2015）。

机构审查委员会 设立于大学中,以确保伦理标准得到维护,且人类受试者得到保护。在联系潜在的研究参与者或开始收集数据之前,研究人员必须获得机构审查委员会的许可。

整合 将定量数据集和定性数据集整合到混合方法研究中。

- **在混合方法研究中构建数据** 定性研究结果用于构建研究的定量阶段(Creswell, 2015, p. 83)。
- **在混合方法研究中嵌套数据** 一组数据用于扩充或支持另一组数据(Creswell, 2015, p. 83)。
- **在混合方法研究中解释数据** 定性数据用于解释定量数据的结果(Creswell, 2015, p. 83)。
- **在混合方法研究中合并数据** 将定量研究结果和定性研究结果放在一起进行比较(Creswell, 2015, p. 83)。

解释 从数据中"发现或创造意义"(Trent & Cho, 2014, p. 652)。

解释主义或建构主义范式 一种在学科背景下发展起来的哲学信仰体系,该体系研究人们如何通过日常互动参与构建和重构意义的过程。主要的理论学派有符号互动论、现象学、民族方法论和拟剧论。

访谈 一种跨学科的常用研究类型,其中对话被用作数据生成工具。定性研究人员可用的访谈方法包括深度访谈、半结构化访谈、口述历史或生活史访谈、传记式极简访谈和焦点小组访谈等形式。

- **深度访谈**　归纳式或开放式访谈,范围从非结构化到半结构化。
- **结构层次**　访谈的结构层次由低到高包括非结构化访谈、半结构化访谈和高度结构化访谈三个层次。

邀请函或招募函　一封概述研究的基本内容并邀请个体参与研究的信函(向获得知情同意迈出的第一步)。

关键词　为5至6个单词或短语,人们会通过这些关键词在搜索引擎上在线检索你的研究主题。

具有里程碑意义的研究　被认为在该领域至关重要的研究或论文,应纳入文献综述(如果你发现多篇研究论文都引用了同一项早期研究,那么这项早期研究很可能是一项具有里程碑意义的研究)。

文献导图或概念导图　以直观的方式表示某项研究中的所有文献或概念之间的关系。

文献综述　"检索、阅读、总结和综合关于某一主题的现有研究的过程,或检索结果的书面总结"(Adler & Clark, 2011, p.89)。

均值 即平均值。

中位数 位于"中间"的数值。

研究方法 一项关于研究将如何进行的计划——研究人员如何将研究的不同要素组合到一项计划中，该计划会一步一步地指出具体的研究项目该如何实施（理论和方法相结合）。

混合数据分析设计 涉及将数据从一种形式转换成另一种形式；可以辨别数据内部的复杂关系并识别关系模式（Hesse-Biber & Leavy, 2005, 2011）。

混合方法研究 涉及在单个项目中收集、分析和整合定量数据和定性数据，从而获得对调查的现象的全面了解。

混合方法研究设计 有四种类型：融合或并行设计、解释性序贯设计、探索性序贯设计和嵌套设计。

- **融合或并行设计** 涉及收集定量数据和定性数据，分析定量和定性数据集，然后整合两组分析结果，以便交叉验证或比较研究结果（Creswell, 2015）。
- **解释性序贯设计** 先使用定量研究方法，然后使用定性研究方法来深度解释定量研究结果（Creswell, 2015）。

- **探索性序贯设计**　首先通过定性研究方法探索主题,然后利用定性研究结果开发定量研究工具和确定定量研究阶段(Creswell, 2015)。

- **嵌套设计(也称为干预设计)**　一种方法被用作主要方法,另一种方法被用作辅助方法,而额外数据恰恰是由辅助方法收集(Creswell, 2003; Hesse-Biber & Leavy, 2011)。在定量设计中嵌入定性成分涉及使用一种定量方法(如实验)作为主要方法,并在设计中嵌入定性成分。在定性设计中嵌入定量成分涉及使用定性方法(如实地研究)作为主要方法,并在定性设计中嵌入定量成分。

混合抽样策略　一种两阶段抽样程序,可以是两种目的性抽样策略的组合,也可以是一种概率抽样策略和一种目的性抽样策略的组合(Patton, 2015)。

众数　样本中出现频次最高的值。

自然环境　一种研究环境,无论研究是否正在进行,参与者都处于该环境中。

零假设显著性检验　一种常用的推断性统计检验。

本体论　关于社会世界本质的哲学信仰体系。

操作性定义　对研究所设想的变量的定义，包括变量的构成维度。

内部局外人　由帕特里夏·希尔-柯林斯创造的术语，指的是"夹在权力不平等的群体之间"的学者（Patricia Hill-Collins, 1999, p. 85）。

范式　用来过滤知识的世界观或框架（Kuhn, 1962; Lincoln et al., 2011）。

个人体验和感官体验　日常生活中基于个人体验的一种知识来源，包括个人的所见、所闻、所嗅、所尝和所触。

哲学基础　由范式、本体论和认识论组成，解决"我们相信什么"的问题。

艺术本位研究哲学　承认艺术能够传达真理或激发认识（对自我和他人的认识），认识到艺术的运用对于实现自我认识或对他人的认识至关重要，重视前语言认知方式，并且包括多种认知方式，如感觉、动觉和想象（Gerber et al., 2012, p. 41）。

摄影　一种应用广泛的视觉实践，用于按时间顺序记述、记录和获取数据，让边缘化群体参与到研究中来，旨在探讨难以理解的、高度概念化或隐喻性的主题（Holm, 2014）。

影像发声法　这是一种将摄影与参与性研究方法相结合的实践，在这种实践中，给参与者发放相机，并要求参与者拍摄他们的环境和状况。有些人将这种做法称为开展艺术本位的行动研究的一种方法（Chilton & Leavy, 2014）。

先导测试　对一项研究的完整演练。

情节　小说或民族志戏剧中叙事的整体结构（Saldaña, 2003）。

总体　总体是一组元素，研究人员随后可能会对这组元素做出某些论断。

后实证主义范式　一种最初在自然科学中发展起来的哲学信仰体系，信奉客观的、模式化和可知的现实。

权力分享　基于社区的参与性研究的一项核心原则，用于将所有研究伙伴之间的协作最大化，并确保研究互惠互利（Boyd, 2014）。

实用主义范式　20世纪初在查尔斯·桑德斯·皮尔斯、威廉·詹姆斯、约翰·杜威和乔治·赫伯特·米德的研究基础之上发展起来的哲学信仰体系（Hesse-Biber, 2015; Patton, 2015），该哲学信仰体系并不效忠于某一套特定的规则或理论，而是认为不同的工具在不同的研究环境中可能是有用的。

实践 由类型/设计、方法/实践、理论和方法论构成,解决的是 "我们该做什么" 的问题。

预登记 定量研究的一个日益增长的趋势是,研究人员写下他们的分析计划,并在收集数据之前通过独立的在线登记处公开该计划(Nosek et al., 2018; Vazire, 2018)。

概率抽样 概率抽样是一种抽样策略,依照该抽样策略,总体中的每个元素都有已知和非零的被抽中的机会。

- **整群抽样** 一种多阶段抽样策略。首先,从总体中随机选择既有群。接下来,对每个群中的元素进行抽样(在某些情况下,每个群中的所有元素都被纳入样本)。
- **简单随机抽样** 一种抽样策略,依照该策略,研究总体中的每个元素都有同等被抽中的机会。
- **分层随机抽样** 一种抽样策略,依照该抽样策略,研究总体中的元素被分为两组或更多组(这些组被称为层)。然后对每一层进行简单随机抽样、系统抽样或整群抽样。
- **系统抽样** 一种抽样策略,即从研究总体中随机选取一个元素作为选入样本的第一个元素,然后从该第一个元素开始,每隔k个元素抽取一个元素。

公共政策 对其所影响的社区可能产生广泛影响的行动计划

（Wedel et al., 2005）。

公共学术研究　学术界以外的相关受众可以接触到的研究。

目的性抽样（或立意抽样或判断抽样）　一种涉及使用任何策略的策略性抽样方法，其前提是为研究项目找到最佳个案可以产生最优数据，而且研究结果是抽样个案的直接结果（Morse, 2010; Patton, 2015）。

- **方便抽样**　一种抽样策略，即研究人员根据参与者的可及性来确定参与者的人选（Hesse-Biber & Leavy, 2011）。一些人认为这不是一种真正的目的性抽样策略。
- **所关注现象的范例**　一种抽样策略，即选择单一重要个案，因为它可以提供大量与研究目的和研究问题直接相关的丰富数据（Patton, 2015, P. 266)。
- **异质抽样**　一种抽样策略，即抽取在关键特征上有差异的个案（Patton, 2015）。
- **同质抽样**　一种抽样策略，即抽取具有共同特征的个案（Patton, 2015）。
- **配额抽样**　一种抽样策略，通过该策略可以确定调查总体的相关特征，以及这些相关特征在总体中的比例。然后，依照该比例抽取一定数量的个案（参与者）来代表每个相关特征。

- **基于自我研究的单个重要个案**　自传式民族志中使用的一种抽样策略，即研究人员将自己作为研究个案（Patton,2015）。
- **研究现象之范例**　一种抽样策略，通过这种策略，可以确定一个有望产生丰富数据的特别可靠的个案（Patton,2015）。
- **滚雪球抽样（或链式抽样）**　一种抽样策略，即一个个案向研究者引荐另一个个案（Babbie, 2013; Patton, 2015）。

定性研究　通常以旨在产生意义的构建知识的归纳方法为特征（Leavy, 2014），用于了解社会现象，稳健地解读人们赋予活动、情境、事件、人或人工制品的意义，或者建立对社会生活某个方面的深度理解（Leavy, 2014）。有助于加深理解（来自小样本的详细信息），而且当主要目的是探索、描述或解释时，定性研究通常是合适的。

质化　在混合方法研究中，将定量数据转换为定性数据（将定量变量转换为定性编码）的过程（Tashakkori & Teddlie, 1989）。仅作为一种启发手段使用。

定量研究　以研究过程采用的演绎方法为特征，旨在反驳或证实现有理论；涉及测量变量和检验变量之间的关系，以揭示模式、相关性或因果关系；产生统计数据（通常来自一个大样本）。

量化　在混合方法研究中，将定性数据转换为定量数据（将定性编码转换为定量变量）的过程。仅作为启发手段使用。

融洽关系　通过积极倾听和展示关怀，在实地研究、访谈和基于社区的参与性研究中与参与者建立关系。

信度　结果的可靠性或一致性。

- **项目间信度**　用于测量单个变量的多个问题或指标的结果之间的一致性。
- **评分者信度**　两个或两个以上研究者或观察者所获得的结果之间的一致性。
- **重测信度**　对同一组受试者进行两次测试所获得的两个结果之间的一致性。

复制研究　涉及"有目的地重复以前的研究，以证实或否定以前的结果"（Makel, 2014, p. 2）。

- **概念性复制**　使用不同的方法来研究假设或理论（Makel & Plucker, 2014）。
- **直接复制**　使用相同的方法来验证或否定以前的研究结果（Makel & Plucker, 2014）。

呈现 研究结果的最终展示，可以以多种形式呈现。

研究方法（或研究实践） 用来收集或生成数据（或生成内容）的工具。

研究目的陈述 明确说明研究项目的目的或目标。

研究问题 指导研究项目的核心问题。

- **艺术本位研究** 这些研究问题具有归纳性、涌现性和生成性的特点。它们经常使用探索、创造、扮演、涌现、表达、困扰、颠覆、生成、探究、刺激、阐明、发掘、产生和寻求理解等词语和短语。
- **基于社区的参与性研究** 这些研究问题具有归纳性、变革导向性和包容性的特点。它们经常使用共同创造、协作、参与、赋权、解放、促进、培养、描述，以及寻求从不同利益相关者的角度理解等词语和短语。
- **定向语言** 使用原因、结果、决定、影响、有关、关联和相关等词语。
- **混合方法研究** 一组经过整合的研究问题（Brannen & O'Connell, 2015; Yin, 2006），包括至少一个定量研究问题、一个定性研究问题和一个混合方法研究问题。混合方法研究问题通常使用关系语言。

- **非定向语言** 使用探索、描述、阐明、挖掘、解读、生成、构建意义和寻求理解等词语和短语。
- **定性研究** 这些研究问题通常是归纳性的,并使用非定向语言。
- **定量研究** 这些研究问题通常是演绎性的,并使用定向语言。
- **关系语言** 使用协同、整合、联系、全面、更充分地理解和更好地理解等词语和短语。

研究主题(可研究的主题) 一个可以通过研究(research)加以研究(study)的主题。

响应性设计 遵循递归原则,而递归是一个迭代研究过程,通过该过程,团队循环往复地重复步骤,检查数据并根据新的见解做出相应调整(Pohl & Hadorn, 2007)。

样本 最终抽取的个案数量,数据正是根据这些个案生成的。

抽样 从总体中抽取一些个案的过程,从而确定研究受试者或研究对象。

抽样误差 发生在有偏差的样本中(调查研究中的一个重要问题)。

饱和点 当收集更多文献却不再产生新的信息时，我们就达到了饱和点。

散点图 一种说明两个连续变量之间关系的直观方式（Fallon, 2016）。

意义、价值或用途 研究某个特定主题的相对重要性或用途（可能包括时效性）。

社会研究 一种构建关于社会世界和人类经验的知识的系统方法。

利益相关者 在研究主题中有既得利益的各方。

故事线 小说或民族志戏剧作品的情节中的事件顺序（Saldaña, 2003）。

形式的强度 艺术本位研究的评价标准，具体指项目的各个组成部分（包括最终的表达形式）之间的契合程度（Barone & Eisner, 2012）。

研究总体（或抽样框） 即元素组，样本实际上就是从该元素组中抽取的。

调查研究　社会科学中应用最广泛的定量设计。调查依赖于向人们提出可以进行统计分析的标准化问题。这些标准化问题便于研究人员从大样本中收集广泛的数据，并将研究结果推广到研究总体。调查通常用来确定个体的态度、信念、观点或个体对自己的经历、行为的报告。

- **横向设计**　两种主要调查方法设计之一。横向设计旨在从某一时间点抽取的样本中获取信息。

- **穷尽**　受访者可能希望选择的所有可能的回答选项均已提供。

- **强制选择题或固定选择题**　这类调查问题为受访者提供了一系列可供选择的回答选项。

- **纵向设计**　两种主要调查方法设计之一。纵向设计发生在多个时间点，以便测量随时间发生的变化。纵向设计有三种类型：重复性横截面设计、固定样本同组设计和同期群研究（Ruel et al., 2016）。

- **互斥**　回答选项彼此互不重叠。

- **客观数据**　该术语用于表示"事实"，因为事实可以从特定的受访者以外的信息源查明（Vogt et al., 2014）。

- **问卷（或调查工具）**　调查研究的主要数据收集工具。

- **受访者负担**　当受访者感到参与研究的压力太大或太耗时时，就会产生受访者负担（Biemer & Lyberg, 2003; Ruel et al., 2016）。

- **受访者疲劳**　由受访者负担引起,会导致较高的不回答率和低质量的回答(Ruel et al., 2016)。

- **受访者清单或受访者审核**　通过记录来追踪受访者,降低单一个体多次回答的风险(Ruel et. al., 2016)。可以为每个受访者分配一个匿名编号。

- **应答偏差**　不应答对结果的影响。

- **主观数据**　只能从受访者那里获得的数据(Vogt et al., 2014)。

- **调查问卷的施测方式**　可以通过面对面调查、在线调查、邮件问卷调查或电话调查的方式施测。

- **调查项目**　即问卷中的问题,旨在帮助检验假设或回答研究问题。研究中围绕每个概念设计的问题用于操作变量,答案则表示变量是否存在。

- **两列表法**　起草调查问题的一种策略。

表格　一种呈现任意数量变量的数据的可视化方式;可用于描述性统计或推断性统计(Fallon, 2016)。

理论　理论是对社会现实的描述,该描述基于数据但又超越数据。(Adler & Clark, 2011)。理论规定范式(Babbie, 2013)。

可转移性　将研究结果从一种环境转移到另一种环境的能力(Lincoln & Guba, 1985)。从一种环境得出的研究结果在多大程度上可以转移到另一种环境,取决于相似性,或者取决于林肯和古贝所称的两种环境的契合度。

变革性范式　一种在跨学科背景下发展起来的哲学信仰体系，借鉴了批判理论、批判教育学理论、女权主义理论、批判性种族理论和本土理论。这种世界观促进了以人权、社会正义和社会行动为导向的包容性、参与性和民主的研究方法（Mertens, 2009）。

转换　在艺术本位研究中，转换是指从一种形式（媒介）转换到另一种形式的过程。

三角互证　一种常用策略，即运用多种方法或数据源来解决同一问题（Greene, 2007; Greene et. al., 1989; Hesse-Biber & Leavy, 2005, 2011）。

- **数据三角互证**　使用多个数据源来考察某个论断（Hessebiber & Leavy, 2011, p. 51）。
- **研究者三角互证**　让两个或更多的研究人员研究同一主题并比较他们的研究结果（Hesse-Biber & Leavy, 2011, p. 51）。
- **理论三角互证**　通过多个理论视角来考虑数据，以产生不同的解释（Hesse-Biber & Leavy, 2011, p. 51）。

第一类错误　当研究人员推断存在并不存在的关系时，就会发生第一类错误（Adler & Clark, 2011）。

第二类错误　当研究者没有推断出确实存在的关系时，就会发生第二类错误。

验证　通过形成主体间判断（Polkinghorne, 2007）在社区建立信任的过程（Koro-Ljungberg, 2008）。

效度　一个测度实际挖掘的研究者认为它正在获取的内容的程度。

- **结构效度**　该测度正在挖掘研究者希望它获取的概念和相关概念，这要求研究者创建非常具体的操作性定义。
- **内容效度**　专家做出的主观判断，即测度正在挖掘它应当获取的内容。
- **生态学效度**　研究结果可以推广到现实世界的环境中。
- **外部效度**　研究结果仅被推广到了测试所支持的人群。
- **表面效度**　外行人做出的本能判断，即该测度正在挖掘它打算获取的内容。
- **内部效度**　已经采取预防措施，以防无关变量影响研究结果。
- **统计效度**　所选择的统计分析是恰当的，得出的结论符合统计分析和统计法规则。

变量　一种特征，该特征可能因元素而异，也可能随时间变化。

- **分类变量**　其类别有名称和不同分类的变量。

- **连续变量**　差异稳步增长并"保持数值之间差异大小"的变量（Fallon, 2016, p. 16）。

- **协变量**　研究者控制的变量。

- **因变量**　受另一个变量影响的变量。

- **无关变量**　不在被调查之列，却可能影响数据的变量。

- **自变量**　可能影响另一个变量的变量。

- **中间变量**　又称调节变量（moderator）或中介变量（mediator），可以调节前者对后者影响的变量。

逼真　指所创造的形象逼真、真实，栩栩如生。

表达力　一个含蓄的政治术语，通常用于谈论说话和被倾听的能力（Hertz, 1997; Motzafi-Haller, 1997; Wyatt, 2006）。

致 谢

书籍从来不是个人的劳动成果，而是众人的辛勤劳动和慷慨相助的知识结晶。

首先，我要由衷地感谢我的出版商和杰出的编辑德博拉·劳顿（C. Deborah Laughton）。在这个行业里，您是独一无二的。在我小时候梦想成为一名作家的时候，您就是我幻想的编辑，谁又知道您居然是真实存在的？正因为您仔细阅读了本书的大量的书稿，正因为您具备该领域的广博知识，给出了忠告和建议，尤其重要的是，您坚信这个项目是有价值的，才使得这本书成为一本更好的书。您简直就是最棒的，您不仅是一位模范出版商，而且是一个了不起的人和值得珍惜的朋友。

我要向吉尔福德出版社（The Guilford Press）的整个团队表示衷心的感谢，你们的表现非常出色。能和你们合作，我真的感到非常荣幸。我要特别感谢西摩·温加滕（Seymour Weingarten）、鲍勃·马特洛夫（Bob Matloff）、凯瑟琳·萨默（Katherine Sommer）、安娜·布拉克特（Anna Brackett）、朱迪思·格劳曼（Judith Grauman）、凯瑟琳·利伯（Katherine Lieber）、玛丽安·鲁宾孙（Marian Robinson）、安德烈亚·兰辛（Andrea Lansing）、保罗·戈登（Paul Gordon）和安德烈亚·萨金特（Andrea Sargent）。

感谢之前匿名的审稿人：多米尼加学院（Dominican College）传播系的马克·米切姆（Mark Meachem），福特汉姆大学（Fordham University）社会工作系的蒂娜·马斯基（Tina Maschi），加州州立大学富勒顿分校（California State University, Fullerton）传播系的克里斯蒂娜·塞泽尔（Christina Ceisel），加州州立大学萨克拉门托分校（California State University, Sacramento）社会学系的杰奎琳·卡里根（Jacqueline Carrigan），博林格林州立大学（Bowling Green State University）教育系的克里斯蒂娜·拉韦尼亚（Kristina N. LaVenia），北卡罗来纳大学格林斯博罗分校（University of North Carolina, Greensboro）运动学系主任帕姆·库彻·布朗（Pam Kucher Brown）。你们提供的深思熟虑的详细建议极大地充实了这本书。你们的建议非常宝贵，对此我表示衷心地感谢。

如果没有我的长期助手和挚友沙伦·洛厄尔（Shalen Lowell），那么我做不了任何这方面的工作。您在文献综述、创建表格、获得再版许可和再版版权等方面给予的帮助，让我在漫长的写作过程中保持欢笑（这绝非易事），还有在其他方面的大量协助，都是绝对有用的。此外，如果没有您维持诸多事务的正常运转，我恐怕无法在这本书上投入应有的精力。谢谢您！

许多慷慨的同事也为本书做出了贡献。我要感谢焦亚·奇尔顿（Gioia Chilton），感谢您协助采访研究人员，才使得他们的"专家提示"板块的内容出现在本书的提示框中。衷心感谢那些愿意分享他们的内部建议以改善该领域的专家，我对你们的智慧和慷慨深表赞赏。

我还要感谢我的朋友和同事在此过程中给予的支持。特别感谢梅丽莎·安尼沃（Melissa Anyiwo）、塞利内·博伊尔（Celine Boyle）、帕姆·德桑蒂斯（Pam DeSantis）、桑德拉·福克纳（Sandra Faulkner）、艾丽·菲尔德（Ally Field）和杰西卡·斯马特·古利翁（Jessica Smartt Gullion）。

最后，我要感谢我的家人。玛德琳（Madeline），你是我的心肝宝贝。马克，你是人人都想拥有的最佳配偶，感谢你一路走来给予我的无价支持和鼓励（就像你一直以来对我所有工作的支持和鼓励一样），感谢你和我保持真正的伙伴关系，感谢你在我写书的时候，帮我取外卖，在周末的时候待在家里陪我。